U0179301

智能传感技术丛书

功能微纳米材料与智能传感器件

马　星	郭劲宏	陈文君	金东东	王丽英	
刘小嘉	郭九川	陈扶犁	褚正康	赵承科	著
陈明风	刘三湖	王　勇	刘小霞	叶子涵	
程　杰	谢家文	李国强	徐梓榕	郭子昌	
赵东方					

机械工业出版社

本书系统地介绍了功能微纳米材料及其在智能传感器件上的应用，重点针对表面增强拉曼（SERS）基底探针及其传感检测、侧向免疫层析探针、光学纳米探针及其生物医学检测的应用进行了介绍，并着重讨论了磁性纳米颗粒、一维纳米材料、二维纳米材料、液态金属微纳米结构以及微纳米马达的智能传感应用。

本书适用于对功能微纳米材料和智能传感检测感兴趣，并对微纳米材料基础知识有一定了解的读者。通过对本书的阅读，读者可以较全面地认识、掌握功能微纳米材料的性能与特征、产生用于传感检测信号的原理，知悉当前智能传感应用的科研前沿和发展趋势。

图书在版编目（CIP）数据

功能微纳米材料与智能传感器件/马星等著. —北京：机械工业出版社，2023.9

（智能传感技术丛书）

ISBN 978-7-111-73475-8

Ⅰ.①功…　Ⅱ.①马…　Ⅲ.①纳米材料-应用-智能传感器-信号检测　Ⅳ.①TN911.23

中国国家版本馆 CIP 数据核字（2023）第 129788 号

机械工业出版社（北京市百万庄大街 22 号　邮政编码 100037）
策划编辑：吕　潇　　　　　责任编辑：吕　潇　翟天睿
责任校对：闫玥红　李　杉　责任印制：常天培
北京机工印刷厂有限公司印刷
2023 年 10 月第 1 版第 1 次印刷
169mm×239mm · 15.75 印张 · 6 插页 · 287 千字
标准书号：ISBN 978-7-111-73475-8
定价：99.00 元

电话服务　　　　　　　　　　网络服务
客服电话：010-88361066　　机　工　官　网：www.cmpbook.com
　　　　　010-88379833　　机　工　官　博：weibo.com/cmp1952
　　　　　010-68326294　　金　书　网：www.golden-book.com
封底无防伪标均为盗版　　　机工教育服务网：www.cmpedu.com

前　言

　　功能微纳米材料是化学、物理、生物和材料科学等多学科交叉的前沿学科，是纳米科学与技术发展的基础。功能微纳米材料集中了小尺寸、精准控制、高集成度和强相互作用等现代科学技术发展的特点，是将量子效应工程化或技术化的最好载体之一。并且，与宏观尺寸的材料相比，微纳米材料呈现出了独特的光、电、磁、机械和化学等性能，因此其在智能传感与检测领域也有着较广泛的应用和巨大的发展潜力。

　　哈尔滨工业大学（深圳）马星科研团队一直致力于微纳米材料结构功能一体化设计制备的研究工作，探索微纳米机器的按需设计、加工制造方法，开发活性微纳米载体的生物医学传感检测应用。长期耕耘在功能微纳米材料领域，使团队积累了扎实的基础研究成果和技术经验，并对其在智能传感与检测领域的应用正在进行更深入的实践与探索。借此机会，作者将科研团队所积累的点滴经验以及对功能微纳米材料及其传感应用的认识与体会，以本书的形式与广大同行们分享与讨论，也希冀能通过本书，让更多关注功能微纳米材料及传感应用发展的朋友们对功能微纳米材料，尤其对其传感检测应用有更深入、更具象的认知，从而为智能传感检测技术乃至于国家的科技发展尽自己的绵薄之力。

　　本书由马星、郭劲宏、陈文君统筹编写并统稿。其中，第1章辨析阐述了功能微纳米材料的定义，并分析列举了其传感应用的方向，主要由王丽英和刘小霞编写；第2章介绍了表面增强拉曼技术及其传感检测应用的发展现状，主要由刘小嘉、马星和赵东方编写；第3章对侧向免疫层析探针材料及传感检测应用进行了分析，主要由郭劲宏、郭九川和程杰编写；第4章系统介绍了光学纳米探针及其生物医学检测应用，主要由陈文君和陈扶犁编写；第5章详细介绍了磁性纳米颗粒在传感检测中的应用，主要由金东东和褚正康编写；第6章介绍了一维纳米材料及其传感器件的发展，主要由郭劲宏和赵承科编写；第7章继第6章的内容，进一步介绍了二维纳米材料与智能传感的应用，主要由陈文君和陈明风编写；第8章介绍了液态金属微纳米加工与柔性电子传感器件，主要由刘三湖和徐梓榕编写；第9章着重介绍了微纳米马达，以及基于微纳米马达的活性微纳探针的智能传感器件，主要由马星和王勇编写。此外，叶子涵、李国强、郭子昌和谢家文也参与了本书的编写工作。

本书在内容上由基础理论知识推及具体的应用，重点较为突出，可供功能微纳米材料和智能传感领域相关的同行学者及企业从事研发、产业规划和应用推广的人士阅读，也可供相关专业的教师和学生作为参考。

马星

2023 年 5 月

于哈尔滨工业大学（深圳）材料楼

目　录

第1章 功能微纳米材料的简介与性质

1.1 功能材料的定义和简介

功能材料（functional materials）通常指具有自身特有性质和功能的材料，例如，具有光学性、声学性、电学性、磁学性或力学性等功能的材料。功能材料来源范围广泛，包括陶瓷、金属、聚合物和有机分子等各类材料，并且种类繁多，可按照化学组成、物理性质、应用领域进行分类，如图1-1所示。

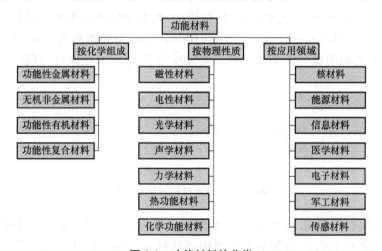

图 1-1 功能材料的分类

功能材料可以针对某些特定的功能，设计合成具有适当表面形貌和特定性能的先进材料，是目前新材料研究领域的核心，对功能材料的研究是当今科学技术发展的基础，也是当下世界各国新材料研究发展的重点与热点。近年来，功能材料发展迅速，科学家们致力于研究开发各类功能材料，从单功能材料到复杂多功能材料、功能转化材料，以及各类新形态和新概念功能材料。随着对功能材料的深入研究，人们已经能够解释单独的无机和有机成分材料的功能特性，以及各种新特性（如磁性、电学和光学）的产生原因。功能材料因其优异的磁学性能、催化性能、电学性能、光学性能和良好的力学性能等优势而被广泛应用于各个领域。例如，铋-碲-硒（Bi-Te-Se）复合物是一种具有高热电性能的拓扑绝缘体，可应用于能量转换装置；镍钛（NiTi）形状记忆合金在口腔正畸、心脏支架和腹腔镜等医学领域有着重要的应用价值；有些功能材料可以在没有任何外界刺激的情况下直接完成所需的特殊应用功能，如用于药物传递的碳纳米管；同时，也有对外界刺激，如电刺激、热刺激、磁刺激、光刺激、机械刺激等具有响应性的智能化功能材料。近年来，功能材料已经以粉末、薄膜、纳米粒子、块状和带状等不同形态被制备出来，以适应不同的应用场景，并拓展了材料（物理功能、化学功能和生物功能）的综合功能范畴，使其功能性更加多样化。

1.2　微纳米材料的定义和基本特征

随着微纳米技术的发展，通过操作原子、分子或原子团和分子团制备所需的材料，使人类认识和改造自然界的能力扩展到微观领域。微纳米材料（micro/nano-materials）是指粒径小于 $10\mu m$ 的超细粉体或颗粒状材料，其中材料的粒径处于 $0.001 \sim 0.1\mu m$，即 $1 \sim 100nm$ 范围内的被称为纳米材料，介于 $0.1 \sim 1\mu m$ 之间的称为亚微米材料，而粒径大于 $1\mu m$ 的粉体材料则称为微米材料，如图 1-2 所示。

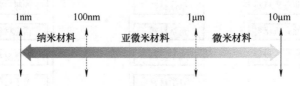

图 1-2　微纳米材料的尺寸范围

纳米材料是指在三维空间中至少有一维处于纳米尺度（$1 \sim 100nm$）的材料，或者由它们作为基本单元而构成的材料，这大约比人类头发直径的十万分之一还小。在微纳米尺度下，材料的表面分子排列、电子分布以及晶体结构与宏观块体材料相比具有明显的差异，能带结构发生变化，使其具有一些特殊的性质，例如，表面效应、小尺寸效应、量子尺寸效应、宏观量子隧道效应等特性。这也使纳米材料具有一些优良的物理、化学及其表面性能，如光、声、电、磁性以及催化等性能。进一步通过对纳米材料的控制设计合成（包括颗粒尺寸、形态、表面性质以及功能化修饰），能够实现对材料的力学、电学、光学、催化等性能的有效"定制"，从而能够适应不同的应用领域。

1.2.1　纳米材料的基本特征

1. 表面效应

对宏观块体材料来说，材料的尺寸远远大于原子直径，表面原子的作用可忽略不计，但当微粒直径减小到纳米尺度，表面原子数目便不能忽略，材料也会因受到表面原子的作用而引起表面性质变化。由于表面原子数急剧增多，高比表面积和高表面能使得这些表面原子具有极不稳定的特点并且表现出很高的化学活性，从而带来一些特殊的效应，这就称为表面效应。表 1-1 为纳米粒子尺寸与其表面原子数的关系。

表 1-1　纳米粒子尺寸和表面原子数的对应关系

粒子尺寸/nm	原子数目/个	表面原子占比（%）
20	2.5×10^5	10
10	3.0×10^4	20
5	4.0×10^3	40
2	2.5×10^2	80
1	3.0×10^1	99

2. 体积效应（又称小尺寸效应）

当材料的粒径与光波波长、德布罗意波长或超导态的相干长度等物理特征尺寸相近甚至更小时，粒子晶体周期性的边界条件被破坏，而非晶态粒子的表面原子密度会下降，导致材料的光、声、电、磁、热、力学等方面的特性呈现新的小尺寸效应，即当粒径尺寸减小至纳米量级后，纳米粒子的体积效应使物质的性质也发生根本改变。例如，纳米粒子的光吸收增加，在一定的光激发下会产生等离子共振频移现象；铜颗粒的尺寸降至纳米量级后导电性会消失；金属熔点随着尺寸减小而降低；纳米材料的力学性能提高；磁性材料从有序态向无序态转变；超导态向正常态转变等。以磁性铁材料来说，块状的铁材料是银白色带有金属光泽的导体，具有很强的铁磁性，随着材料尺寸降至纳米量级，铁相纳米材料颜色变黑并失去金属光泽，矫顽力增大，具有顺磁性，铁磁性消失，如图 1-3 所示。

3. 量子尺寸效应

当材料尺寸下降至纳米尺度时，金属材料费米能级附近的电子能级会发生变化，将由准连续能级转变成离散能级。对于半导体材料，会发生能级间隙变宽的现象，这被称为纳米材料的量子尺寸效应。当能级间距的变化程度大于热能、磁能、静电能、光子能量的变化时，量子尺寸效应会使纳米粒子的光学、

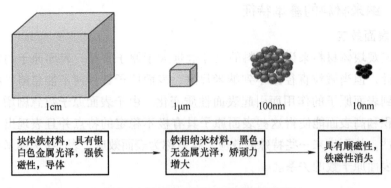

| 块体铁材料，具有银白色金属光泽，强铁磁性，导体 | → | 铁相纳米材料，黑色，无金属光泽，矫顽力增大 | → | 具有顺磁性，铁磁性消失 |

图 1-3 材料 Fe 的小尺寸效应示例图

电学、磁学、力学等性能相比于材料宏观性质具有更显著的差异。另外，纳米粒子由于分立的量子化能级中的电子波动性，将导致纳米粒子产生一些特殊性，如光学非线性、光催化性以及特异性催化等。

4. 宏观量子隧道效应

隧道效应指微观粒子具有贯穿势垒的能力，后来发现一些宏观物理量，例如微粒的磁化强度、磁通量等也具有这种隧道效应，因而称为宏观的量子隧道效应。这种效应限定了磁带、磁盘对信息储存空间大小和时间的极限，也是微电子器件研究的基础，确立了微电子器件进一步微型化的极限。

1.2.2 纳米材料的分类

纳米材料根据不同的分类原则会产生不同的分类结果，例如，根据成键形式分类，可以分为金属纳米材料、离子半导体纳米材料、半导体纳米材料和陶瓷纳米材料等；根据其用途分类，可分为光学纳米材料、磁性纳米材料、光电纳米材料等；以及下面将详细介绍的根据基本结构分类和根据化学组成分类。

1. 根据基本结构分类

根据纳米材料的基本结构进行分类，又可以分以下四类：

（1）零维（0D）纳米材料　是指在空间三个维度的尺寸均在纳米量级内，如图 1-4a 所示。典型的零维纳米材料主要包括原子团簇、纳米微粒、量子点或称为人造原子等。

（2）一维（1D）纳米材料　是指在空间上有两个维度处于纳米尺度上，或者是指径向尺寸低于 100nm，而长度方向尺寸远远大于径向尺寸，类似于纤维状结构的一类材料，如图 1-4b 所示。典型的一维纳米材料主要包括纳米管（Nano Tube，NT）、纳米棒、纳米线（Nano Wire，NW）、纳米带以及同轴纳米纤维。例如，碳纳米管（CNT）是管状结构的典型代表，以及非碳类材料，如 SiO_2、

TiO₂、BCN、WS₂ 纳米管等。纳米棒和纳米线的定义和区分比较模糊，一般长度较短纵向形态较直的一维圆柱状称为纳米棒，比如金属或金属氧化物纳米棒；而纵向长度较长、直行或弯曲的一维线状材料称为纳米线，比如金属（Ag、Au）及非金属（Si）、氧化物（ZnO）或硫化物（CdS）形成的纳米线。纳米带的截面呈现四边形，其宽度范围较大，研究较多的纳米带为 ZnO、Ga₂O₃、SnO₂等氧化物纳米带。同轴纳米纤维具有核/壳结构，包括无机同轴纳米纤维和有机同轴纳米纤维。

（3）二维（2D）纳米材料　是指在三维空间中有一个维度处于纳米尺度上，通常指具有大横向尺寸（>100nm）和薄的原子层厚度（<5nm）构成的片状结构材料，如图 1-4c 所示。典型的二维纳米材料包括超薄膜、多层膜、超晶格材料等。例如，石墨烯超薄二维纳米材料凭借其卓越的物理化学和电子特性，在能源、生物、催化等多个应用领域获得了极大的关注。二维纳米材料的结构特性可以将电子限制在超薄区域内，使其可以在平面内移动。由于强的平面共价键行为，使得它们具有强大的机械强度、柔韧性和光学透明度。

（4）三维（3D）纳米材料　是指在三维空间中含有上述纳米结构单元组成的块体，比如纳米花、纳米立方体等，如图 1-4d 所示。

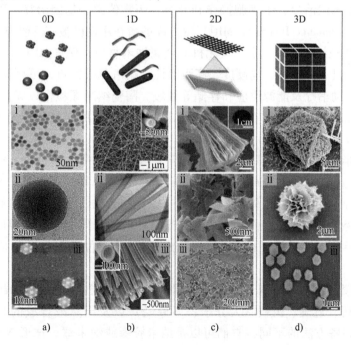

图 1-4　根据纳米材料的基本结构分类

a）零维纳米材料　b）一维纳米材料　c）二维纳米材料　d）三维纳米材料

2. 根据化学组成分类

根据材料的化学组成，常见的功能纳米材料有以下几类：

（1）碳材料　研究较多的碳材料主要包括碳纳米管（Carbon Nanotube, CNT）和碳纤维、富勒烯、石墨烯/氧化石墨烯、碳量子点。例如，碳纳米管具有良好的导电性、结构稳定性、高强度和电子亲和力，可用于电子设备，如晶体管、传感器、电容器、电极、有机发光二极管和太阳能电池和污水处理等研究领域。

（2）金属纳米材料　主要包括各种金属纳米粒子（Nano Particles, NP），例如，可广泛用于生物化学研究的金纳米粒子（Au NP）、具有抗菌活性的银纳米粒子（Ag NP）、具有催化性质的铂纳米粒子（Pt NP）和钯纳米粒子（Pd NP），还有铜纳米粒子（Cu NP）、镍纳米粒子（Ni NP）等。还包括金属氧化物，比如 Fe_3O_4、ZnO、CuO、TiO_2 等。其中，磁性纳米材料由磁性金属制备得到，例如，钴、镍、铁以及它们各自的氧化物，如磁铁矿（Fe_3O_4）和赤铁矿（Fe_2O_3）、钴铁氧体和二氧化铬（CrO_2）。当磁性颗粒大小降至一定尺寸后，会成为顺磁性纳米颗粒，顺磁性纳米颗粒比其他常规制剂具有更强的磁性，在医疗领域可用于诊断和治疗。例如，Fe_3O_4 是大家已知的具有生物相容性的磁性纳米材料，在癌症治疗、干细胞操作和分类、药物传递、基因治疗、磁共振成像（Magnetic Resonance Imaging, MRI）等方面的潜在用途已被广泛研究和验证。

（3）陶瓷纳米材料　是一类无机非金属纳米材料，例如 Al_2O_3、ZrO_2、SiO_2 纳米材料，具有高熔点、高硬度、高耐磨性、耐氧化等优点，可用作放射治疗、骨修复的辅助治疗及能源供应和存储等领域。陶瓷纳米颗粒常以无定形、多晶、致密、多孔或中空的形式存在，这些纳米颗粒常常应用在催化、光催化、染料光降解和成像等方面。

（4）半导体纳米材料　是性质介于金属和非金属之间的纳米材料，例如 GaN、GaP、InP、ZnO、ZnS、CdS、CdSe 和 CdTe 等，可广泛应用于光催化、电气设备等研究领域。半导体纳米粒子具有较宽的带隙，在带隙调整后其性能会发生显著变化。因此，它们是光催化、光学和电子器件中非常重要的材料，例如，各种半导体纳米粒子由于其合适的禁带和禁带位置在水分解应用中非常有效。

（5）聚合物纳米材料　本质上也是有机纳米材料，主要包括超分子化合物（环糊精、冠醚、树枝状大分子、环芳烃）以及天然或合成的高分子化合物。根据制备方法的不同，它们可以是纳米胶囊或纳米球。球形 NP 具有类似基体的结构，囊状 NP 具有核-壳结构，它们具有药物分子控释性和保护性、在治疗和生物成像中对靶向病症的特异性靶向和结合能力、生物降解性及生物相容性等优点。

（6）纳米复合材料　是指由两种或两种以上纳米功能材料组合而成的纳米材料。例如，碳-金属纳米杂化，即碳材料与金属纳米材料共轭；有机-无机纳米杂化通常是有机分子涂层纳米杂化，当无机材料作为基体与长链聚合物、药物分子、特定蛋白质、DNA 或长有机分子链偶联时，它们形成所谓的有机分子涂层纳米杂化。无机纳米粒子的表面功能化是纳米技术领域的一个重要手段，可以定制杂化材料的性能和应用。例如，在构建功能化纳米材料中，无机纳米颗粒的表面通常需要功能化来调节纳米颗粒与生物体的相互作用，从而有效地降低毒性，改善其诊疗性能，一些有机或无机材料可以用来在纳米颗粒表面制造外壳，从而形成一种具有广泛应用前景的复合型材料。

1.3　微纳米材料的物理性能

微纳米材料作为一种新型的材料，其内部的结构单元尺寸通常处于微米或者纳米级。尤其是当其结构单元是纳米级时，由于其具有大的比表面积和表面能，纳米材料会表现出许多不同寻常的光学、电学、热学以及磁学等特性，使其具有广泛的应用前景。

1.3.1　光学性能

微纳米材料在高能粒子或者光的激发下，其材料内部结构单元中的电子会在不同状态之间进行跃迁，从而引起光的吸收和辐射。这种电子的跃迁既可以发生在不同的能级之间，也可以发生在同一能级内部或者分立能级之间。当其结构单元的粒径与波尔半径、电子的德布罗意波长以及超导相干波长相近时，其小粒子的尺寸效应将会十分明显，同时由于大的比表面积使其在粒子内部和表面态的电子和原子的行为呈现出很大的差别，从而对微纳米材料的光学性质也产生了很大的影响，甚至使其拥有了宏观的块状材料所不具备的新特性，主要体现在以下几个方面。

1. 宽频带及强吸收

生活中见到的块状金属由于其对可见光具有吸收和反射的能力，因而呈现出不同的金属光泽。而当尺寸减小到纳米级时，各种金属纳米粒子一般都呈现黑色。这主要是由于尺寸效应和表面效应使纳米粒子对可见光有极强的吸收能力，而反射能力则很弱，比如 Pt 纳米粒子的反射率为 1%，而 Au 纳米粒子的反射率低于 10%。另外，一些纳米氧化物、氮化物以及纳米半导体等材料在红外区具有明显的红外振动吸收，呈现出典型的宽频带强吸收特征，所以可应用于红外线感测器。而基于一些金属纳米微粒的复合材料具有较强的三阶光学非线性和短的响应时间。利用这个特性可以作为高效率的光热、光电等转换材料，从而高效率地将太阳能转变为热能。

2. 蓝移或红移

当粒径减小至纳米级时，材料的光吸收带同块状相比普遍存在着蓝移现象，即吸收带向着短波长的方向发生偏移。例如，纳米氮化硅粒子和块状氮化硅的红外吸收频率峰值分别是 949cm^{-1} 和 935cm^{-1}，通过对比可以看出明显发生了蓝移，这主要是由量子尺寸效应引起的能带加宽和纳米粒子的表面能改变所导致的。此外，有时候还会观察到光吸收带相对于粗晶材料有红移现象，这是由于介电限域效应和偶极效应诱导化学改性后的纳米粒子造成能带带隙变窄导致的。

3. 非线性光学效应

微纳米材料由于自身的特性，光激发引发的吸收变化通常可分为两大部分，即由光激发引起的自由电子-空穴对所产生的快速非线性部分，以及受陷阱作用的载流子的慢非线性部分。其中研究最多的为 CdS 纳米微粒，由于能带结构的变化，纳米晶体中载流子的迁移、跃迁和复合过程均呈现出与常规材料所不同的规律，因而具有不同的非线性光学效应。

1.3.2 电学性能

微纳米材料的电性能是其应用于纳米电子器件的基础，也一直是人们所关注的热点。而微纳米材料的电阻率又是其电性能中衡量电子传导能力的一个重要指标，材料的导电性与它们的电阻率成反比。研究发现微纳米材料的电阻率远高于同类粗晶材料，例如晶粒尺寸为 7nm 的纳米晶 Cu，在 275K 温度下的电阻率是常规粗晶 Cu 的 7~20 倍。这一方面是由于纳米晶比粗晶 Cu 的晶界体积分数高，另一方面是由晶界电子散射和电子的短平均自由程 λ 引起的，即纳米晶 Cu 的 $\lambda \approx 4.7$nm，而粗晶 Cu 的 $\lambda \approx 44$nm。此外，晶粒尺寸的减小也增加了局部化程度，降低了载流子的浓度，从而增加了比电阻率。因此常态下电阻较小的金属到了纳米级电阻会增大，电阻温度系数下降，甚至出现负数；原来是绝缘体的氧化物到了纳米级，电阻却反而下降，变成了半导体或导电体。利用纳米粒子的隧道量子效应和库仑堵塞效应制成的纳米电子器件具有超高速、超容量、超微型、低能耗的特点，有可能在不久的将来全面取代目前的常规半导体器件。

介电性能是功能微纳米材料诸多特殊性能中的一种。利用材料的介电性能可以进行能量转换，在电子电器、能量存储等方面应用广泛。微纳米的介电材料也被称为电介质，这类材料的特点是可以发生电极化。在外部电场作用下，分子内正、负电荷中心发生相对位移，形成电偶极矩的现象被称为电极化。介电材料传递、储存或记录电场作用和影响的方式为感应而非传导。介电材料会在外加电场作用下会出现极化、损耗、电导和击穿等现象。主要的性能指标有介电常数、介电损耗、极化强度、击穿电场、储能密度。

（1）介电常数　外部电场作用下，介电材料会产生感应电荷来削弱电场的强度，介电常数的大小等于真空下外部电场与最终介电材料中电场的比值。研究中提到的介电常数通常指相对介电常数 ε_r，计算如下：

$$D = \varepsilon_0 \varepsilon_r E \tag{1-1}$$

式中，D 为电位移；ε_0 为真空介电常数，数值为 $8.85 \times 10^{-12} \mathrm{F/m}$；$E$ 为外加电场。

（2）介电损耗　在介电常数的复数表现形式 $\varepsilon(\omega) = \varepsilon'(\omega) - \mathrm{j}\varepsilon''(\omega)$ 中，虚部 $\varepsilon''(\omega)$ 是因为电极化过程跟不上外场的变化所引起的，损耗正切 $\tan$ 是介电损耗的重要指标，等于虚部介电常数与实部介电常数的比值

$$\tan\delta = \frac{\varepsilon''}{\varepsilon'} \tag{1-2}$$

（3）极化强度　单位体积内分子电偶极矩的矢量和为极化强度，反映了介电材料的极化程度。计算公式为

$$P = \sum p / \Delta V \tag{1-3}$$

式中，p 为电偶极矩；ΔV 为体元。

（4）击穿电场　介电材料在非常大的电场作用下会逐渐失去原本的介电性能变成导体，发生击穿时的电场强度称作击穿电场，常用威布尔统计进行分析

$$F(x) = 1 - \mathrm{e}^{-\left(\frac{x}{\alpha}\right)^{\beta}} \tag{1-4}$$

式中，$F(x)$ 为被测样品的累积失效概率；x 为实验击穿电场；α 为累积失效概率为 63.2% 时的特征击穿电场值；β 为击穿电场分布参数。

（5）储能密度　储能密度 U_e 是衡量材料储存电能的能力，表达式如下：

$$U_e = \int E \mathrm{d}D = \frac{1}{2} \varepsilon_r \varepsilon_0 E^2 \tag{1-5}$$

式中，E 为外加电场强度；D 为电位移；ε_r 为介电常数；ε_0 为真空介电常数。故可通过改善介电材料的介电常数和击穿电场来提高储能密度值。

1.3.3　热学性能

微纳米材料的热学性能在应用中也是极其重要的。微纳米材料的高比例界面及原子能级的特殊结构使其具有不同于常规块体材料和单个分子的性质，微纳米材料具有的小尺寸效应使其热力学性质也具有特殊性。微纳米材料的各种热力学性质，如热容、熔点、热膨胀系数以及热稳定性等均显示出尺寸效应和形状效应，因而微纳米材料的热力学特性在各方面与常规的块体材料均具有显著差异。当微纳米材料被用于各种应用时，这些参数的测量也很重要，例如纳米电子设备和气体传感器。

熔点是晶体材料的原子、离子或分子从周期有序状态变为无序状态发生相转变时的温度。大量研究表明，纳米微粒的熔点比常规粉体低很多。Tkagail 首

先发现了金属薄膜熔点降低的现象，后来采用多种制备技术获得种类不同的金属微粒、镶嵌粒子或薄膜晶体，均发现熔点低于大块材料的平衡熔点。Wronski 计算出纳米 Au 微粒的粒径与熔点的关系，在粒径大于 10nm 时，熔点随粒径的变化并不明显；但当粒径小于 10nm 时，熔点急剧下降。而其他金属，如 In、Sn、Pb、Bi、Cd、Al、Ag 的熔点随着尺寸的减小而降低，特别是在 30nm 以下。熔融从材料表面开始，其特征是表层原子或分子的流动性增加。在远低于大块材料熔点的温度下，这些原子的扩散系数接近类液态值。这是由于纳米颗粒的高表面积与高表面能，因此表面原子熔化所需的活化能低于相应的块体材料。

固体的热膨胀与晶格非线性振动有关，如果晶体点阵做线性振动就不会发生膨胀现象。由体系的自由能很容易求出在一定压力 P 下的膨胀系数，体系膨胀与温度的关系为

$$\frac{V-V_0}{V_0}=\frac{\gamma \overline{E}}{KV}-\frac{P}{K} \tag{1-6}$$

式中，$K=V_0\left(\dfrac{\mathrm{d}^2U}{\mathrm{d}V^2}\right)\bigg|_{v_0}$ 是体积为 V_0 的体积弹性模量；V_0 为原始体积；V 为热膨胀后的体积；P 为压力；E 为体系能量；γ 为格林爱森常数，可表示为

$$\gamma=\frac{\mathrm{d}\ln v_i}{\mathrm{d}\ln V} \tag{1-7}$$

式中，v_i 为格波非线性振动频率。晶体做线性振动时，$\gamma=0$；当温度发生变化时，晶格做非线性振动就会有热膨胀发生。纳米晶体在温度发生变化时，非线性振动可分为两个部分，一是非线性热振动，二是晶界组分的热振动，往往后者的非线性热振动较前者更为显著，可以说占体积百分数大的晶界对纳米晶热膨胀的贡献起主导作用。以纳米 Cu（平均粒径 8nm）晶体为例，在 110~293K 温度范围内的热膨胀系数为 $31\times10^{-6}\mathrm{K}^{-1}$，而单晶 Cu 的热膨胀系数为 $16\times10^{-6}\mathrm{K}^{-1}$，可见纳米晶体材料的热膨胀主要来自晶界组分的贡献。用膨胀计和 X 射线衍射仪对 Cu 和 Au（纳米级）的晶界膨胀的测定结果表明，晶界对热膨胀的贡献是体相的 4 倍，这也间接说明了含有晶界体积百分数大的纳米晶体的热膨胀系数比同类多晶常规材料高的原因。

Debye 特征温度是由晶格振动理论引入的重要物理量，是原子间结合力的表征，它与固体材料的弹性、硬度、熔点、比热、热膨胀系数、电导率、导热率等有密切的关系。程本培用 X 射线衍射方法对不同粒度的 TiO_2 纳米粉末测量，结果发现 Debye 温度的二次方与粒度的倒数成正比；张伟用双温 X 射线衍射方法测量了不同粒径纳米银颗粒的 Debye 温度，发现多数样品的 Debye 温度高于大块 Ag 晶体的特征值，且存在一个临界尺寸。当粒径小于临界值时，Debye 温度

随粒径的变小而降低，当样品的粒径大于临界值时，其 Debye 温度低于临界尺寸所对应的特征值。

1.3.4　磁学性能

磁性是物质的基本属性之一，材料的磁学性质由其成分物质所决定，主要可分为铁磁性、亚铁磁性、反铁磁性、顺磁性和抗磁性五种。而磁性的微纳米材料作为纳米材料的一个分支同样具备小尺寸效应、量子尺寸效应和表面效应等性质，这些性质同时又影响着材料的磁学性质，使得磁性微纳米材料表现出磁性块状材料所不具备的磁学性质。

1. 矫顽力

矫顽力是指磁性材料在饱和磁化后，当外磁场退回到零时其磁化强度并不退到零，只有在原磁化场相反方向加上一定大小的磁场才能使磁化强度退回到零，该磁场称为矫顽磁场，又称矫顽力。矫顽力的大小受晶粒尺寸变化的影响最为明显，对于大致球形的晶粒，矫顽力随晶粒尺寸的减小而增加，达到某一最大值后，随着晶粒尺寸的进一步减小矫顽力反而下降。矫顽力达到最大值时的晶粒尺寸相当于单个磁畴的尺寸。对磁性块状材料而言，晶粒尺寸在单畴尺寸时材料呈现出最大的矫顽力，而对于晶粒尺寸小于等于单个磁畴尺寸的超顺磁性纳米材料，由于交换作用产生的磁取向力不足以抵抗无规则热运动的干扰，材料整体的磁化方向变得无序，因而不再需要施加一个反向磁场来让材料的磁化强度退回到零，超顺磁性纳米材料表观上也就呈现出矫顽力为零的状态。

2. 饱和磁化强度

饱和磁化强度是指磁性材料在外加磁场中被磁化时所能够达到的最大磁化强度。超顺磁性纳米材料的饱和磁化强度看似与材料的尺寸相关，但究其原因主要在于受到了不同于体相材料的表面效应的影响。在理想状态下，磁性体相材料内部原子的磁矩方向平行于外加磁场方向。然而，对磁性纳米材料而言，其表面原子的磁矩方向受到表面效应的影响，而与外加磁场方向有所偏离，从而形成类似自旋玻璃的表面自旋无序的状态。因此，磁性纳米材料的表面原子难以获得很高的磁化强度。随着磁性纳米材料尺寸的减小，表面原子数占总原子数的比例急剧增加，更多的原子受表面效应的影响而表现出表面自旋无序的状态，材料的饱和磁化强度也就随材料尺寸的减小而降低。当磁性纳米材料的尺寸极小时，材料表面原子占比极高，受表面效应影响，材料磁矩的矢量和非常小，材料的磁化强度与磁场强度呈线性关系，材料将表现出顺磁性。

3. 超顺磁性

超顺磁性是指磁性材料在一定临界温度以上和临界尺度以下磁化时不会出现磁滞回线的现象，而相对应的矫顽力和剩余磁化强度都为 0，且不同温度下的磁化曲线转化后将互相重合。超顺磁状态的起源主要是由于在小尺寸下，当各向异性能减小到与热运动能可以相比拟时，磁化方向就不再固定在一个易磁化方向，而是做无规律的变化，进而出现超顺磁性。此外不同种类的微纳米磁性材料其呈现出超顺磁性的临界尺寸也是各不相同的。

1.4　功能微纳米材料的传感应用

功能微纳米材料在不同的领域发挥着重要作用，包括靶向药物、生物成像和传感检测。尤其是在传感应用领域，它们不仅是增强生物传感技术的强大工具，而且还推动了现有检测方法的发展。微纳米材料具有高比表面积、独特的电化学特性、催化活性以及物理化学性质，这些微纳米材料的特性对于传感信号的产生和放大以及分析能力的提高都具有重要的促进意义。科学家将不同的微纳米材料，如金属纳米粒子（NP）、量子点（Quantum Dot，QD）、二氧化硅纳米颗粒（SiO_2 NP）、石墨烯（Gr）和碳纳米管（CNT）与生物传感器相结合，制造出了各种不同传感原理的传感检测器件。目前根据传感信号可以将其分为光学信号（比色、荧光、发光和拉曼等）；电化学信号；磁学信号；元素成分信号；其他信号（热信号和声波）。

1.4.1　基于光学信号

1. 荧光微纳米材料

有机染料是最常用的荧光探针，但其低吸收系数和微弱的发射信号降低了检测的灵敏度。此外，一些有机染料，如异硫氰酸荧光素具有强烈的光毒性。因此，有机染料的毒性及其在生物系统中的不稳定性限制了荧光染料在生物医学传感检测领域中的应用。随着纳米技术领域的发展，需要开发出具有更高亮度、更好生物相容性、更高光稳定性和亲水性的荧光探针用于生物传感应用。事实上，荧光纳米探针可以克服传统有机染料的一些限制，提高量子产率和检测灵敏度。此外，这些纳米材料的表面功能化提供了其多功能性。荧光纳米结构可以根据大小和光学性质分为两大类，即金属纳米团簇（Nano Cluster，NC）和量子点。金属 NC 定义为直径小于 2nm 的小金属团簇（如 Au、Ag、Cu 和Pt）。量子点包括重金属量子点（Cd 或 PbS）和非重金属量子点（碳量子点、石墨烯量子点和聚合物量子点）。

微纳米材料的荧光淬灭机制被有效地用于分析物的测定。一般有两种不同的淬灭方式，即静态淬灭和动态淬灭。荧光静态淬灭是指荧光团和淬灭剂形成非荧光复合物。动态淬灭方法，如荧光共振能量转移（Fluorescence Resonance Energy Transfer，FRET）是一对光敏分子之间的能量转移过程，供体荧光团最初处于电子激发态，将能量转移给受体荧光团，如图 1-5 所示。动态淬灭剂为激发态能量的损失提供了一条无辐射途径。金纳米颗粒（Au NP）、石墨烯量子点（GQD）以及碳纳米管（CNT）常被用作在 FRET 中的动态淬灭剂。更多关于荧光等光学纳米检测的详细内容见本书第 4 章。

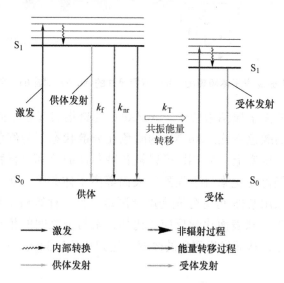

图 1-5 FRET 共振能量转移发生的基本原理（见彩插）

2. 微纳米材料用于比色测定

近年来，高灵敏度、低成本的纳米颗粒比色探针在生物传感检测中引起了广泛的关注。特别是由于其独特的光学和电子性质，人们对各向异性金和银纳米粒子的兴趣大大增加。当入射光照射到金属纳米粒子表面上时，入射光就会与金属纳米粒子之间发生作用，当光的电磁场频率与电子的等离子体振荡频率相等时会发生共振，这就是表面等离子体共振（Surface Plasmon Resonance，SPR），如图 1-6a 所示。由于产生的表面等离子体波被局限在贵金属纳米结构的表面附近，因此又被称为局域表面等离子体共振（Local Surface Plasmon Resonance，LSPR）。LSPR 的光谱特性由系统的物理参数决定，如纳米粒子的大小、形状、材料成分以及周围环境的折射率。对于 Au NP，由于其强烈的颜色效应，在可见光波长下满足共振条件。大小为 10nm 的 Au NP 由于其 LSPR 的作用，在水中的最大吸收波长约为 520nm。不同大小和形状的 Au NP 呈现不同的颜色，具有不同的特征吸收带，如图 1-6b 所示。

基于纳米材料的比色法检测通常是依靠其组装（或聚集）、形态转变和表面化学反应引起光学性质的变化。根据纳米粒子的胶体界面行为，比色传感策略可以总结为两种类型，一种是基于分析物诱导纳米粒子聚集的方法，如图 1-7a

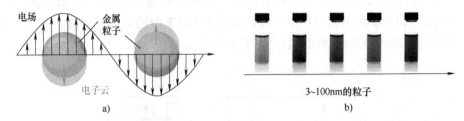

a)   b)

图1-6 a）局部表面等离子体原理图 b）不同尺寸的 Au NP 对应的颜色变化（见彩插）

所示，适当尺寸的无金属纳米粒子（Au/Ag）的聚集引起粒子间表面等离子体耦合，导致可见的颜色变化。Au NP 的颜色在分散状态下为红色，但在聚集状态下变为蓝紫色。事实上，Au NP 可以被各种各样的目标分析物诱导聚集，从红色到蓝紫色的颜色变化来自于强烈的表面等离子体共振。颜色变化可以用肉眼检测到，也可以用紫外-可见分光光度计测定。另一种策略主要利用检测物对单个粒子的形貌转变和表面化学反应。比如，汞与金之间的相互作用可以使得金棒发生形态变化，从而发生颜色的改变，达到比色法测定水中汞离子的目的，如图 1-7b 所示。

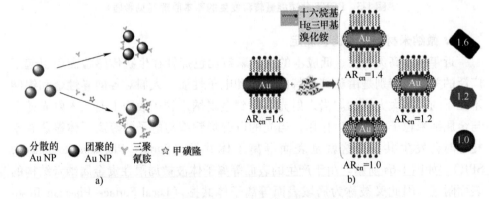

a)   b)

图1-7 a）检测物诱导 Au NP 的聚集状态到达检测目的
b）检测物诱导纳米金棒的形态变化实现颜色变化用于分析检测

3. 用于表面增强拉曼光谱的微纳米材料

分子吸附在贵金属、过渡金属或半导体衬底的粗糙表面，可以显著增强其拉曼散射信号，这种现象称为表面增强拉曼散射（Surface Enhanced Resonance Raman Scattering，SERS，简称表面增强拉曼或增强拉曼），如图 1-8 所示。拉曼信号的放大目前存在两种机制解释，即电磁增强（Electromagnetic Enhancement，EMH）和化学增强（Chemical Enhancement，CE）。电磁增强机理主要认为金属粗糙表面或纳米粒子之间的表面等离子体振动极大地增强了局部电磁场，这些电磁场的增强因子从 $10^6 \sim 10^{11}$ 不等。而化学增强机制主要考虑分子极化率变化引起的增强，这种变化是由金属-分子电荷转移的共振引起的，该机制的增强系数为 $10^2 \sim 10^3$。金属纳米颗粒，特别是 Ag 和 Au 是设计 SERS 基底最理想的材料，虽然过渡金属纳米颗粒也具有此能力，但增强效果有限。近年来，石墨烯及其衍生物被报道为一种新型的 SERS 衬底，可以有效地对吸附在石墨烯表面的分子进行拉曼散射。基于零维（0D）纳米材料的 SERS 增强效果高度依赖于材料的种类（如 Au 或 Ag NP）、大小（10~100nm）、形状（如球形、三角形、星形或花状 NP）和结构（如核壳或空心壳）。这些特殊结构的纳米材料提供了多种良好的 SERS 信号增强的基底。一维纳米材料，如棒状、梭状、线状或管状纳米晶体具有大的表面积，可产生许多 SERS 检测热点。此外，建立在二维纳米材料基础上的 SERS 检测平台，包括石墨烯或氧化石墨烯、MoS_2、黑磷和金属纳米颗粒组合具有较大的接触面积，可以吸附大量分子，能够形成更多 SERS 热点。此外，通过改变二维纳米材料的层数或形状，可以形成三维的 SERS 结构，同样具有理想的拉曼信号增强效果。更多关于 SERS 检测应用的介绍详见本书第 2 章。

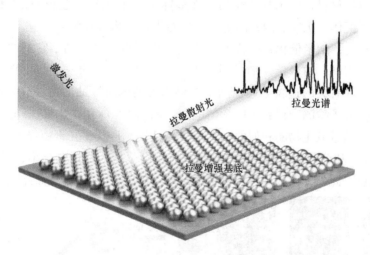

图 1-8　SERS 传感技术是指对吸附在纳米结构金属材料表面
（如银或金纳米颗粒）**上的分子所散射的非弹性光信号进行分析探测**

4. 产生其他光学传感信号的微纳米材料

与荧光相比，化学发光的能量是由化学反应过程提供的。化学发光可分为直接发光和间接发光。与直接发光不同，间接发光具有能量传递过程。根据能量来源的不同，化学发光可分为普通化学发光、生物化学发光和电化学发光三种类型。一般来说，化学发光是基于有机结构（鲁米诺、草酸酯类等），通过多次氧化反应生成激发态产物，而回到基态时发出的波长更短的光。一些具有类酶催化活性的纳米材料（如 Au NP，Ag NP，金属有机框架结构材料）常被用作化学发光反应的催化剂，以提高检测信号，降低检测限。

1.4.2 基于电学信号

由于微纳米材料具有表面积大、结合位点活性高、化学稳定性、催化性和导电性优良等特点，已被广泛应用于电化学检测。按照微纳米材料在电化学检测中的作用可以分为以下几类：①用于构建电化学传感平台的电极材料；②用于辅助分子探针完成一系列复杂反应信号转化的载体；③作为直接电化学反应的示踪剂；④作为化学反应催化剂促进反应的发生建立生物传感器。

在纳米材料生物界面的构建中，准确、高效地将适配体或者抗体固定在纳米材料表面至关重要。这些微纳米材料，如 Au NP、石墨烯和 C NT 具有较大的比表面积和良好的生物相容性，常常作为电化学检测中电极材料，可为大量固定适配体以及抗体提供更多的结合位点。固定化适配体以及抗体的数量将直接影响传感器的灵敏度。过渡金属氧化物由于其导电性差，很少被用作电极材料。作为传感电极材料，纳米材料面临着许多挑战，其中之一是如何以温和的方式制备具有适配体、抗体和生物酶等生物功能化的微纳米材料。

与酶相比，纳米催化剂表面有丰富的活性位点，这有助于它们产生大量的放大信号。因此，纳米催化剂可用于生物传感器，以解决一些与生物材料固有环境不稳定性有关的遗留问题。纳米材料作为纳米酶辅助的信号放大策略，近年来在生物分子检测中得到了广泛的应用，如图 1-9 所示，比如，Fe_3O_4 纳米颗粒具有与天然过氧化物酶相似的内在酶模拟活性。Fe_3O_4/壳聚糖修饰玻碳电极，被用于 H_2O_2 和葡萄糖检测，该电极具有应用电位低、背景电流小、对 H_2O_2 响应快等优点。此外，作为一种无机纳米材料，它具有比天然酶对溶液 pH 和温度

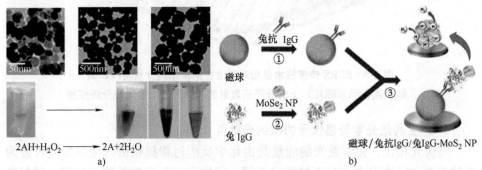

图 1-9 a）Fe_3O_4 纳米颗粒显示的过氧化物酶活性
b）具有析氢反应活性（HER）的 $MoSe_2$ 标记兔 IgG 构建磁免疫检测方法（见彩插）

更好的稳定性。MoSe$_2$ 和黑磷等新型纳米材料具有独特的电催化活性，也被用来产生灵敏的电化学信号，例如用于磁免疫检测蛋白质。

　　基于电活性物质的电化学氧化或还原所产生电流的测量方法，因其高灵敏度而受到人们的广泛关注。纳米粒子由数千个原子组成，原则上可以被电化学氧化或还原。例如，Au NP、Ag NP 和金属硫化物量子点可作为超灵敏电化学生物测定的标签。金纳米粒子在盐酸中被电化学氧化生成电活性的 AuCl$_4^-$，AuCl$_4^-$ 被还原后发出可检测的信号。硫化物量子点在 HNO$_3$ 介质中溶解得到 Cd^{2+}、Pb^{2+} 和 Zn^{2+}，可以采用溶出伏安法对其进行高灵敏度检测。

　　纳米材料电极也可以集成在场效应晶体管（Field Effect Transistor，FET）类的生物传感器中。FET 类的生物传感器通常依赖传感材料表面结合检测目标物后的电阻率变化来进行检测分析。硅纳米线（Si NW）是开发 FET 型生物传感器最常见的材料。由于所有的电流都流过纳米线的横截面，所以基于 Si NW 的 FET 型生物传感器对周围环境的微小变化非常敏感。并且，它们很容易集成为多路生物传感，从而提供高通量平台技术。如图 1-10 所示，生物素修饰的硅纳米线在加入链霉亲和素后电导率显著增加，这种基于 Si NW 的 FET 传感器体系可用于 DNA、蛋白质甚至病毒等一系列生物标志物的检测。由于碳纳米材料（C NT、石墨烯等）的高导电性，即使是极少量的目标物结合到纳米材料表面，也会改变纳米材料的电学性质，因此也被广泛用于 FET 型生物传感器的构建。

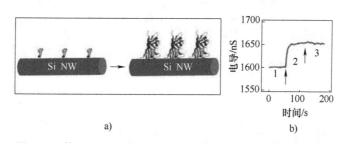

a)　　　　　　　　　　　　　　　　b)

图 1-10　基于 Si NW 的 FET 传感器用于实时检测蛋白质结合

a）生物素修饰的 Si NW（左）和链霉亲和素随后与 Si NW 表面结合的示意图（右）

b）生物素修饰的 Si NW 的电导随时间的变化图，其中区域 1 对应缓冲溶液，

区域 2 对应加入 250nmol/L 链霉亲和素，区域 3 对应纯缓冲溶液

1.4.3　基于磁学信号

　　首先，尺寸范围从几纳米到几十纳米的磁性材料能够被可控地合成制备。其次，磁性纳米颗粒的运动可以通过外部磁力来进行有效操控，这为包括生物检测、诊断和药物传递在内的许多生物医学应用提供了新的技术手段。因为磁性纳米颗粒周围的质子磁矩信号可以被共振吸收捕获，所以磁性纳米颗粒具有

磁共振对比度增强的能力，可以用于磁学信号检测分析。磁性纳米材料由于其独特的性能和广阔的应用前景，作为纳米探针在检测细菌、病毒、蛋白质和其他活性生物分子中引起了广泛的研究兴趣。

在传感检测领域，由于磁性纳米颗粒在磁场条件下可以分离不同的反应物，因此被广泛应用于生物检测试剂的开发。在生物检测中使用磁性纳米颗粒可简化检测过程中涉及分离或者洗涤的步骤。比如，在常规的量子点编码微球检测体系中加入磁性纳米颗粒，结合磁场和微流控设备实现其自动化检测，可简化整个检测过程。

同时，利用组装时磁性纳米颗粒的光学和/或磁学特性的变化，可使其作为纳米探针用于相关生物标志物的快速和灵敏检测。在磁性纳米粒子组装过程中，会减少自旋弛豫时间（T_2 弛豫时间），从而使纳米粒子能够充当磁弛豫开关（Magnetic Relaxation Switch，MRS），如图 1-11 所示。这种独特的磁性现象为设计出能够检测多种生物标志物的磁性纳米探针提供了巨大的机会，如核酸、蛋白质、抗体、病毒、干细胞和循环肿瘤细胞。

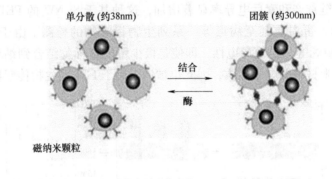

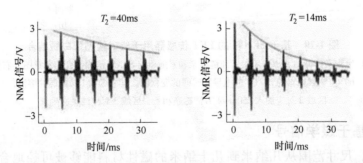

图 1-11　当单分散的磁性纳米粒子通过目标检测物发生自组装时，导致自旋弛豫时间 T_2 减少，将亲和素添加到生物素修饰的磁性纳米颗粒溶液中，使 T_2 从 **40ms** 减少到 **14ms**

巨磁阻（Giant Magneto Resistance，GMR）探针，如自旋阀（Spin Valve，

SV）探针可以检测微量的磁性纳米颗粒。因此可以将磁性纳米颗粒作为检测标签，利用 GMR 效应对目标物进行检测。如图 1-12 所示，在探针表面通过抗体捕获分析物，通过生物素-链霉亲和素相互作用将分析物与磁性纳米标签连接，最后使用 GMR 探针检测磁性纳米标签，从而对分析物进行定量。这种以磁性纳米标签为基础的分析物定量方法可以用于临床相关的真实血清样本中蛋白质的检测，并且在进一步解决稳定性和重现性等问题时，也可以用于多种蛋白质的检测。此外，磁性纳米探针技术对各种介质的基质不敏感，使得该技术可以直接应用于各种临床复杂样本环境中进行体外诊断，这使其成为临床环境中多功能和便携式分子诊断的良好候选技术。更多关于磁性信号的传感检测应用详见本书第 5 章。

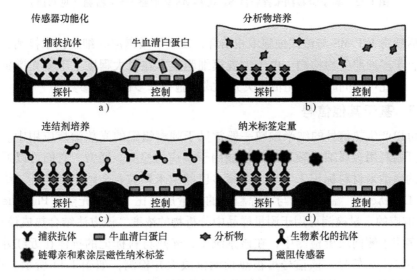

图 1-12　基于磁性纳米标记的蛋白质检测方法

1.4.4　基于化学信号

质谱（Mass Spectrum，MS）根据离子的质荷比（m/z）对其进行分类，是一种灵敏度高、准确度高的分析技术。然而，传统的质谱技术通常比较耗时且为单通路。随着最具代表性的元素质谱技术，即电感耦合等离子体质谱（Inductively Coupled Plasma-MS，ICP-MS）的出现，以及外源元素标记技术的发展，质谱技术已被广泛应用于多路生物检测。为 ICP-MS 开发的外源性元素标签包括镧系金属螯合物、含有金属元素的纳米粒子（如 Au NP、Ag NP、PbS NP 和 QD）和聚合物相关元素标签。如图 1-13 所示，利用三种金属纳米粒子（Au NP、Ag NP 和 Pt NP）作为标记，采用单粒子模式电感耦合等离子体质谱（Single

Particle-ICP-MS，SP-ICP-MS），可以同时检测低浓度的 HIV、HAV 和 HBV 三种 DNA 靶点。除了核酸目标物外，ICP-MS 中多元素金属纳米粒子标签的使用也使得低丰度蛋白质目标物的多路检测成为可能。

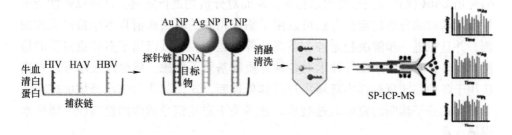

图 1-13　基于金属纳米探针的 SP-ICP-MS 多通路 DNA 检测（见彩插）

后续将 ICP-MS 与流式细胞术相结合，发展了质谱流式细胞技术检测，该方法适合于多通路生物检测。由于大规模细胞技术在很大程度上不受光谱重叠的干扰，因此可以同时检测比传统荧光流式细胞技术多得多的参数。

1.4.5　基于其他信号

可以产生热信号的纳米颗粒一般常见于肿瘤组织的光热治疗应用中。已有研究开始利用金属纳米颗粒的热性能用于疾病的检测。通常，它们可以通过产生热的微纳米材料标记来实现，如聚多巴胺纳米颗粒、金纳米颗粒、二维黑磷和 Ti_3C_2 MXene。温度升高与示踪粒子的数量成正比，这种光热（Photothermal, PT）响应的定量检测可用于测量样品中分析物的浓度。该方法结合热成像技术，一般多用于侧向层析检测中，在该系统中，光热材料标记的抗体在近红外线的照射下产生热信号，该信号可被热检测仪放大并检测，如图 1-14 所示。目前，与传统可视化层析检测相比，使用热信号检测可将侧向层析检测灵敏度提高 32 倍。基于热成像的侧向层析检测器能够实现目标物的高灵敏度检测，并且不会像荧光或化学发光方法那样受到光漂白或光不稳定的影响。然而，该操作需要昂贵且体积庞大的红外图像传感器。小型廉价的热成像传感器现已经被引入，这些技术进步与光热示踪剂的集成可能会促进其在实际传感领域的应用。此外，众多光热性能优异的纳米材料同样为基于热信号体外传感检测技术的发展提供了更多选择。

在外部光源照射下，目标纳米粒子的激光诱导加热也会导致周围介质的快速热胀冷缩，从而产生声信号。这些光声反应可以通过声学传感器来测量，以量化免疫层析中的目标生物标记物，如图 1-15 所示。该方法常利用具有强光吸收性质的金属纳米颗粒作为光声剂。与传统的检测策略相比，基于光声的侧向

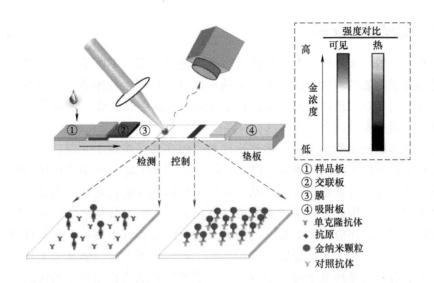

图 1-14　Au NP-抗体抗原复合物与黏附在试纸上的单克隆抗体结合，从而在
测试区域保留 Au NP，并导致测试带可见的颜色变化，在低浓度抗原时，
没有足够的结合 Au NP 用于视觉对比，热信号被采集用于检测（见彩插）

层析检测器具有更好的检测性能。然而，它们需要高功率的激光光源来产生高
效的光声信号，并且为了高灵敏度的检测，侧向层析试纸条需要封闭在隔音室
内，这些要求使得这项技术变得笨重且实施成本高昂。

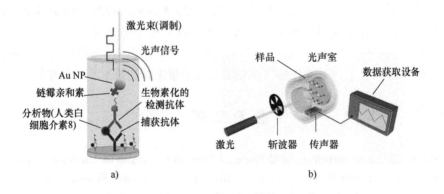

图 1-15　a）光声免疫分析模式　b）光声信号测定的装置，样品放置在密封的腔室中，
周期性地加热，因此，周期性地膨胀和收缩，产生压力振荡，麦克风检测到该压力振荡，
并在示波器上显示为波形；夹心法用于免疫分析，其中分析物被捕获抗体固定化并被检测
抗体标记，检测抗体进一步被偶联的 Au NP 标记，Au NP 在上述设置中产生光声信号，
信号强度反映分析物的浓度

1.5　发展趋势分析

在过去的二十年中，人们对超灵敏生物传感的需求不断增长，激发了大量设计和开发功能纳米探针的研究，微纳米材料在新型生物传感器的发展中得到了广泛的应用。大量的检测方法已经被探索，包括荧光、SERS、电化学和光电化学，以及磁学等技术。虽然已经有许多报道的生物传感器在便捷性、选择性、灵敏度和多路复用能力等方面表现出优势，但在实际应用中实现这些超灵敏的生物传感器仍然面临巨大挑战。ELISA 和 PCR 仍是临床诊断中蛋白质和核酸检测的通用标准。特别是功能性微纳米探针的结构和性能稳定性一直是其广泛应用的主要障碍。因此，除了不断努力寻找新的和更好的微纳米材料来开发生物传感探针以外，还应该采取更大的努力来面对医院和其他疫病防控等医疗状况带来的实际挑战和需求。以临床应用为例，新的检测方法应满足诊断目的的基本标准，并在复杂环境下对特定的生物分子检测表现出稳定可靠的传感检测性能。因此，生物/微纳米材料界面作用机理和界面性质的基础研究对该领域的发展至关重要。在高血清或全血背景下，为了对抗强非特异性吸附，微纳米探针的界面设计尤为重要。在某些临床试验中，测定时间是另一个关键参数，例如在几分钟而不是几小时内检测心脏指标是至关重要的。考虑到这一点，增加生物分子的结合亲和力和结合效率也非常重要，例如可以通过减小界面的尺寸或者利用自驱动的探针载体来促进物质的传质混合等。许多疾病是复杂的，不能依靠单一的生物标志物水平来反映真实水平。虽然 DNA 和蛋白质微阵列都是流行的技术，但跨种类生物标记物的生物检测仍然很少见。开发不同信号响应的微纳探针材料，并集成到一种生物传感设备，以一种小型化和用户友好的模式实现同时监测多种生物医学待测物指标，例如 DNA、RNA、蛋白质等，这将为未来微纳米材料在生物医学传感检测领域的应用带来新的技术平台和希望。

参 考 文 献

[1] ALI N, BILAL M, KHAN A, et al. Chapter 4-Fabrication strategies for functionalized nanomaterials [M]//TAHIR M B, SAGIR M, ASIRI A M. Nanomaterials: Synthesis, Characterization, Hazards and Safety. Elsevier. 2021: 55-95.

[2] FAROOQI Z U R, QADEER A, HUSSAIN M M, et al. Chapter 5-Characterization and physicochemical properties of nanomaterials [M]//TAHIR M B, SAGIR M, ASIRI A M. Nanomaterials: Synthesis, Characterization, Hazards and Safety. Elsevier. 2021: 97-121.

[3] 李玲, 向航. 功能材料与纳米技术 [M]. 北京: 化学工业出版社, 2003.

[4] AMEN R, MUKHTAR A, SAQIB S, et al. Chapter 1-History and development of nanomaterials

［M］//TAHIR M B, SAGIR M, ASIRI A M. Nanomaterials: Synthesis, Characterization, Hazards and Safety. Elsevier. 2021: 1-14.

［5］汪信, 刘孝恒. 纳米材料学简明教程 ［M］. 北京: 化学工业出版社, 2010.

［6］SIGEL R W, HU E, ROCO M C. Nanostructure science and technology-a worldwide study ［C］. National science and technology council (NSTC) committee on technology, 1999, 1-362.

［7］BURDA C, CHEN X, NARAYANAN R, et al. Chemistry and Properties of Nanocrystals of Different Shapes ［J］. ChemInform, 2005, 36 (27).

［8］WANG X, PENG Q, LI Y. Interface-Mediated Growth of Monodispersed Nanostructures ［J］. Accounts of Chemical Research, 2007, 40 (8): 635-643.

［9］WILEY B, SUN Y, MAYERS B, et al. Shape-Controlled Synthesis of Metal Nanostructures: The Case of Silver ［J］. Chemistry-A European Journal, 2005, 11 (2): 454-463.

［10］MURRAY C, KAGAN C, BAWENDI M G. Synthesis and Characterization of Monodisperse Nanocrystals and Close-Packed Nanocrystal Assemblies ［J］. Annual Review of Materials Science-ANNU REV MATER SCI, 2000, 30: 545-610.

［11］BAIG N, KAMMAKAKAM I, FALATH W. Nanomaterials: a review of synthesis methods, properties, recent progress, and challenges ［J］. Materials Advances, 2021, 2 (6): 1821-1871.

［12］DANG S, ZHU Q-L, XU Q. Nanomaterials derived from metal-organic frameworks ［J］. Nature Reviews Materials, 2017, 3 (1): 17075.

［13］KOLAHALAM L A, KASI VISWANATH I V, DIWAKAR B S, et al. Review on nanomaterials: Synthesis and applications ［J］. Materials Today: Proceedings, 2019, 18: 2182-2190.

［14］CHEN H, HU H, TAO C, et al. Self-Assembled Au@ Fe Core/Satellite Magnetic Nanoparticles for Versatile Biomolecule Functionalization ［J］. ACS Applied Materials & Interfaces, 2019, 11 (27): 23858-23869.

［15］SHEN J, ZHU Y, YANG X, et al. Graphene quantum dots: emergent nanolights for bioimaging, sensors, catalysis and photovoltaic devices ［J］. Chemical Communications, 2012, 48 (31): 3686-3699.

［16］ENDO M, KIM Y A, HAYASHI T, et al. Structural characterization of cup-stacked-type nanofibers with an entirely hollow core ［J］. Applied Physics Letters, 2002, 80 (7): 1267-1269.

［17］LI D, XIA Y. Electrospinning of Nanofibers: Reinventing the Wheel? ［J］. Advanced Materials, 2004, 16 (14): 1151-1170.

［18］MEI J, LIAO T, SUN Z. Two-dimensional metal oxide nanosheets for rechargeable batteries ［J］. Journal of Energy Chemistry, 2018, 27 (1): 117-127.

［19］LIU J, YANG Y, LYU P, et al. Few-Layer Silicene Nanosheets with Superior Lithium-Storage Properties ［J］. Advanced Materials, 2018, 30 (26): 1800838.

［20］ WANG L-B, WANG Y-C, HE R, et al. A New Nanobiocatalytic System Based on Allosteric Effect with Dramatically Enhanced Enzymatic Performance ［J］. Journal of the American Chemical Society, 2013, 135 (4): 1272-1275.

［21］ LI G, MA P, HE Y, et al. Enzyme-Nanowire Mesocrystal Hybrid Materials with an Extremely High Biocatalytic Activity ［J］. Nano Letters, 2018, 18 (9): 5919-5926.

［22］ AN J, LI G, ZHANG Y, et al. Recent Advances in Enzyme-Nanostructure Biocatalysts with Enhanced Activity ［J］. Catalysts, 2020, 10 (3).

［23］ KHAN I, SAEED K, KHAN I. Nanoparticles: Properties, applications and toxicities ［J］. Arabian Journal of Chemistry, 2019, 12 (7): 908-931.

［24］ 冯翠菊. 纳米材料的奇异特性 ［J］. 现代物理知识, 2008, (04): 5-7.

［25］ MURTY B S, SHANKAR P, RAJ B, et al. Unique Properties of Nanomaterials ［M］//MURTY B S, SHANKAR P, RAJ B, et al. Textbook of Nanoscience and Nanotechnology. Berlin, Heidelberg: Springer Berlin Heidelberg. 2013: 29-65.

［26］ ANDRIEVSKI R A, GLEZER A M. Size effects in properties of nanomaterials ［J］. Scripta Materialia, 2001, 44 (8): 1621-1624.

［27］ SOSA I O, NOGUEZ C, BARRERA R G. Optical Properties of Metal Nanoparticles with Arbitrary Shapes ［J］. The Journal of Physical Chemistry B, 2003, 107 (26): 6269-6275.

［28］ MCINTYRE R A. Common Nano-Materials and Their Use in Real World Applications ［J］. Science Progress, 2012, 95 (1): 1-22.

［29］ XIA T, CAO Y, OYLER N A, et al. Strong Microwave Absorption of Hydrogenated Wide Bandgap Semiconductor Nanoparticles ［J］. ACS Applied Materials & Interfaces, 2015, 7 (19): 10407-10413.

［30］ REMES Z, NESLADEK M, HAENEN K, et al. The optical absorption and photoconductivity spectra of hexagonal boron nitride single crystals ［J］. physica status solidi (a), 2005, 202 (11): 2229-2233.

［31］ CAMELIO S, TOUDERT J, BABONNEAU D, et al. Tailoring of the optical properties of Ag: Si3N4 nanocermets by changes of the cluster morphology ［J］. Applied Physics B, 2005, 80 (1): 89-96.

［32］ FENG M, CHEN Y, GU L, et al. CdS nanoparticles chemically modified PAN functional materials: Preparation and nonlinear optical properties ［J］. European Polymer Journal, 2009, 45 (4): 1058-1064.

［33］ 张广平, 李孟林, 吴细毛, 等. 尺度对金属材料电阻率影响的研究进展 ［J］. 材料研究学报, 2014, 28 (02): 81-87.

［34］ 车亚萍. 聚合物基纳米复合材料介电性能的提高及机理研究 ［D］. 合肥: 中国科学技术大学, 2020.

［35］ SAVAGE T, RAO A M. Thermal Properties of Nanomaterials and Nanocomposites ［M］// TRITT T M. Thermal Conductivity: Theory, Properties, and Applications. Boston, MA:

Springer US. 2004：261-284.

[36] YETTER R A, RISHA G A, SON S F. Metal particle combustion and nanotechnology [J]. Proceedings of the Combustion Institute, 2009, 32 (2)：1819-1838.

[37] WRONSKI C R M. The size dependence of the melting point of small particles of tin [J]. British Journal of Applied Physics, 1967, 18 (12)：1731-1737.

[38] 程本培, 孔捷, 罗菊, 等. 纳米 TiO_2 结构稳定性和德拜温度与粒度的关系 [J]. 材料科学进展, 1993, (03)：240-243.

[39] SOLER M A G, PATERNO L G. 6-Magnetic Nanomaterials [M]//DA RóZ A L, FERREIRA M, DE LIMA LEITE F, et al. Nanostructures. William Andrew Publishing. 2017：147-186.

[40] SUN X-C. Microstructure characterization and magnetic properties of nanomaterials [J]. Molecular Physics, 2002, 100 (19)：3059-3063.

[41] KIKUCHI K, TAKAKUSA H, NAGANO T. Recent advances in the design of small molecule-based FRET sensors for cell biology [J]. Trac-Trends in Analytical Chemistry, 2004, 23 (6)：407-415.

[42] CHEN H, ZHANG L, HU Y, et al. Nanomaterials as optical sensors for application in rapid detection of food contaminants, quality and authenticity [J]. Sensors and Actuators B-Chemical, 2021, 329.

[43] LIU G, ZHANG R, HUANG X, et al. Visual and Colorimetric Sensing of Metsulfuron-Methyl by Exploiting Hydrogen Bond-Induced Anti-Aggregation of Gold Nanoparticles in the Presence of Melamine [J]. Sensors, 2018, 18 (5).

[44] REX M, HERNANDEZ F E, CAMPIGLIA A D. Pushing the limits of mercury sensors with gold nanorods [J]. Analytical Chemistry, 2006, 78 (2)：445-451.

[45] LANGER J, DE ABERASTURI D J, AIZPURUA J, et al. Present and Future of Surface-Enhanced Raman Scattering [J]. Acs Nano, 2020, 14 (1)：28-117.

[46] GAO L, ZHUANG J, NIE L, et al. Intrinsic peroxidase-like activity of ferromagnetic nanoparticles [J]. Nature Nanotechnology, 2007, 2 (9)：577-583.

[47] TOH R J, MAYORGA-MARTINEZ C C, SOFER Z, et al. MoSe2 Nanolabels for Electrochemical Immunoassays [J]. Analytical Chemistry, 2016, 88 (24)：12204-12209.

[48] CUI Y, WEI Q Q, PARK H K, et al. Nanowire nanosensors for highly sensitive and selective detection of biological and chemical species [J]. Science, 2001, 293 (5533)：1289-1292.

[49] LEE H, SUN E, HAM D, et al. Chip-NMR biosensor for detection and molecular analysis of cells [J]. Nature Medicine, 2008, 14 (8)：869-874.

[50] OSTERFELD S J, YU H, GASTER R S, et al. Multiplex protein assays based on real-time magnetic nanotag sensing [J]. Proceedings of the National Academy of Sciences of the United States of America, 2008, 105 (52)：20637-20640.

[51] ZHANG S, HAN G, XING Z, et al. Multiplex DNA Assay Based on Nanoparticle Probes by Single Particle Inductively Coupled Plasma Mass Spectrometry [J]. Analytical Chemistry,

2014, 86 (7)：3541-3547.

[52] LI S, ZHANG Y, WEN W, et al. A high-sensitivity thermal analysis immunochromatographic sensor based on au nanoparticle-enhanced two-dimensional black phosphorus photothermal-sensing materials [J]. Biosensors & Bioelectronics, 2019, 133：223-229.

[53] ZHAO Y, CAO M, MCCLELLAND J F, et al. A photoacoustic immunoassay for biomarker detection [J]. Biosensors & Bioelectronics, 2016, 85：261-266.

第 2 章 表面增强拉曼技术及其传感检测应用

2.1 表面增强拉曼技术

2.1.1 引言

光是一种生活中随处可见的自然现象，科学研究定义光为具有一定频率的电磁波，其本质是一种人类肉眼可见的电磁波，光也被称为可见光谱，其由数以万计的光子组成，既具有粒子性又具有波动性。人类对光的研究可以追溯到古希腊时代，当时人类对光的产生、传播、应用等已经有了一定的认识，但由于彼时自然科学与宗教信仰的结合，使得人们对光的理解停滞不前，直到 19 世纪英国物理学家 James Clerk Maxwell 相关研究成果出现，物理学家们对光的定律才有了更深的了解，进而开始进一步研究光的性质以及应用，人们对于光的本质的认知也随着这些研究变得越来越清晰。现如今，光的性质及应用的研究仍然是各科学研究领域的热门方向，包括航空航天、武器开发、材料加工、医疗器械、测距、分析检测、摄影、日常灯具等。

光的分析检测是利用光与物质相互作用效应对待测物进行分析，其相互作用过程包括光的散射、反射、吸收、折射、色散、辐射等。其中光的散射是指当系统内存在的磁场、电场、频率等某些物理性质不均匀时，入射光在介质中的传播方向发生变化的现象，偏离原方向的光称为散射光。散射光分很多种，就频率变化的角度而言，可以分为弹性散射和非弹性散射，弹性散射为光在散射前后频率（波长）不发生改变，即入射光与散射光频率相同，如瑞利散射、米氏散射等；非弹性散射指光在散射前后波长（频率）发生改变，即入射光与散射光频率不同，如拉曼散射、康普顿散射等。

物理学家对弹性散射的研究比较早，Faraday 最早发现当微粒尺寸相对入射光波长较小时，微粒尺寸的微小变化将会使其产生不同的颜色。之后 Lord Rayleigh 在研究中发现，当颗粒尺寸比光的波长小很多时，散射光的强度与入射光波长的四次方成反比，并且得到了散射光强度与角度分布的关系，这些研究发现进一步帮助人们解释了天空为何呈现蔚蓝色等问题。随着研究的深入，人类开始了对光的非弹性散射的研究。早在 1923 年，A. Smekal 等人就在理论上预言了非弹性散射现象的存在，而在 1928 年，C. V. Raman 和 K. S. Krishman 首次在四氯化碳液体的散射光中发现了散射光频率与入射光频率不同且强度极弱的特征谱线，这一发现后来被称为拉曼散射。可以通过对拉曼散射光谱进行分析从而得到分子的转动和振动方面的信息，应用于分子结构的研究。C. V. Raman 也凭借拉曼光谱在分子检测领域做出的巨大贡献，于 1930 年获得了诺贝尔物理学奖。但由于当时实验条件差，所以产生的拉曼信号强度极弱。直到 20 世纪 60 年代，红宝石激光器的出现使得拉曼散射实验拥有了理想的光源，可以提供稳定的拉曼信号，研究得以进一步发展。现如今，拉曼光谱不仅能够检测物质的组成、官能团、应力等信息，还能够测量晶体的对称性、取向、质量等，可以说拉曼光谱已经成为研究分子振动以及分子结构表征等领域不可或缺的一项技术。但在目前的应用中拉曼光谱还存在灵敏度低、信号弱等局限性，因而需要一种技术来增强拉曼信号。表面增强拉曼散射（SERS）技术的出现解决了该问题，并且由于其灵敏度高，故该技术可以获得常规拉曼光谱不易探测到的分子内部结构信息。

2.1.2 表面增强拉曼技术的研究现状

SERS 指当波纹状金属例如 Au、Ag 等的纳米粒子表面吸附分子时，会产生分子的拉曼散射大大增强的现象。最初是于 1974 年由 Fleischmann 及其合作者在测量吸附在电化学粗糙银电极上的吡啶的表面拉曼光谱时，发现通过这种方法测量的拉曼信号出乎意料得大，但由于是 SERS 的首次测量，因此当时并不被认可。而在 1977 年，Jeanmaire 和 Van Duyne 通过整理实验以及计算数据进一步将拉曼信号的增强结果量化，发现大块吡啶提供主要的拉曼信号，可以增强 $10^5 \sim 10^6$ 倍。同年，Albrecht 和 Creighton 也报道了相似的结果，这些结果进一步表明，拉曼散射信号的增强绝不是偶然，而是拉曼散射效率增强引起的。SERS 的发现为分子研究、材料表征等基础研究与应用打下了坚实的基础，并且开辟了一个新的领域，即表面增强光谱，SERS 从被发现至今的 40 多年中一直是一个热门方向，SERS 相关领域已经有数以万计的成果被发表，其中包括综述论文以及应用性文章，还有相关专利，并且研究 SERS 机制及其应用的科研团队也在逐渐增多。如今，SERS 技术也凭借其可以作为超灵敏探针来确定表面分子的详细结构与取向的优势，广泛应用于生物、催化、医疗检测、电化学等众多领域。

2.1.3 表面增强拉曼技术机制

SERS 的理论研究对其实际应用尤为重要，至今 SERS 的增强机制仍未被研究透彻，几十年来在对其增强机制的研究中，人们发现 SERS 的增强机制并非单一的机制，而可能是几种机制相互作用形成的。被人们所广泛接受的两种机制是物理电磁增强机制以及电荷转移增强机制（化学增强机制），这两种机制是截然不同的。经典的电磁理论认为拉曼散射强度与分子的感生偶极矩成正比，而感生偶极矩与入射光场强 E 及分子极化率 a 有密切的关系。现如今所有关于 SERS 增强机制的理论和模型都是基于入射光场强和分子极化率构建的，物理电磁增强理论与电荷转移增强理论分别对应增强入射光场强和增强分子极化率。电磁增强理论主要考虑入射光与金属表面电子相互作用而形成的金属表面局域电场的增强，电荷转移增强（化学增强）主要考虑分析物分子与金属之间的化学作用导致的分子极化率的改变。一般认为，电磁增强效应大于化学增强效应，大部分的 SERS 增强本质上为电磁增强机制，但是会具有化学增强机制的一些元素。

1. 电磁增强机制

电磁增强机制认为，当入射光照到具有适当粗糙度的金属表面时，该表面产生的局部电磁场的场强会大幅增强，又因为拉曼散射强度与分析物分子所处的局部电磁场强度的二次方成正比，使得处在此表面的分析物分子增大了产生拉曼散射的概率，从而使得表面吸附分子的拉曼信号急剧增强，形成电磁增强效应。电磁增强机理可以使用电动力学计算来进一步将增强效果量化，在 SERS 基底中，当等离子体以频率 ω 被激发时将会出现增强电场振幅 $E(\omega)$，SERS 通常通过在被照射的分子上 $|E(\omega)|^4/|E_0|^4$ 的平均值来近似，其中 E_0 是入射光场振幅。再进一步细分，可以将 $E(\omega)$ 分成两部分，一部分是上述涉及的等离子体激发时出现的增强电场振幅 $E(\omega_1)$，还有一部分是拉曼信号从近场发射到远场时出现的增强电场振幅 $E(\omega_2)$，也可以说是进一步考虑了斯托克斯位移对电磁增强的影响，这种情况下，SERS 可近似表示为 $|E(\omega_1)|^2|E(\omega_2)|^2/|E_0|^4$。研究影响电磁场增强的因素也十分重要，这些因素将间接影响拉曼信号的增强效应，引起电磁场增强的因素主要有以下三种。

（1）表面等离子激元共振（Surface Plasmon Resonance，SPR）　该因素被认为是 SERS 的主要来源。粗糙金属表面的电子在入射激光的作用下发生振动，在特定的频率下形成表面等离子体激元共振。表面等离子体激元共振产生以后，基底表面上会形成非常大的局域电场，处于此局域电场内的被测物分子的拉曼信号也随之大幅增加。应该注意的是，表面等离子体共振所产生的电场强度具有较大的距离效应，随离开表面的距离的增加而呈指数降低，其最大作用范围可达数纳米，该机制属于长程效应。不同的金属激发表面等离子体激元共振所需的激光频率不同，能在可见光激发下产生表面等离子体激元共振的金属主要有贵金属银、金、铜以及碱金属等自由电子金属。

（2）避雷针效应　制备 SERS 基底的过程中往往会产生一些曲率半径非常小

的针状纳米级颗粒，这些颗粒的尖端处会产生很强的局域表面电磁场，并且表面场强随尖端尖锐程度的增加逐渐增大，很多金属都能产生这种增强效应。在11族金属中，由于SPR效应引起的电磁场增强要高得多，因此避雷针效应在11族金属中仅起到次要作用。在过渡金属中，Yang的理论计算结果认为避雷针效应是过渡金属体系电磁场增强的主要来源，并随长径比的增加而增加。但目前也有很多实验结果观察到了过渡金属表面的SPR效应，并被认为是电磁场增强的主要原因。

（3）镜像场作用　镜像场模型假定金属表面是一面理想的镜子，吸附分子为振动偶极子，它在金属内产生共轭的电偶极子，以此在表面形成镜像光电场。入射光与镜像光电场都对吸附分子的表面拉曼信号起增强作用，再加上表面反射造成2倍的局域电场增强，可以得到累计16倍的总和增强效应。镜像场强度和距离的三次方成反比，即随着距离增加，镜像场强迅速降低，所以它是一个极短程效应，仅仅解释了原子间距范围内表面增强的数量级。Moskovits等人考虑分子吸附取向以及不同振动模式之后，认为实际研究体系中5~6倍的增强效应更合理。总之，该效应在整个增强效应中的贡献并不重要。另外，该模型将多极体的分子简化成偶极子，也仅能解释部分表面增强因子。

2. 化学增强机制

电磁场增强机制从光电场增强的角度解释了SERS现象的产生，对SERS基底的制备也有一定的指导意义，但电磁场增强机制却不能解释所有的实验现象，需要借助于化学增强机制。如有相同的拉曼散射截面的N_2和CO吸附在同一SERS活性基底上，它们的SERS效果却显著不同，后者比前者高200倍。即使考虑两者在表面上吸附取向的差别，两者的谱峰强度也不可能有如此大的区别。化学增强存在的另一个主要依据源自电化学体系的SERS研究结果。实验表明，对许多体系而言，电极表面吸附分子的SERS强度往往是所加电极电位的函数，吸附在表面的探针分子的SERS强度随着电极电位的变化而出现最大值，且该最大值常常会随激发光波长的变化而位移。单分子的SERS理论模拟结果也显示，即使在最佳条件下，SERS活性位的电磁场增强的因子也只能达到11~12个数量级，这仍与实验得到的最大14个数量级的增强因子相差2~3个数量级。有理由相信其中的2~3个数量级上的差别应是来自化学增强机制的贡献。为了解释以上特殊现象，科学家们从吸附物质和金属表面相互作用以及成键的角度提出了许多模型来研究化学增强机制。化学增强机制主要包括以下两种。

（1）分子-金属成键作用　分子-金属成键作用引起的选择性SERS，当分子与表面金属轴有成键作用时，将会得到修正的极化率。如果以拉曼光谱中某一振动模式特征峰的强度为内参考，则将会得到不同振动峰的相对强度，这是由于吸附物和金属基底的化学成键引发的选择性 SERS。该理论认为形成分子-金属键是引起 SERS 的前提条件。

（2）光诱导电荷转移作用　目前，在化学增强机制研究方面，报道最多的是光诱导电荷转移（Photoinduced Charge Transfer，PICT）。例如，Otto 等人提出了四步骤电荷转移过程。以金属向分子的电荷转移为例，主要经历以下步骤：

1）处于金属费米能级附近的电子被激发到高能级，在费米能级以下产生空穴，于是金属一侧形成了电子-空穴对；

2）吸收了光子能量的电子转移到吸附分子的电子亲和能级；

3）电子经过短时间弛豫后，迁移回到金属，此时吸附分子处于振动激发态；

4）返回的电子与金属内部的空穴复合并辐射出一个拉曼光子。光诱导电荷转移使得原本分子能态中跃迁允许但是直接跃迁能量不足的跃迁过程通过金属能级的辅助作用而变为发生概率更高的过程。体系的极化率得到显著的增加，从而得到更高的拉曼强度。

2.2　表面增强拉曼基底材料

2.2.1　金属结构纳米粒子表面增强拉曼基底

金属纳米粒子是最常用的 SERS 基底之一，因为它的合成方法简单且廉价。Eric 等人用质量系数来表示金属纳米粒子的 SERS 效果。在可见光和近红外激光下，金、银和铜作为 SERS 基底表现出优异的性能。由于质量系数更高，故金和银纳米粒子的应用更加广泛。金属纳米粒子可以在湿化学合成方法中以可控的形状和尺寸进行制备。因此，大量的研究人员针对 SERS 传感检测研究，合成了不同形状结构的金属纳米粒子。Gutes 等人合成了沙漠玫瑰状的银纳米结构（见图 2-1a），Lombardi 等人用酒石酸盐和柠檬酸盐作为结构定向试剂，通过光驱动法制备出三角形银纳米粒子（见图 2-1b）；Jian Ye 等人用金纳米粒子作为种子，制备出花瓣状的金纳米粒子（见图 2-1c）；Sailor 等人在多孔硅衬底上制备了具有随机间隔的银树枝状结构 SERS 基底（见图 2-1d）；Murray 等人采用十六烷基三甲基溴化铵（Cetyltrimethylammonium Bromide，CTAB）和油酸钠组成的二元表面活性剂混合物，合成了一维金胶体纳米棒（见图 2-1e）；通过控制纳米颗粒的二次成核和生长过程，Hahn 等人合成了具有特定表面形态的海胆状金纳米粒子（见图 2-1f）。

2.2.2　薄膜结构表面增强拉曼基底材料

基于薄膜结构的 SERS 基底材料具有表面积大、重量轻、便于携带的特点，

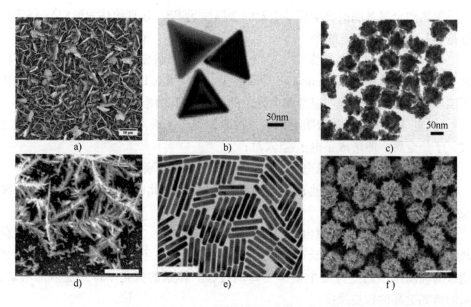

图 2-1 不同结构的金属纳米结构 SERS 基底

a）玫瑰状银纳米结构的扫描电子显微镜/透射电子显微镜图像 b）三角形的银颗粒
c）花瓣状纳米银结构 d）树枝状银纳米结构 e）金纳米棒状胶体颗粒 f）海胆状金纳米粒子

它可以与便携式拉曼光谱仪一起使用，适用于大规模生产。如图 2-2a 所示，Park 等人展示了一种具有高灵敏度的透明和灵活的 SERS 基底，该基底是基于嵌有金纳米星（Golden Nanostar，GNS）组件的聚二甲基硅氧烷（Polydimethylsiloxane，PDMS）薄膜。灵活的 SERS 基底可以在任意表面上进行覆盖，而光学透明度允许光与底层接触面相互作用，从而对吸附在任意金属和电介质表面上的分析物进行高灵敏度检测，否则这些表面不会提供任何明显的分析物拉曼信号。图 2-2b 显示了由 Gao 等人制备的金薄膜 SERS 基底。基于等离子体金膜，它可以利用 SERS 的高灵敏度用于细菌的早期检测和诊断，并且可以与柔性 PDMS 结合成为具有杀菌效果的绷带。Guilin Wang 等人提供了一种研究非金属纳米结构 SERS 效果的方法，他们将柔性聚二甲基硅氧烷膜附着在平面和纳米结构的表面上，发现纳米多孔硅表面额外高达 5 倍的增强信号（见图 2-2c）。Yulin Chen 等人通过磁控溅射加工制备了不同种类的金属或半导体薄膜来研究 SERS 基底的增强活性，通过改变磁控溅射的条件可以得到不同表面形貌的纳米薄膜（见图 2-2d）。如图 2-2e 所示，Xuejiao Wang 等人报告了一种极其简单但有效的方法，通过使用薄膜夹层结构实现对待测物分子（低至 10^{-10} m）的高敏感度 SERS 检测。他们所提出的三明治结构可以通过在装饰有分析物分子的金膜上重新组装嵌入有纳米粒子的柔性透明凝胶带来实现。Xu 等人通过不可逆地纵向拉伸金属沉积的生物相容性聚（ε-己内酯）薄膜制备了一种可生物降解的柔性薄膜。这种薄膜基底不仅具有良好的柔韧性和透明度，而且可以附着在任何非平面的表面上，用于原位 SERS 检测各种化学物质分子。

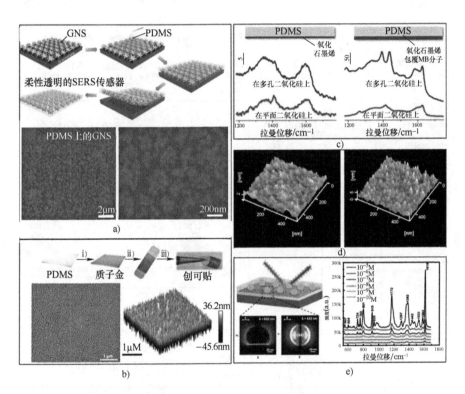

图 2-2　**a**）带有金纳米柱阵列的柔性 SERS 传感器的制造过程示意图，自组装的金纳米柱阵列从硅基底转移到 PDMS，嵌入 PDMS 中的自组装金纳米柱阵列的 **SEM 图像　b**）等离子体金膜带状物的制备过程示意图　**c**）GO 涂层的 PDMS 薄膜和亚甲基蓝@GO 涂层的 PDMS 薄膜分别附着在平坦的硅和纳米多孔硅表面时的拉曼光谱　**d**）纳米薄膜的 AFM 图片：Si 薄膜（左）和 Al 薄膜（右）　**e**）POF SERS 基底及其在 XZ 平面和 XY 平面上计算出的电场轮廓（左），结晶紫检测的拉曼光谱（右）（见彩插）

2.2.3　核壳结构表面增强拉曼基底材料

核壳结构是基于一个颗粒状的模板核心，可以是金属和其他无机纳米粒子，由不同的外壳材料包覆。通常可以通过化学合成（如种子介导的湿化学生长方法）或物理方法（如 ALD 沉积）制备，如图 2-3a 所示。Gia Chuong Phan-Quang

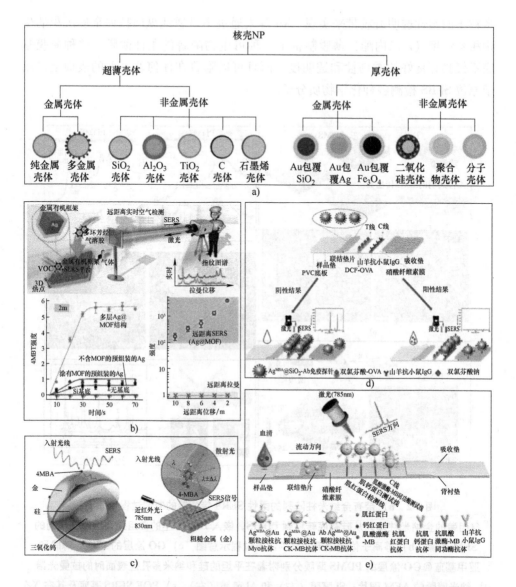

图 2-3 **a)** 核壳结构 SERS 基底纳米粒子的分类 **b)** 用于实时空气监测的站立式 MOF-SERS 平台的工作原理示意图，使用不同的平台在站立式 SERS 检测中获得的实时 4-MBT 强度，以及使用 MOF 包覆 Ag SERS 平台和普通拉曼检测在 2～10m 的距离上获得的 4-MBT 强度 **c)** 核壳结构复合 SERS 基底结构设计和在金纳米壳上获得 SERS 信号的效果示意图 **d)** ICA 试纸条的自组装方案以及使用 SiO$_2$-Ab 包覆 Ag MBA 作为免疫探针的新型 SERS-ICA 用于快速、定量和超灵敏地检测水样中的双氯芬酸残留 **e)** 基于核壳结构 SERS 纳米标签的多重 LFIA 的工作原理示意图

等人通过 MOF 包覆 Ag 核壳纳米粒子的自组装设计了 3D 等离子体结构，它可以主动吸附并快速检测气溶胶、气体和挥发性有机化合物，灵敏度可达十亿分之几（ppb 级）。该平台对大气成分的变化具有极高的敏感度，这一点通过对二氧化碳气体在几个周期内的时间监测得到了证明。他们还展示了在室外阳光下对多环芳烃混合物的实时远程和多重定量分析。他们开发的 SERS 传感策略为高灵敏监测分子水平的空气/气体环境提供了技术，这在环境保护、防灾和国土防御应用中具有重要潜力，如图 2-3b 所示。

如图 2-3c 所示，Pancorbo 等人报告了一类新的可调节核壳结构的复合（Au-SiO$_2$-WO$_3$）纳米粒子。这些纳米粒子显示出易于改进的 ≈10^3 SERS 增强因子。直径为 20~50nm 的 WO$_3$ 核心纳米粒子被中间 10~60nm 的二氧化硅中间层所包裹，然后是 5~20nm 厚的金外壳。初步结果证实了它们在单分子检测和体外细胞 SERS 成像方面具有优越性能。在另一项研究中，Diandian Deng 等人使用 SiO$_2$-Ab 包覆 Ag-MBA 核壳结构作为免疫探针，开发用于快速、定量和超灵敏地检测水样中的双氯芬酸（DCF）残留物的 SERS 基底，如图 2-3d 所示。免疫探针是通过将拉曼信号分子巯基苯甲酸（Mercaptobenzoic Acid，MBA）置于核心和外壳之间，并将单克隆抗体 SiO$_2$ 包覆 Ag NP 固定在抗 DCF 抗体（mAb）的表面而获得的。在最佳条件下，其 SERS 检测的灵敏度和检测限（Limit of Detection，LOD）分别为 9pg/mL 和 0.07pg/mL。并且整个测试过程可以在 15min 内完成，且该 SiO$_2$-Ab 包覆 AgMBA 核壳结构免疫探针在四个月内保持稳定，SERS 探针信号强度没有明显降低。该 SERS 探针成功的关键是采用 SiO$_2$ 包覆 Ag NP 核壳结构纳米粒子作为 SERS 基底，它具有优良的 SERS 增强能力，良好的生物相容性和结构成分稳定性。此外，Zhang 等人提出了基于核壳 SERS 纳米标签的侧向流动分析（Lateral Flow Assay，LFA），允许对心脏生物标志物进行多重和定量检测，并用于早期诊断急性心肌梗死（Acute Myocardial Infarction，AMI）等疾病（见图 2-3e）。

2.3　表面增强拉曼传感检测的应用现状

2.3.1　生物分子的检测

生物分子的拉曼散射信息数据库的建立对于活细胞或病原体的鉴定和检测，以及对生物标志物结构的深入理解非常重要，这将有助于推进 SERS 检测技术在生物系统中的研究，开发潜在的生物医学应用场景。目前，针对各种生物小分子（多巴胺、叶酸、毒素等）和大分子（血管内皮生长因子、前列腺特异性抗原、甲胎蛋白、DNA 等）的 SERS 检测技术已被报道，其中，三类重要生化分子的 SERS 检测尤其受到关注，即蛋白质、核酸、代谢物。

1. 蛋白质

蛋白质及其结构的无标记检测对于生命科学非常重要，包括药物筛选、疾病早期诊断、临床治疗和蛋白质组学等。无标记 SERS 检测可以以更简单、更具成本效益的方式提供与其结构直接相关的蛋白质"指纹"信息。

一些含有发色团的蛋白质（例如，细胞色素 C、血红蛋白和肌红蛋白）可以通过拉曼增强技术很好地进行表征和检测，即使在单分子水平上也能够被探测到，因为在共振条件下，发色团通常具有较大的拉曼散射截面。然而，由于大多数蛋白质不含发色基团，而且蛋白质的大小通常超过底物增强场的有效范围，所以直接检测此类蛋白质仍然具有挑战性。此外，由于蛋白质可能的变性或吸附方向不同，所以不同的研究组获得的同一蛋白质的 SERS 光谱可能差异会很大，这对无标记检测蛋白质的拉曼光谱数据库的建立造成了不利影响。

Han 等人进行了系统性的测试以提高蛋白质无标记拉曼检测的可靠性和多功能性。他们开发了一种名为"Western SERS"的分析方法，将蛋白质印迹与 SERS 检测相结合。他们使用蛋白质印迹法来纯化和分离蛋白质混合物，然后用银胶体对分离和纯化的蛋白质进行染色，以便随后进行 SERS 检测。Western SERS 已成功应用于分析肌红蛋白和牛血清白蛋白（BSA）的溶液。

另一方面，Ren 等人开发了一种称为碘化物修饰银纳米粒子（IM 包覆 Ag NP）的方法，以避免蛋白质变性和平衡吸附方向，能够获得高度重复性和可靠的蛋白质 SERS 光谱，如图 2-4a 所示。银纳米粒子上的碘化物涂层不仅消除了表面杂质，而且提供了一个屏障，防止蛋白质与金属表面之间的直接和强烈的相互作用，这有助于保持蛋白质的天然结构。没有发色团蛋白质的 SERS 特征与相应的正常拉曼光谱几乎相同，表明蛋白质的天然结构保持良好。这种独特的功能允许通过简单地计算拉曼峰（色氨酸与苯丙氨酸残基）的强度比来定性鉴定蛋白质，这对于可靠准确地鉴定蛋白质分子具有重要意义。此外，该方法可用于根据已知的单个 SERS 光谱准确分析蛋白质混合物。Matteini 等人使用单个银纳米立方体直接通过 SERS 信号检测蛋白质，如图 2-4b 所示。银纳米立方体的角位点作为 SERS 热点，提供了总 SERS 信号的 80%。纳米立方体金属面上的聚乙烯吡咯烷（Polyvinyl Pyrrolidone，PVP）涂层可防止蛋白质与表面直接接触，从而促进蛋白质与 PVP 特殊位点的优先相互作用。通过这种方式，可以规避由不同颗粒区域和簇状纳米颗粒聚集体内部的可变吸附配置引起的信号波动。该方法用于研究细胞色素 C 和银表面之间的相互作用，并实现了对低浓度细胞色素 C 的定量分析。

2. 核酸

拉曼光谱对蛋白质鉴定的技术难点同样也在核酸的拉曼检测领域存在。因

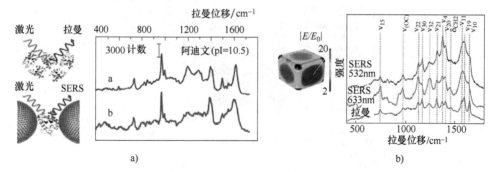

图 2-4　对蛋白质分子的表面 SERS 光谱检测分析（见彩插）

a）碘化物修饰银纳米粒子胶体中抗生物素蛋白的普通拉曼光谱（绿色）和拉曼增强光谱
（红色）　b）纳米立方体（50nm）电场分布的有限元模拟，通过使用 532nm 和
638nm 激发波长在银纳米立方体上获得的细胞色素 C 的 SERS 光谱；细胞色素 C
的浓度为 0.1nmol/L，1mmol/L 细胞色素 C 溶液的拉曼信号作为对照（蓝色）

为核酸分子（例如 DNA）是由四个具有不同相对含量和序列的碱基组成的，因此，随着 DNA 链的增长，成分上的差异将会变得非常微不足道，特别是当不同碱基的含量接近时。Bell 等人使用 $MgSO_4$ 作为聚集试剂，获得了带有银胶体粒子的 DNA/RNA 单核苷酸的 SERS 光谱。此外，Halas 等人开发了一种温和的热循环方法，可将 DNA 链松弛成延伸的构象，从而获取稳定的 SERS 信号，如图 2-5a 所示。核酸 SERS 检测的另一个技术挑战是如何提高检测信号的可重复性，这对通过 SERS 信号相对强度的微小差异可靠区分不同组成的 DNA 至关重要。为了解决这一难题，Ren 等人重新设计并修饰了上一节中提到的碘化物修饰银纳米粒子方法，如图 2-5b 所示。添加 $MgSO_4$ 以中和表面电荷并增强 DNA 和碘化物修饰银纳米粒子之间的静电相互作用，从而可以检测到强度高且可重复的 SERS 信号。研究发现，磷酸骨架的振动带可以作为内标信号来校准每个碱基的绝对信号，从而可靠地确定 DNA 结构。这种校准方案能够确定寡核苷酸中每个碱基的比例，并获得 DNA 序列中每个碱基的绝对含量。使用该策略，可以实现对腺嘌呤/胞嘧啶生物聚合物中单链和双链 DNA 的单碱基的高灵敏度探测，以及碱基含量的定量 SERS 检测分析。Alvarez-Puebla 课题组合成了带有精胺包覆的正电荷 Ag NP，并用于 DNA 检测，如图 2-5c 所示。带负电荷的 DNA 可以通过静电相互作用与精胺包覆的 Ag NP 表面结合，形成稳定的聚集体，从而获得可重复且可靠的 SERS 光谱信号。他们进一步比较了带正电荷的精胺包覆的 Ag NP 和带负电荷的卤化物阴离子包覆的 Ag NP 用于 DNA 的 SERS 检测，结果表明，看似微小的实验变化可以显著改变 Ag NP 上单链和双链 DNA 的亲和力，以及最终的 SERS 光谱数据结果。

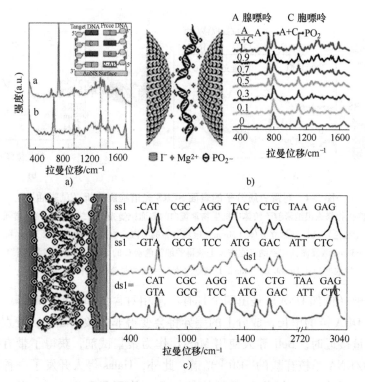

图2-5 DNA 的 SERS 检测示意图（见彩插）

a）通过热退火法对 DNA 进行 SERS 检测　b）用于 DNA 检测的碘化物修饰 Ag NP

c）用于 DNA 检测的精胺包覆的 Ag NP

3. 代谢物

代谢物通常是指生命过程中产生的生物小分子，在生命科学的基础研究和疾病诊断中起着至关重要的作用。一些常见的代谢物，如葡萄糖、尿酸、次黄嘌呤和乳酸，已经可以通过 SERS 光谱技术进行分析研究。代谢物检测最有意义的应用背景是对体液样本进行检测分析。通过系统地比较用于检测微升量的人类眼泪的滴涂沉积拉曼光谱和 SERS 光谱，可以发现泪液滴涂沉积拉曼光谱信号的主要贡献来源是高丰度的蛋白质，而 SERS 光谱则以尿酸和次黄嘌呤为主，它们的丰度低但与 Ag NP 的相互作用强。该结果表明 SERS 光谱信号主要由对 SERS 活性金属表面具有高亲和力的生物分子主导。更重要的是，这两种基于拉曼的技术显然是互补的，滴涂沉积拉曼光谱有利于检测蛋白质等高丰度成分，而 SERS 光谱能够检测低丰度但对基底材料具有高吸附能力的成分。这两种技术的结合为临床泪液的系统分析提供了多参数信息，并且可以进一步扩展到其他体液的分析。

对于糖尿病的诊断和健康管理，非常需要连续的葡萄糖监测方法。SERS 光谱有可能成为用于快速和微创糖尿病分析的替代葡萄糖传感器。然而，由于其较小的拉曼散射截面和对金属表面的弱亲和力，从葡萄糖中获得 SERS 信号非常具有挑战性。Van Duyne 等人基于他们之前开发的纳米球上的银膜（AgFON）基板设计了一种 SERS 葡萄糖传感器。用癸硫醇（Decanethiol，DT）和巯基乙醇（Mercapto Hexanol，MH）的混合自组装单层（Self-Assembled Monolayer，SAM）对基板进行功能化，以提高葡萄糖与 SAM 的亲和力，他们首次实现了在体内进行葡萄糖的 SERS 检测。通过 SERS 光谱和空间偏移拉曼光谱（Spatially Offset Raman Spectra，SORS）的结合，该传感器通过大鼠皮下植入的方式，在 17 天的过程中实现了对体内葡萄糖浓度的经皮监测。

　　生物分子的 SERS 光谱数据库对于生物分析的未来发展无疑具有重要意义，然而建立这样一个数据库需要多方合作，其先决条件是每个科研团队都能获得某种生物分子的相似拉曼光谱，而防止生物分子变性和控制生物分子在 SERS 基底材料表面的吸附/取向是实现这一目标的重要途径。

2.3.2　细胞检测

　　凭借其分子指纹信息，SERS 可以反映出活细胞内的分子构成。SERS 对活细胞的检测可分为静态检测和动态检测两种。在静态检测中，SERS 仅作为一种诊断方法来识别和对细胞进行分类，并且能够被用于识别不同的病毒和细菌，以及区分癌细胞和正常细胞等。在动态检测中，则着重于对细胞分裂、分化和凋亡等过程中生物分子的时空分布和演化进行动态监测，这些时间序列的 SERS 光谱或图像可以帮助研究人们理解细胞生命过程和各种疾病发病机制。直接对细胞进行检测的技术挑战在于 SERS 基底材料可以增强其表面附近的任何分子，但是其获得的拉曼光谱太复杂，导致难以进行有效的动态分析。

1. 癌细胞的检测

　　SERS 光谱技术通常与多变量数据分析方法相结合，能够具备区分癌细胞与正常细胞的能力。由于胞内物质和细胞膜表面成分的差异（如核酸、蛋白质、糖类和脂质），正常细胞与癌细胞有着不同的 SERS 振动光谱特征。Choo 等人开发了抗体修饰的基于金纳米棒和金-银双金属纳米颗粒的 SERS 标签，以监测过表达乳腺癌标志物 HER2 的 MCF7 细胞，和过表达磷脂酶 PLCγ1 的 HEK293 细胞。

　　有研究报道了一种有趣且新颖的单细胞 SERS 检测标签，称为纳米珊瑚，如图 2-6 所示，这种金属纳米珊瑚的一半表面涂有高度粗糙的金，以增加其吸附能力并产生高密度的 SERS 热点，而空白的聚苯乙烯半球可以通过功能化对特定细胞进行靶向。通过将纳米珊瑚悬浮液与抗 HER2 抗体一起孵育，实现了对乳腺癌细胞的特异性靶向和 SERS 检测。

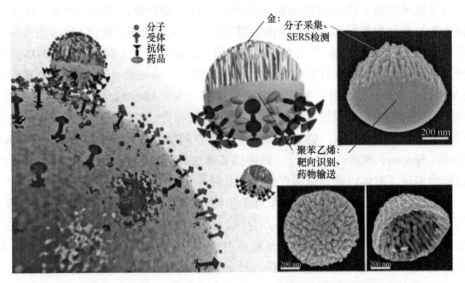

图 2-6　金属纳米珊瑚作为靶向、传感和药物输送的多功能纳米探针的工作原理和结构示意图，显示了纳米珊瑚探针的扫描电子显微镜图像

在生物流体中对肿瘤细胞的探测是癌症诊断领域的热点话题，快速而准确的光学分析技术是当前的重要检测方法之一，然而对肿瘤细胞的探针面临着待测物含量低的难题挑战。血液中的循环肿瘤细胞（Circulating Tumor Cell，CTC）通常浓度含量极低，在 IV 期癌症中阶段，8mL 血液（用于分析的标准体积）中的单位个数只有数十个不等。由于血液中循环肿瘤细胞浓度极低，所以许多方法在检测步骤之前需要先进行预先富集，其中一些富集策略是基于细胞的物理特性，如大小、密度或可变形性，而另一些基于细胞的生物特性，如标志性蛋白质表达。到目前为止，最常见的策略是使用抗体修饰的磁性颗粒，通常是四氧化三铁，用针对上皮细胞黏附分子（Epithelial Cell Adhesion Molecule，EpCAM）的抗体进行功能化。这种选择的基本原理在于上皮细胞在血液中并不常见，因此血液中的上皮细胞很可能与癌症有关。上皮细胞黏附分子修饰的磁性颗粒暴露于血液样品中，适当时间后与靶细胞结合，最终通过外磁场被富集提取。并且这些系统通常使用一种以上的抗体，基于编码的等离子体纳米颗粒和 SERS 颗粒能够对不同的循环肿瘤细胞进行多重量化分析。这种方法的优点包括超高的分析分辨率，以及几乎无限数量的可用标记。然而，即使目前较为先进的 SERS 光谱的采集时间通常都会超过 10ms，这阻碍了该技术在真实样本中的使用。因此，可以通过结合具有高响应速度（低至 ns）的荧光信号采集技术，进而发挥 SERS 光谱技术在细胞检测应用方面的高分辨率优势。

2. 病原体细菌的检测

对特定传染病致病菌的检测同样引起了人们的极大关注。SERS 光谱技术的超高灵敏度和无标记识别特征使其非常适合用于检测低丰度但危害性极高的病原体，这些病原体对人类健康构成了巨大风险。最常见的感染是由大肠杆菌、金黄色葡萄球菌和鼠伤寒沙门氏菌等细菌产生的，这些细菌通常可以通过食物和水传播。因此，为了避免病原体细菌的传播，需要快速识别检测能够感染人类的不同病原体。同时，由于不发达国家安全饮用水的普及率低与普遍的污染问题，开发出快速且廉价的检测方法也至关重要。

Jarvis 和 Goodacre 等人报道了一种具有可靠的信号可重复性，且直接对细菌探测并能够实现菌种和亚种水平的细菌鉴别和鉴定的 SERS 检测技术。该研究将细菌与胶体银混合并干燥，经 SERS 检测后，采用多元判别分析进行细菌类别的鉴定。在这项工作之后，Ziegler 及其同事报告了一种类似的分析方法，但引入了一种结合了 SERS 条码的识别程序。然而，当时这些研究并未试图确定 SERS 信号的生化来源。相比之下，最近的研究使用了同位素底物，例如在细菌生长过程中用 ^{13}C 或 ^{15}N 氢氧化铵均匀标记的葡萄糖，这一过程称为稳定同位素探测（Stable Isotope Probing，SIP）。在这个过程中，较重的同位素被结合到细菌生物质中，导致振动频率的变化（由于振动中的质量减少），从而导致拉曼（增强）信号向较低波数移动。这一过程能够阐明振动的起源，并结合天然关键分子和同位素的标准参考 SERS 光谱，能够实现明确的化学鉴定。Premasiri 等人的研究表明嘌呤相关的分子主要通过完整细菌的 SERS 光谱进行探测，而其他使用 SERS-SIP 的研究也将该原理用于细菌识别分析。这种方法往往用于对单个细菌/细胞进行成像并识别混合群落中的表型功能。总而言之，SERS 光谱技术正成为表征细菌病原体的有力工具，该方法不仅可以用于评估抗生素敏感性或耐药性，同时也可以用于直接探测细菌或细菌培养过程中产生的挥发性有机化合物。

Liz-Marzan 等人不是直接检测细菌，而是测量它们细胞间的信号传导过程，即群体感应（Quorum Sensing，QS）。大多数细菌在自然界中以生物膜作为信息传递媒介实现其群体感应，这是一种细胞间的通信机制，它使细菌能够监测细胞密度和环境变化并对其做出反应。由于群体感应和生物膜与细菌引起疾病的能力有关，所以找到天然细菌种群中的群体感应机制的信使分子并进行非侵入性分析的方法非常重要。Bodelon 等人报道了纳米结构等离子体底物的制备方法，以使用无标记的 SERS 探针来监测绿脓杆菌素的存在。绿脓杆菌素是一种铜绿假单胞菌生物膜和微菌群落进行群体感应的信号代谢物，是由铜绿假单胞菌产生并排泄到环境中的吩嗪家族的杂环含氮化合物，在该微生物的生物膜形态变化中起重要作用。该策略基于在多孔基质中使用包含等离子体成分的混合材料，这种多孔基质仅允许小分子扩散。通过使用介孔二氧化硅涂层的微图案化超晶金纳米棒阵列，使 SERS 能够在生物膜形成的早期阶段检测群体感应行为（即绿脓素表达），并能够对微米级（平均 $25\mu m^2$）小细菌群产生的吩嗪进行成像，如图 2-7 所示。随后的工作证明了这种方法可以研究种间细菌的相互作用，包括分离的细菌菌落和混合菌落。

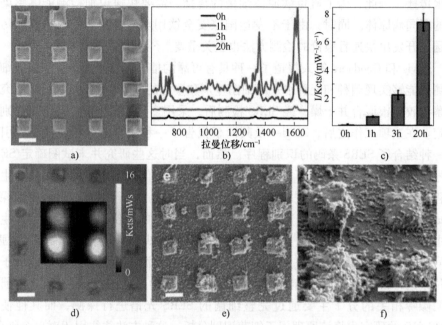

图 2-7　对于在微型二氧化硅阵列涂层的金纳米棒超晶衬底上生长的
铜绿假单胞菌所产生的绿脓素的原位拉曼检测和成像（见彩插）

a）衬底的扫描电镜图像　b）在细菌生长 0h、1h、3h 和 20h 后测量的代表性 SERS 光谱

c）在 0h、1h、3h 和 20h 后记录的相对 SERS 光谱特征峰强度（1600cm⁻¹）

d）生长 20h 的底物光学图像和绿脓素（1600cm⁻¹）的拉曼信号面扫描图片

e）、f）由铜绿假单胞菌（20h）在不同放大倍率下定殖的超晶体的扫描电镜图像（比例尺为 5μm）

2.3.3　环境污染物检测

SERS 已广泛用于监测和量化环境中存在的毒素、化学品、重金属、细菌信号代谢物等。各种纳米结构包括纳米颗粒单体和二聚体（见图 2-8a）、金纳米棒和纳米颗粒链结构（见图 2-8b）、各向异性结构（见图 2-8c）、纳米金阵列、纳米柱、薄膜结构等，已被用于基于 SERS 光谱的环境污染物的监测中。此外，新型纳米材料包括半导体、过渡金属硫属化物和金属有机框架也被开发并用于 SERS 基底性能的提升。

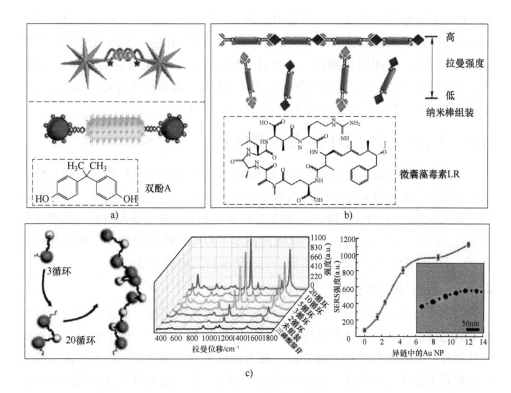

a)

b)

c)

图 2-8 a) 用于汞离子检测的 SERS 活性金纳米星状二聚体（上）和用于双酚 A 检测的
金纳米颗粒-纳米棒组装体（下） b) 用于毒素检测的 SERS 活性金纳米棒聚合物
c) 金纳米粒子杂链与其 SERS 检测性能

　　与基于其他光谱技术的传感检测方法相比，基于 SERS 光谱的检测技术具有更高的灵敏度，甚至可以达到皮摩尔水平。与 Au 纳米棒单体和 Au 纳米颗粒链相比，纳米颗粒表面上的此状尖端有助于提高 SERS 检测的性能。然而，对于环境毒素或化学物质的检测，由"端到端"方式构成的纳米 Au 棒链或纳米颗粒-纳米棒-纳米颗粒三聚体结构可以提供类似的 SERS 效应和检测。因此，基于纳米颗粒的结构组装与 SERS 技术的超灵敏检测策略，可以提供克服灵敏度限制的检测方案，但需要保证其拉曼信号的可重复性和稳定性，以便用于实际样品的检测分析。基于拉曼光谱的指纹识别特点，SERS 技术能够同时检测多种不同分子量的污染物，甚至可以区分结构相似的不同有机化学成分。尽管可以同时监测多个目标，但对于具有相似结构、极性或分子量的不同分子，最佳的 SERS 检测的参数可能不同。总之，SERS 检测技术仍面临实际应用的诸多限制和挑战，例如纳米颗粒的非特异性聚集、表面化学基团的构象变化和样品的基质效应，这些都会影响检测性能（灵敏度、选择性和准确性）。单分子 SERS 检测技术虽然能够探测复杂的化学和生物环境中的污染物分子，但杂质的存在或目标分子的取向会导致光谱的波动，影响检测的准确性。综上所述，SERS 光谱技术为建立快速、可靠、实用的传感检测平台具有巨大潜力，但是需要结合样本特征，筛选合适的 SERS 基底，优化检测的激发光源强度、信号检测时间，以及进行大量样品的统计分析，以保证该技术的实用性和可靠性。

2.4 基于微流控平台的拉曼检测技术

随着纳米科学技术的不断发展，SERS 光谱等分析技术可以实现在超低样本浓度下探测各种分析物分子的结构和化学信息。尽管这项技术在各个领域都取得了重大应用进展，但 SERS 传感的信号再现性和对小分子待测物的灵敏度仍然存在巨大挑战。在这方面，基于微流控技术平台的表面增强拉曼（Microfluidics SERS，MF-SERS）光谱检测技术提供了一种可行的解决方案。

2.4.1 微流控技术简介

微流控技术是通过流体泵在微米大小的通道操纵流体。通常微流控的设备包含微通道芯片、微流体泵系统、微阀控制系统等。通过这种小型化的微流体芯片器件，可以以高度集成的方式完成多种任务和功能应用。因此，微流控系统也被称为芯片上实验室（Lab on Chip，LoC），比如它可以通过微流体自动化驱动的方式高精度执行化学微反应和生物细胞实验过程。

当化学过程发生在微通道中而不是烧瓶或试管中时，只需要非常低的试剂量（$\mu L/nL$），且扩散控制过程会大大加快。同时，可以通过不同的方式对试剂或样品进行操作控制，例如压力、光学、电学、离心力、声学和磁场等。微流控系统凭借其独特的优势，在合成和分析化学、生物学、医学诊断研究、药物筛选发现和健康检测等领域获得了广泛的应用。尤其是在过去的几十年里，科学家将各种分析技术（如质谱、核磁共振、荧光光谱、电化学技术、SERS 和红外光谱）与微流控系统相结合，开发了各种基于微流控的传感检测技术。

在这些传感技术中，结合 SERS 的微流控传感系统因其具有拉曼光谱无标记识别和微流控的小体积样本分析能力，具有广阔的应用潜力和工程实用价值。图 2-9 显示了在微流控通道中对吸附在 Au NP 上的分析物进行 SERS 检测分析的过程。

本节简单概述了 MF-SERS 技术的技术现状与优势特点，包括 MF-SERS 流道的设计，以及微流控器件中 SERS 基底的多样化制备，及其在不同传感检测领域中的应用现状，最后讨论了 MF-SERS 在智能传感领域面临的挑战和未来发展趋势。

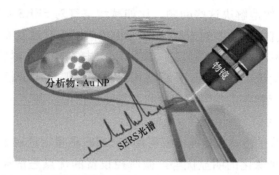

分析物：Au NP

物镜

SERS光谱

图 2-9　在微流控通道中对待测物进行 SERS 检测分析示意图

2.4.2　微流控拉曼检测的优势特点

1. SERS 定量检测

由于金属纳米结构的不确定性，定量检测对于 SERS 技术来说是一个非常重要但极具挑战的课题。在这方面，MF-SERS 技术可以通过在微流道中提供可靠稳定的 SERS 基底，保证 SERS 信号的稳定重现，实现对分析物的定量检测。例如，可以使用微流控 SERS 系统实现对超低浓度药物的在线定量检测。

2. 细胞和液滴分类

不管是实验室的基础研究还是临床实际的医学检测应用，采用微流控系统对细胞和液滴进行的有效可靠的分类是非常有意义的。例如微流控平台中对单细胞的高通量筛选原理也可以成功地应用于拉曼活化液滴分选（Raman-Activated Single-cell Droplet Sorting，RADS）。在该微流控的分选应用中，拉曼检测技术在细胞分选方面具有独特的优势，基于微流控拉曼的细胞分选（Raman-Activated Cell Sorting，RACS）系统甚至在某些指标方面可以超越传统荧光激活细胞分选技术。

3. 纳米 SERS 基底材料的原位合成

在 SERS 传感应用中，最好使用形貌结构可控的 SERS 基底材料实现可重复的 SERS 信号测量，然而制备高均匀性的纳米结构是微纳米材料加工制造领域里的一项难题。基于微流控系统，可以使用液滴微反应器连续可控地制备金属纳米晶体，该反应器可以实现对纳米晶体形貌的有效控制和局部含量的浓缩。同时，也有人提出多种使用微反应器制备银纳米结构的方法，这些工作都证明了微流控系统在制备可控形貌的 SERS 活性基底纳米结构方面的重要潜力。

4. SERS 信号的再现性和可靠性

SERS 检测应用研究中的金属纳米结构容易受到空气氧化和环境污染物的影响，这会降低 SERS 传感的灵敏度和重复性。而使用封闭的微通道系统进行

SERS 检测可以有效地解决这些问题，比如减缓空气对 SERS 基底材料的氧化过程。此外，微通道中微流体的连续流动也可以有效降低激发光源对样品的加热效应，从而避免不必要的光化学反应或者待测物样本损坏。尽管与传统 SERS 检测相比，微流控系统中的 SERS 灵敏度相对较低，但由于分析物分子的连续流动，MF-SERS 传感检测的信号再现性和可靠性都相对较高。

5. 系统便携性

如今已有多款手持式拉曼光谱仪可用于 SERS 测量，这对于拉曼光谱技术用于现场分析具有便携化的明显优势。微流控设备的优点是消耗的样本量小，并且微流控芯片同样具有小型化的优势特征，因此 MF-SERS 技术结合便携式的拉曼光谱仪非常适合用于现场分析检测。例如，带有光纤耦合的便携式拉曼光谱仪结合 MF-SERS 传感器已经可以用于检测阿尔茨海默病的生物标记物淀粉样 β 蛋白。

6. 溶液环境生物样本分析

SERS 技术可以提供生物分子的"指纹峰"光谱数据，而微流控系统只需要微升级的样品量就可以实现 SERS 信号的捕获、分类或检测识别。在这个方面，可以通过使用一次性微流控芯片，结合 SERS 检测技术进行溶液样本的快速浓缩和污水样本中的待测物（如细菌）的快速检测分析。

7. 实时检测和通用性

MF-SERS 技术的另一个关键优势在于该技术可用于化学/生物反应过程的在线动态连续监测。例如，Kneipp 等人提出了一种插入式多功能微流控平台，它的中心部分是一个插入式 SERS 探针，这种插入式设计可以轻松集成到现有的拉曼显微分析系统中。该平台可以对化学反应过程进行灵敏的光学表征，还可以对受控气体气氛下的反应进行检测，并且不会受纳米颗粒的表面吸附或记忆效应的影响，具有较强的通用性。

2.4.3 微流控通道的设计

针对 SERS 检测应用需求，微流控通道中金属纳米胶体颗粒和分析物之间的有效混合非常重要。被动混合通道由于其简单性和操作适用性，在层流混合中得到了最广泛的应用。图 2-10 显示了几种不同的被动通道设计，可以用于快速有效地混合两个不同的汇合流。

与其他混沌通道相比，鳄鱼齿形微流控通道显示出较高的混合效率，因为在合流的同时，垂直和水平扩散产生了强烈的混沌平流。分析物分子通过锯齿形微流控通道有效吸附在银纳米颗粒表面，实现 SERS 信号的检测。通常而言，微流控通道中的片上拉曼检测产生的结果比静态条件下的结果具有更好的可重复性。在微流控通道中，纳米胶体和分析物被引入一个相互混合的通道，当混

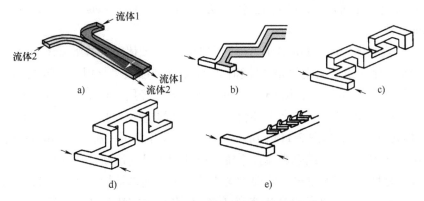

图 2-10　用于混合连续流动的微流控通道
a）流体界面上的简单扩散混合　b）高雷诺数下用于混沌混合的锯齿形通道
c）中低雷诺数下混沌流的三维蛇形通道　d）中低雷诺数下混沌流的三维蛇形通道
e）低雷诺数下混沌混合的微流道

合样品通过激光束时，从流动的流体中积累拉曼信号；在激光检测点，来自不同聚集体的 SERS 信号被累积并收集，从而实现检测信号再现性大幅提高。通过有效的混合通道设计和最佳流速的设置，可以基于 SERS 信号的强度变化对分析物进行定量分析。

目前微液滴微流控通道已用于串行高通量微分析，显微 SERS 技术也被应用于液体/液体分段微流控系统中分析物的检测和量化分析。该技术可以克服分析物/胶体共轭物在通道壁上的光沉积引起的"记忆效应"。

2. 4. 4　微流控器件中表面增强拉曼基底的多样性及其检测应用

SERS 的信号增强性能依赖于几个方面，如 SERS 基底的活性纳米结构的尺寸、形状、材料性质和胶体粒子间距离等；分析物的化学结构及其与 SERS 基底的相互作用；拉曼仪器参数，包括激光波长、强度和曝光时间等。高灵敏度 SERS 信号采集的关键之一就是 SERS 基底的合理选择与优化，在微流控 SERS 检测应用中，它们可以大致分为两类，即胶体 SERS 基底和固定 SERS 基底。SERS 基底的开发是 SERS 领域的主要研究方向之一，在过去几十年中人们致力于开发用于微流控 SERS 应用的等离子体纳米结构。下文将以胶体 SERS 基底和固定 SERS 基底为例，介绍微流控器件中 SERS 基底的多样性及其在不同领域中的检测应用。

1. 胶体 SERS 基底

化学合成的银和金胶体是 SERS 检测应用中最重要的基底材料。在大多数情况下，由于在微流控系统中使用的简单便捷性和可重复使用性，金属胶体具有明显的优势。它们主要通过化学方法制备，如 Lee Meisel 法、Lendl 法和 Creighton 法。

（1）金胶体　图 2-11a 显示了不同类型的金属胶体及其在微流体平台中的应用。金纳米结构由于其生物相容性和化学稳定性，已被广泛用于微流控 SERS 的研究。如图 2-11a ⅱ 所示，Rodríguez-Lorenzo 等人已经用一种用于食源性病原体检测的单克隆抗体对 Au NS 进行功能化。由于锋利的边缘，这种 NS 可以表现出更高的 SERS 增强性能。如图 2-11a ⅰ 所示，Choo 等人开发了一种基于 Au NP 的磁性复合免疫 SERS 基底，结合微流控系统，成功用于早期诊断前列腺癌。此外，要获得可重复性的 SERS 信号，需要均匀组装等离子纳米结构。如图 2-11a ⅳ 所示，Jing 等人报道了一种制备双乳状液滴（水-油-水）的方法，液滴内部组装了高浓度的金纳米粒子，用于高灵敏的 SERS 检测。

（2）银胶体　如图 2-11a ⅲ 所示，Andreou 等人用 Ag 胶体和聚集剂，基于微流控系统，可在几分钟内检测唾液中的药物分子，与传统的 SERS 检测相比，该工作改进了分析物与纳米粒子之间的相互作用，控制了微流控通道中纳米颗粒的聚集程度，从而实现了对 SERS 检测性能的调控。然而在某些情况下，分析物分子可以诱导纳米颗粒聚集，从而导致更强的 SERS 信号。如图 2-11a ⅴ 所示，Xidi 等人在液滴微流控装置中用左氧氟沙星样品观察到了这种分析物诱导的纳米颗粒的聚集行为，用于检测人体尿样中的左氧氟沙星。

2. 固定 SERS 基底

固定 SERS 基底的主要优点是可以获得比金属纳米结构形态更高的精度，因此，可以进一步改善 SERS 检测的灵敏度和重复性问题。图 2-11b 显示了在微流控芯片内构建的不同固定 SERS 基底。

（1）Au NP　为了将金纳米结构集成到微流控器件中，其中一种方法是直接在微流控通道上构建金纳米结构，另一种方法可以是金膜与金纳米结构在微流通道内的集成。例如 Huh 等人使用阳极氧化铝膜研制出金属纳米管阵列。如图 2-11b ⅴ 所示，Burtsev 等人通过在光栅表面集成周期性金属结构（光栅）和多支化金纳米粒子来提高 SERS 检测灵敏度。该设计在微流控芯片中显示出非常高的 SERS 增强因子和更好的信号重复性。

（2）银纳米颗粒　由于纳米银结构相较于其他金属材料表现出了更高的 SERS 增强性能，已被广泛用于微流控 SERS 检测。如图 2-11b ⅱ 所示，Popp 等人使用电子束光刻技术制备纳米结构的银 SERS 衬底，用于纳摩尔浓度下的抗生素（磺胺甲恶唑）的高灵敏度 SERS 检测。他们发现银涂层的 SERS 衬底在毫米尺度上表现出优异的均匀性，具有更好的灵敏度和信号可重复性。

（3）3D 微纳结构　具有均匀热斑（空隙<10nm）的三维（3D）SERS 衬

底，凭借电磁场的有效集中可以产生显著的 SERS 增强效果。图 2-11bⅰ 显示了一种通过等离子体剥离技术制造的纳米柱 SERS 衬底，这种 SERS 衬底在微流控芯片内显示出良好的信号重复性，证实了微流控器件结合 SERS 检测的性能优越性。同时，分析物分子在微通道内的连续流动显著降低了 SERS 测量中的相对误差。此外，如图 2-11bⅲ 所示，Lao 等人提出了一种在微通道内三维等离子体纳米结构上检测抗癌药物的可切换自组装方法。

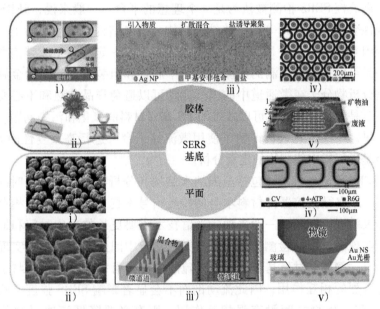

图 2-11　不同类型的金属胶体及其在微流体平台中的应用

a）用于微流控 SERS 检测的胶体 SERS 基底：ⅰ）磁性复合纳米粒子示意图；
ⅱ）带有 SERS 标签的金纳米星示意图；ⅲ）具有 AgNP 的微流体通道；
ⅳ）在高渗条件下制备的含有金纳米颗粒的双乳液液滴；
ⅴ）带有 Ag 胶体的液滴型微流控芯片　b）用于微流控 SERS 检测的固定 SERS 基底：
ⅰ）纳米柱 SERS 基底；ⅱ）结构化石英晶片，覆盖有 40nm 银层；
ⅲ）采用可切换自组装方法制造的纳米间隙等离子体结构；
ⅳ）每个分段 Ag 线上 CV、4-ATP 和 R6G 的伪色拉曼图；
ⅴ）基于表面等离子体激元和局部表面等离子体耦合的混合微流体装置

2.4.5　微流控表面增强拉曼技术面临的挑战和发展趋势

具有多层 SERS 基底的微流控器件在灵敏度和再现性方面表现优异，但如果分析物分子不与 SERS 基底相互作用，则很难检测此类分子。在这种情况下，金属纳米结构的功能化为这类分析物的间接检测开辟了新道路。一些研究发现，金属胶体会堵塞微通道，从而影响 MF-SERS 检测的信号再现性。因此，核壳纳米结构和壳分离纳米颗粒常常用于微流控 SERS 检测，通过表面性能的调控以避免微通道内的沉淀或堵塞。

其他 SERS 增强替代纳米材料，如石墨烯、金属氧化物、碳纳米线、和杂化纳米材料，由于其具有良好的化学稳定性和可回收性，故也可用于 MF-SERS 检测。随着纳米化学的快速发展，越来越多的新材料和加工合成技术被应用到 MF-SERS 技术，可以提高微流控 SERS 检测方法的综合性能。

SERS 检测的信号重复性是目前该技术应用所面临的主要挑战。为了克服这一难题，微流控 SERS 检测被认为是一个理想的平台。一般来说，SERS 检测的信号再现性会受到不规则等离子体纳米结构、纳米结构的氧化和污染、样品加热效应等因素的影响。而 MF-SERS 检测技术可以在一定程度上改善信号重现性问题。一是可以在基于液滴的微流控系统中制备和组装更加均匀的金属纳米结构；二是分析物分子在微通道中的连续流动可以避免样品加热和不必要的光化学反应；三是封闭的微通道可以减缓 SERS 基底材料的氧化和污染问题。在过去的二十年里，一些研究人员证明了使用微流控平台可进行高重复性的 SERS 检测，甚至是进行样本待测物的定量分析。

MF-SERS 面临的挑战还包括金属纳米结构和分析物的相互作用时间短、暴露时间长、来自微流控器件材料本身的拉曼信号干扰，以及由于液相存在而降低的信号灵敏度等问题。一般来说，光谱技术需要更长的采集时间和最佳的光学路径来实现高灵敏的检测。然而，在微米通道中因连续流动很难实现或者说保证这一点。例如，对巯基苯甲酸等含硫醇的分子可以在几秒钟内与金属纳米结构发生强烈的相互作用，因此流动剖面不会显著影响 SERS 强度，然而如果 SERS 基底和分析物之间没有强相互作用，则有必要降低流速以改善其相互作用。

尽管微流控系统的应用和微流控检测相关的市场正在迅速增长，但是微流控芯片中 SERS 衬底材料的集成及其制造使用成本等因素仍然制约着 MF-SERS 的广泛推广和使用，因此开发低成本且简单便捷的微流控芯片系统和 SERS 基底仍然至关重要。例如，聚合物材料和纸质微流控芯片可用于降低器件成本、减少操作时间和制造步骤等。

总的来说，在过去的十年中 MF-SERS 在分析化学中的应用只是一小部分，并且仍然存在不少问题和技术挑战，例如，如何使用 SERS 信号在几秒钟内检测到微通道中的微小液滴或液体中的待测物分子？如何在不处理设备的情况下多次重复使用 SERS 基底材料？如何对低拉曼截面的分析物分子实现高灵敏的 SERS 检测？是否能够有效地将芯片色谱、质谱、电泳、等速电泳和电分析方法等其他分析技术与 MF-SERS 结合？这些问题都需要未来研究人员投入更多的科研精力，进而开发面向实际应用，解决传感领域核心问题的智能化检测分析技术。

参 考 文 献

［1］ FLEISCHMANN M P, HENDRA P J, MCQUILLAN A J. Raman spectra of pyridine adsorbed at a silver electrode ［J］. Chemical Physics Letters, 1974, 26 (2): 163-166.

［2］ 程光煦. 拉曼布里渊散射：原理及应用 ［M］. 北京：科学出版社, 2001.

［3］ FARADAY M. Experimental relations of gold (and other metals) to light ［J］. Philosophical Transactions of the Royal Society of London Series I, 1857, 147: 145-181.

［4］ RAYLEIGH L. On the scattering of light by small particles ［J］. Philosophical Magazine, 1871, 41 (275): 447-454.

［5］ ERIC C L R, PABLO G E, et al. Quantifying SERS enhancements ［J］. MRS bulletin, 2013, 38: 631-640.

［6］ RAMAN C V, KRISHNAN K S. A New Type of Secondary Radiation ［J］. Nature, 1928, 121: 501-502.

［7］ ZHAO L, JENSEN L, SCHATZ G. Pyridine Ag 20 Cluster: A model system for studying surface-enhanced Raman scattering ［J］. Journal of the American Chemical Society, 2006, 128: 2911-2919.

［8］ KNEIPP K, YANG W, KNEIPP H, et al. Single molecule detection using surface-enhanced Raman scattering (SERS) ［J］. Physical Review Letters, 1997, 78: 1667-1670.

［9］ ZHU W, ESTEBAN R, BORISOV A G, et al. Quantum mechanical effects in plasmonic structures with subnanometre gaps ［J］. Nature Communications, 2016, 7: 1-14.

［10］ ALESSANDRI I, LOMBARDI J R. Enhanced Raman Scattering with Dielectrics ［J］. Chemical Reviews, 2016, 116: 14921-14981.

［11］ YEO B S, STADLER J, SCHMID T, et al. Tip-enhanced Raman spectroscopy-Its status, challenges and future directions ［J］. Chemical Physics Letters, 2009, 472: 1-13.

［12］ EMILY, L, KELLER, et al. Ultrafast surface-enhanced Raman spectroscopy ［J］. Analyst, 2015, 140: 4922-4931.

［13］ FAN M, ANDRADE G F S, BROLO A G. A review on the fabrication of substrates for surface enhanced Raman spectroscopy and their applications in analytical chemistry ［J］. Analytica Chimica Acta, 2011, 693: 7-25.

［14］ LIN X M, CUI Y, XU Y H, et al. Surface-enhanced Raman spectroscopy: substrate-related issues ［J］. Analytical and Bioanalytical Chemistry, 2009, 394: 1729-1745.

［15］ RAMON A, ALVAREZ-PUEBLA, LUIS M, et al. Traps and cages for universal SERS detection ［J］. Chemical Society reviews, 2017, 46: 3866-3885.

［16］ ZHU W, BANAEE M G, WANG D, et al. Lithographically fabricated optical antennas with gaps well below 10 nm ［J］. Small, 2011, 7 (13): 1761-1766.

［17］ RODRIGUEZ-LLORENTE R A. Surface-enhanced vibrational spectroscopy ［J］. Journal of Molecular Structure, 1997, 408: 17-22.

[18] ZHANG Y, ZHAO S, ZHENG J, et al. Surface-enhanced Raman spectroscopy (SERS) combined techniques for high-performance detection and characterization [J]. Trends Anal. Chem. 2017, 90: 1-13.

[19] SHEN W, LIN X, JIANG C, et al. Reliable quantitative SERS analysis facilitated by core-shell nanoparticles with embedded internal standards [J]. Angewandte Chemie International Edition, 2015, 54: 7308-7312.

[20] LOFRUMENTO C, RICCI M, PLATANIA E, et al. SERS detection of red organic dyes in Ag-agar gel [J]. Journal of Raman Spectroscopy Jrs, 2018, 49: 997-1005.

[21] DUYNE R V, JEANMAIRE D L, SHRIVER D F. Mode-locked laser Raman spectroscopy. New technique for the rejection of interfering background luminescence signals [J]. Analytical Chemistry, 1974, 46 (2): 213-222.

[22] WECK P F, GORDON M E, GREATHOUSE J A, et al. Infrared and Raman spectroscopy of α-ZrW_2O_8: A comprehensive density functional perturbation theory and experimental study [J]. Journal of Raman Spectroscopy, 2018, 49: 954-981.

[23] CIALLA-MAY D, ZHENG X S, WEBER K, et al. Recent progress in surface-enhanced Raman spectroscopy for biological and biomedical applications: from cells to clinics [J]. Chemical Society Reviews, 2017, 46, 3857-4112.

[24] PAHLOW S, MEISEL S, CIALLA-MAY D, et al. Isolation and identification of bacteria by means of Raman spectroscopy [J]. Adv Drug Deliv Rev, 2011, 11: 1013-1021.

[25] WALTER A, MARZ A, SCHUMACHER W, et al. Towards a fast, high specific and reliable discrimination of bacteria on strain level by means of SERS in a microfluidic device [J]. Lab on A Chip, 2011, 11: 1013-1021.

[26] GUTES A, CARRARO C, MABOUDIAN R. Silver nanodesert rose as a substrate for surface-enhanced Raman spectroscopy [J]. Acs Applied Materials & Interfaces, 2009, 1 (11): 2551-2555.

[27] ZHOU J, AN J, TANG B, et al. Growth of tetrahedral silver nanocrystals in aqueous solution and their SERS enhancement [J]. Langmuir the ACS Journal of Surfaces & Colloids, 2008, 24 (18): 10407-10413.

[28] ZHANG Y, GU Y, HE J, et al. Ultrabright gap-enhanced Raman tags for high-speed bioimaging [J]. Nature Communications, 2019, 10: 3905.

[29] LIN H, MOCK J, SMITH D, et al. Surface-enhanced Raman scattering from silver-plated porous silicon [J]. Journal of Physical Chemistry B, 2004, 108: 11654-11659.

[30] YE X, ZHENG C, CHEN J, et al. Using binary surfactant mixtures to simultaneously improve the dimensional tunability and monodispersity in the seeded growth of gold nanorods [J]. Nano Letters, 2013, 13: 765-771.

[31] FANG J, DU S, LEBEDKIN S, et al. Gold mesostructures with tailored surface topography

and their self-assembly arrays for surface-enhanced Raman spectroscopy [J]. Nano Letters, 2010, 10: 5006-5013.

[32] PARK S, LEE J, KO H. Transparent and flexible surface-enhanced Raman scattering (SERS) sensors based on gold nanostar arrays embedded in silicon rubber film [J]. ACS Applied Materials & Interfaces, 2017, 9: 44088-44095.

[33] GAO X, WU H, HAO Z, et al. A multifunctional plasmonic chip for bacteria capture, imaging, detection, and in situ elimination for wound therapy [J]. Nanoscale, 2020, 12: 6489-6497.

[34] WANG G, YI R, ZHAI X, et al. A flexible SERS-active film for studying the effect of nonmetallic nanostructures on Raman enhancement [J]. Nanoscale, 2018, 10: 16895-16901.

[35] CHEN Y, FANG Y. Surface enhanced Raman scattering (SERS) activity studies of Si, Fe, Ti, Al and Ag films prepared by magnetron sputtering [J]. Spectrochimica Acta Part A: Molecular and Biomolecular Spectroscopy, 2008, 69: 733-737.

[36] WANG X, ZHU X, CHEN Y, et al. Sensitive surface-enhanced Raman scattering detection using on-demand postassembled particle-on-film structure [J]. Acs Applied Materials & Interfaces, 2017, 9: 31102-31110.

[37] XU K, RONG J, HONG M. Uniaxially stretched flexible surface plasmon resonance film for versatile surface enhanced Raman scattering diagnostics [J]. ACS Applied Materials & Interfaces, 2017, 9 (31): 26341-26349.

[38] LI J F, ZHANG Y J, DING S Y, et al. Core-shell nanoparticle-enhanced Raman spectroscopy [J]. Chem. Reviews, 2017, 117: 5002-5069.

[39] PHAN QUANG G C, YANG N, LEE H K, et al. Tracking airborne molecules from afar: three-dimensional metal-organic-framework-surface-enhanced Raman scattering (MOF-SERS) platform for stand-off and real-time atmospheric monitoring [J]. ACS Nano, 2019, 13: 12090-12099.

[40] PANCORBO P M, THUMMAVICHAI K, CLARK L, et al. Novel Au-SiO$_2$-WO$_3$ core-shell composite nanoparticles for surface-enhanced Raman spectroscopy with potential application in cancer cell imaging [J]. Adv. Funct. Mater, 2019, 29 (46): 1903549.

[41] DENG D D, YANG H, LIU C, et al. Ultrasensitive detection of diclofenac in water samples by a novel surface-enhanced Raman scattering (SERS) -based immunochromatographic assay using AgMBA@ SiO2-Ab as immunoprobe [J]. Sensors and Actuators B: Chemical, 2019, 283: 563-570.

[42] ZHANG D, HUANG L, LIU B, et al. Quantitative and ultrasensitive detection of multiplex cardiac biomarkers in lateral flow assay with core-shell SERS nanotags [J]. Biosens Bioelectron, 2018, 106: 204-211.

[43] TANG L J, LI S, HAN F, et al. SERS-active Au@ Ag nanorod dimers for ultrasensitive dopamine detection [J]. Biosensors & Bioelectronics, 2015, 71: 7-12.

［44］ GAO F L, LIU L Q, CUI G, et al. Regioselective plasmonic nano-assemblies for bimodal sub-femtomolar dopamine detection ［J］. Nanoscale, 2017, 9 (1): 223-229.

［45］ WU X L, CHEN X, GAN F L, et al. Pt@ AuNPs integrated quantitative capillary-based biosensors for point-of-care testing application ［J］. Biosensors & Bioelectronics, 2016, 75: 55-68.

［46］ ZHU Y, KUANG H, XU L, et al. Gold nanorod assembly based approach to toxin detection by SERS ［J］. Journal of Materials Chemistry, 2012, 22 (6): 2387-2391.

［47］ MA W, YIN H, XU L, et al. Ultrasensitive aptamer-based SERS detection of PSAs by heterogeneous satellite nanoassemblies ［ J ］. Chemical Communications, 2014, 50 (68): 9737-9740.

［48］ ZHAO S, MA W, XU L, et al. Ultrasensitive SERS detection of VEGF based on a self-assembled Ag ornamented-AU pyramid superstructure ［J］. Biosensors & Bioelectronics, 2015, 68: 593-597.

［49］ FENG F L, XIAO H X, LI Y F, et al. Influence of Acarbose on Plasma Glucose Fluctuations in Insulin-Treated Patients with Type 2 Diabetes: A Pilot Study ［J］. International Journal of Endocrinology, 2015, 2015 (2015): 1-5.

［50］ ZHAO Y, LIU L, KUANG H, et al. SERS-active Ag@ Au core-shell NP assemblies for DNA detection ［J］. Rsc Advances, 2014, 4 (99): 56052-56056.

［51］ HAN X X, HUANG G G, ZHAO B, et al. Label-free highly sensitive detection of proteins in aqueous solutions using surface-enhanced Raman scattering ［J］. Analytical Chemistry, 2009, 81 (9): 3329-3233.

［52］ XU L J, ZONG C, ZHENG X S, et al. Label-free detection of native proteins by surface-enhanced Raman spectroscopy using iodide-modified nanoparticles ［J］. Analytical Chemistry, 2014, 86 (4): 2238-2245.

［53］ MATTEINI P, COTTAT M, TAVANTI F, et al. Site-selective surface-enhanced Raman detection of proteins ［J］. ACS Nano, 2017, 11 (1): 918-926.

［54］ BELL S, SIRIMUTHU N. Surface-enhanced Raman spectroscopy (SERS) for sub-micromolar detection of DNA/RNA mononucleotides ［J］. Journal of the American Chemical Society, 2006, 128 (49): 15580-16691.

［55］ BARHOUMI A, ZHANG D, TAM F, et al. Surface-enhanced Raman spectroscopy of DNA ［J］. Journal of the American Chemical Society, 2008, 130 (16): 5523-5529.

［56］ XU L J, LEI C Z, LI J X, et al. Label-free surface-enhanced Raman spectroscopy detection of DNA with single-base sensitivity ［J］. Journal of the American Chemical Society, 2015, 137 (15): 5149-5154.

［57］ GUERRINI L, KRPETI E, LIEROP D V, et al. Direct surface-enhanced Raman scattering analysis of DNA duplexes ［J］. Angewandte Chemie International Edition, 2015, 127 (4): 1160-1164.

[58] STUART D A, YUEN J M, SHAH N, et al. In vivo glucose measurement by surface-enhanced Raman spectroscopy [J]. Analytical Chemistry, 2006, 78 (20): 7211-7215.

[59] YUEN J M, SHAH N C, WALSH JT JR, et al. Transcutaneous glucose sensing by surface-enhanced spatially offset Raman spectroscopy in a rat model [J]. Analytical Chemistry, 2010, 82 (20): 8325-8382.

[60] PRAK H, LEE S, CHEN L, et al. SERS imaging of HER2-overexpressed MCF7 cells using antibody-conjugated gold nanorods [J]. Physical chemistry chemical physics, 2009, 11 (34): 7444-7449.

[61] HA S H, KANG K H, CHOO J, et al. Biological imaging of HEK293 cells expressing PLC gamma 1 using surface-enhanced raman microscopy [J]. Anal. Chem, 2007, 79 (3): 916-922.

[62] WU L Y, ROSS B M, HONG S, et al. Bioinspired nanocorals with decoupled cellular targeting and sensing functionality [J]. Small, 2010, 6 (4): 503-507.

[63] PALLORO A, HOONEJANI M R, BRAUN G B, et al. Rapid identification by surface-enhanced Raman spectroscopy of cancer cells at low concentrations flowing in a microfluidic channel [J]. ACS nano, 2015, 9 (4): 4328-4336.

[64] WU X X, LUO L Q, YANG S G, et al. Improved SERS nanoparticles for direct detection of circulating tumor cells in the blood [J]. ACS Applied Materials & Interfaces, 2015, 7 (18): 9965-9971.

[65] JARVIS R M, GOODACRE R. Discrimination of bacteria using surface-enhanced Raman spectroscopy [J]. Analytical chemistry, 2004, 76 (1): 40-47.

[66] PATEL I S, PREMASIRI W R, MOIR D T, et al. Barcoding bacterial cells: A SERS-based methodology for pathogen identification [J]. Journal of Raman Spectroscopy, 2008, 39 (11): 1660-1672.

[67] MUHAMADALI H, CHISANGA M, SUBAIHI A, et al. Combining Raman and FT-IR spectroscopy with quantitative isotopic labeling for differentiation of E. coli cells at community and single cell levels [J]. Analytical Chemistry, 2015, 87 (8): 4578-4586.

[68] PREMASIRI W R, LEE J C, SAUER-BUDGE A, et al. The biochemical origins of the surface-enhanced Raman spectra of bacteria: a metabolomics profiling by SERS [J]. Analytical and Bioanalystical Chemistry, 2016, 408 (17): 4631-4647.

[69] BODELON G, MONTES-GARCIA V, LOPEZ-PUENTE V, et al. Detection and imaging of quorum sensing in Pseudomonas aeruginosa biofilm communities by surface-enhanced resonance Raman scattering [J]. Nature materials, 2016, 15 (11): 1203-1211.

[70] FENG J J, XU L G, Cui G, et al. Building SERS-active heteroassemblies for ultrasensitive Bisphenol A detection [J]. Biosensors & Bioelectronics, 2016, 81: 138-142.

[71] MA W, SUN M, XU L, et al. A SERS active gold nanostar dimer for mercury ion detection [J]. Chemical Communications, 2013, 49 (44): 4989-4891.

[72] ZHAO Y, XU L G, LIZ-MARZAN L M, et al. Alternating plasmonic nanoparticle heterochains made by polymerase chain reaction and their optical properties [J]. Journal of Physical Chemistry Letters, 2013, 4 (4): 641-647.

[73] LIN E C, FANG J, PARK S C, et al. Effective collection and detection of airborne species using SERS-Based detection and localized electrodynamic precipitation [J]. Advanced Materials, 2013, 25 (26): 3554-3559.

[74] HUNG Z L, MENG G W, HUANG Q, et al. Improved SERS performance from Au nanopillar arrays by abridging the pillar tip spacing by Ag sputtering [J]. Advanced Materials, 2010, 22 (37): 4136-4139.

第 3 章　侧向免疫层析探针材料与传感检测应用

3.1　免疫层析技术简介

　　侧向免疫层析技术（Lateral Flow Immunoassay，LFIA）出现于 20 世纪 60 年代末，是一种低成本、快速、简便的免疫检测方法。其基本原理是将可探测化探针偶联到抗原、抗体或适配体上，通过信号聚集放大途径实现待测物宏观可视化检测。与传统的免疫检测方法相比，LFIA 无需专业人员操作，使用条件灵活，在即时检测（Point-of-Care Testing，POCT）领域拥有广阔的应用前景。

3.1.1　免疫层析概述

　　1976 年，第一款基于放射免疫测定法，用于检测尿液中人绒毛膜促性腺激素（human Chorionic Gonadotropin，hCG）的 LFIA 试纸条在美国上市，但其昂贵的价格使得当时大多数普通家庭难以负担。20 世纪 90 年代，Osikowicz 等人使用有色胶体硒代替放射性探针以用于尿液中 hCG 测定，从很大程度上降低了制造成本。此后，各种新型免疫层析试纸涌入了国内外医疗市场。

　　近年来，基于不同微纳探针的免疫层析技术发展迅速，并在 POCT 领域获得广泛应用。微纳探针技术是指将微纳米尺度且拥有良好生物相容性的材料当作信号传递的媒介，通过将其与目标蛋白抗体或适配体进行偶联，以及特异性免疫反应结合待测物后，由探针材料所发出物理信号对样本中待测物进行定性和定量的传感检测。传统基于胶体 Au NP 探针的胶体金免疫层析技术具有成本低、操作简便等优点，因而广泛应用于医学诊断、毒品检测以及食品安全等领域。然而，胶体金探针信号的检测大多通过比色法定性分析，即用肉眼来分辨颜色的强弱，因此存在灵敏度低、难以实现精确定量等问题。随着医疗行业对体外检测准确性和灵敏度需求的不断增加，新型纳米探针的研发与制备正逐步成为研究热点。同时，以快速、便捷、高灵敏、可联网为特点的免疫检测仪也应运而生，以满足当今数字医疗发展的一体化需求。

3.1.2　侧向免疫层析试纸结构

　　LFIA 试纸条由样品垫、结合垫、硝酸纤维素膜（NC 膜）和吸收垫组成。

样品垫是免疫层析试纸条的始端，用于承载所滴加的样本溶液；结合垫固定于样品垫之后，用于承载探针标记蛋白后的复合物溶液；NC 膜是发生免疫反应的核心区域，其上固定有测试线（T 线）及质控线（C 线）；分别用于信号的读取与试纸条的质控；吸收垫则位于末端，为整张试纸提供毛细驱动力，并吸收多余的样本溶液。

3.1.3 免疫层析原理

LFIA 检测原理是基于抗原抗体的特异性结合。与抗体偶联的微纳探针材料被事先固定于结合垫上，并可与样品溶液中的抗原发生特异性免疫反应。当样品溶液滴加到样品垫上时，液体将通过毛细作用向前流动，依次经过结合垫、NC 膜，最后到达试纸末端的吸收垫。在层析过程中，T 线和 C 线会根据检测形式的不同和待测物浓度的区别捕获一定数量的探针，可以通过读取 T、C 线上探针信号的强度来进行样品溶液中待测物含量的计算和定量。

免疫层析检测可分为夹心法和竞争法两种形式。夹心法形式适用于有两个及以上免疫结合位点的大生物分子。具体来说，如图 3-1a 所示，NC 膜上的 T 线和 C 线分别固定有一抗（Ab1）和二抗（Ab2）；当样品液中含有目标抗原（Ag）时，Ag 与结合垫上的被标记抗体（Ab）发生特异性结合，形成 Ab-Ag 复合物，随后被 T 线上的 Ab1 捕获，形成夹心形式的 Ab-Ag-Ab1，而未被捕获的复合物进而再被 C 线上的 Ab2 捕获。由于微纳探针的存在，可以通过测定 T 线

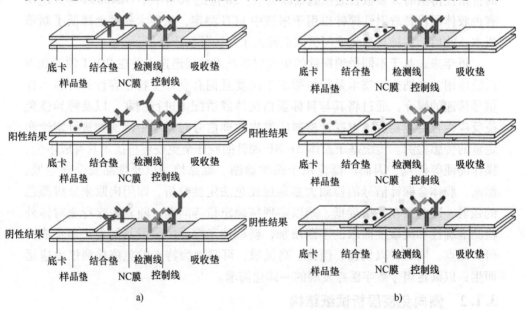

图 3-1　a）夹心法免疫层析原理图　b）竞争法免疫层析原理图

和 C 线上的信号强度来分析测试结果。由于固定于 C 线上的 Ab2 可特异性捕获 Ab 形成 Ab-Ab2 复合物。因此，无论样品中是否含有抗原，C 线上都会出现信号，作为层析过程有效性的质控指标。

　　竞争法检测形式适用于只有一个结合位点的小分子分析物。通常，竞争法可分为两类，第一类过程可简述为被探针标记的抗体（Ab）固定在结合垫上，而在 T 线上固定半抗原（Ag2），在 C 线上固定二抗（Ab2）。当样品液中含有抗原（Ag）时，T 线上的 Ag2 将与 Ag 竞争 Ab 形成 Ab-Ag 或 Ab-Ag2 复合物。因此 T 线上的信号会随着待测样本浓度的增加而降低。在样品中不含待测抗原的情况下，所有被标记的 Ab 都会被 T 线上的 Ag2 捕获，从而在 T 线产生强烈信号。第二类竞争法如图 3-1b 所示，抗体 Ab 被固定在 T 线上以捕获结合垫上的受探针标记的半抗原（Ag2）。当样品液中含有待测抗原（Ag）时，Ag 与 Ag2 将会和 T 线上的 Ab 产生竞争结合。因此，如果样本抗原浓度过高则会导致 T 线信号强度减弱甚至为 0，而 T 线如果有高强度的信号则可判定免疫检测为阴性检测结果。

3.2　免疫层析微纳探针材料及传感器件

3.2.1　胶体金纳米探针及免疫层析传感器

　　胶体金免疫层析（Colloidal Gold-LFIA，CG-LFIA）出现于 20 世纪 80 年代初，其检测方法主要为比色法。如图 3-2 所示，CG-LFIA 以 Au NP 为探针，Au NP 通常通过还原氯金酸法制得。Au NP 可由静电作用与免疫球蛋白、毒素、抗生素、激素等生物大分子偶联，并且不影响生物分子活性。CG-LFIA 由于其合成简单、检测便捷、成本低的优点，在医学诊断、毒品检测、食品安全等领域中得到了广泛应用。Sahoo 等人研究发现 Au NP 的粒径大小主要取决于制备过程中所加的柠檬酸钠浓度，此外，氯金酸盐溶液浓度、pH 值和温度也会对粒径大小产生影响。为提高 CG-LFIA 的灵敏度，Parolo 等人提出使用酶修饰的 Au NP 作为探针以扩增检测信号，使得检测灵敏度增加了一个数量级。而对 Au NP 采用核壳结构的表面修饰则可有效提升 CG-LFIA 的检测稳定性。Lu 等人提出利用高稳定性的二氧化硅包覆 Au NP，并成功以 300pg/mL 和 100ng/g 的检测限完成对甲胎蛋白（Alpha Fetoprotein，AFP）和香兰素的定性检测。Lin 等人提出利用聚乙二醇（Polyethylene Glycol，PEG）对 Au NP 进行表面修饰。由于聚乙二醇具有两亲性，因此受 PEG 包覆的纳米颗粒能够在不同环境中保持良好的稳定性，使得整个偶联与检测过程稳定可靠，最终该系统达到对双酚 A（Bisphenol A，BPA）的 0.8ng/mL 肉眼检测极限。

　　由于比色法难以准确判断试纸条上的颜色信号强度，因此实现 CG-LFIA 定量检测是一项具有挑战性的难题。Liu 等人首次应用 Au NP 的反射光信号来定量测定水和血清样品中的铬离子浓度。虽然其定量范围相对较小，检测梯度也不够准确，但这项工作为 CG-LFIA 的定量检测打开了大门。为提高定量检测的灵敏度和检测范围，Yu 等人通过引入电子显微镜和散射分析仪，实现了对动物肌肉中环丙罗沙星的定量检测，其工作在食品安全的即时检测领域具有广阔应用前景。为了使定量 CG-LFIA 更具便携性，研究人员开发了基于智能手机的免疫检测系统。Yu 等人提出利用智能手机摄像头定量检测牛奶样品中的碱性磷酸酶（Alkaline Phosphatase，ALP）；Hou 等人开发了一种用于 hCG 和癌胚细胞定量的双模态成像系统，该系统不仅可以检测 Au NP 的比色信号，还可以读取量子点的荧光信号，其高灵敏度和便携性为 POCT 的诊断提供了一种可靠的方法。

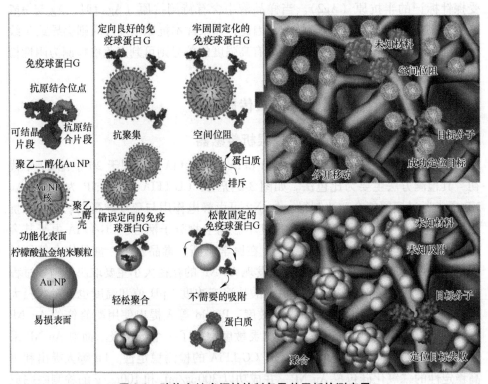

图 3-2　胶体金纳米探针的制备及其层析检测应用

3.2.2　荧光纳米探针及免疫层析传感器

　　荧光纳米探针能够在特定波长的光源激发下发出强烈的荧光信号，基于荧光纳米探针的 LFIA 具有信号稳定性好、灵敏度高，可定量检测等优点。现有主流用于免疫层析检测的荧光纳米探针可分为量子点纳米探针、时间分辨荧光纳米探针以及上转换荧光纳米探针。

1. 量子点纳米探针

量子点（Quantum Dot，QD）是一类由Ⅲ~Ⅴ族和Ⅱ~Ⅵ族元素组成的半导体纳米粒子，与传统荧光染料相比，QD 具有发射波长可调、吸收截面宽、荧光发射强度强、量子产率高等优势。自 2010 年以来，QD-LFIA 已被大量开发用于定性或定量的体外即时检测。研究证明，与胶体金探针相比，带有量子点探针的免疫层析系统具有更低的检测限制。为进一步提高 QD-LFIA 的灵敏度，如图 3-3a 所示，有研究提出可通过合成核壳结构的量子点粒子以提高荧光量子产率，该方法实现了对人乙型肝炎表面抗原以低至 0.05ng/mL 的检测下限的定量检测。然而，QD 的应用仍然存在一些局限性。首先，表面修饰后的量子点具有相对较大的粒径，在与生物分子结合时或者免疫层析检测过程中易发生团聚或堵塞，从而降低检测稳定性和灵敏度。此外，量子点中含有的重金属元素使它们具有潜在的毒性，寻找安全绿色的合成方法将会成为下一步研究目标。

2. 时间分辨荧光纳米探针

如图 3-3b 所示，时间分辨荧光探针的荧光衰减时间为常规荧光的 $10^3 \sim 10^6$ 倍，这使得对其进行延时检测成为可能。其次，合成时间分辨荧光探针的主要原料，即镧系螯合物的荧光斯托克斯位移大、激发光谱宽，可极大程度上降低背景干扰，从而提高检测灵敏度。近年来，科学家们十分重视将时间分辨荧光免疫传感应用于临床检测，已有研究提出，利用时间分辨荧光免疫传感技术同时检测人血清中的 β2-微球蛋白、铁蛋白和胱抑素-C 等肾功能指标，也有研究提出用时间分辨荧光探针双重标记抗肺炎支原体 IgM 和 IgG，以用于肺炎感染的早期诊断。将这些实验结果与现有商业化检测手段进行对比后，均显示出良好的一致性和可靠性。然而，时间分辨荧光免疫传感系统对其检测设备的光学性能有很高的要求。目前，大部分设备价格昂贵、操作繁琐，在数字化医疗的市场应用和推广上都受到比较大的阻碍。

3. 上转换荧光纳米探针

上转换荧光纳米探针（Upconverting Nanopaticle，UCNP）是一种掺杂了稀土元素的荧光纳米材料。如图 3-3c 所示，在近红外光（如 980nm 的激光）的激发下，UCNP 可以发射出蓝光和绿光等短波段的光信号。由于其发光特性可归纳为利用低能量的光子去激发发射高能量的光子，因此称该发光方式为上转换式发光。与量子点探针和时间分辨荧光相比相比，UCNP 由于其独特的发光特性，在抗生物内源性荧光干扰上具有很大优势。此外，UCNP 合成安全无毒，正逐步成为目前 LFIA 中最为理想的荧光探针之一。然而，用稀土元素螯合而成的 UCNP 水溶性和分散性较差，因此有必要对其表面进行化学修饰以及壳层包覆。常见的修饰手段是在其表面包覆二氧化硅壳层，使其具有良好的亲水性和生物相容性。2018 年

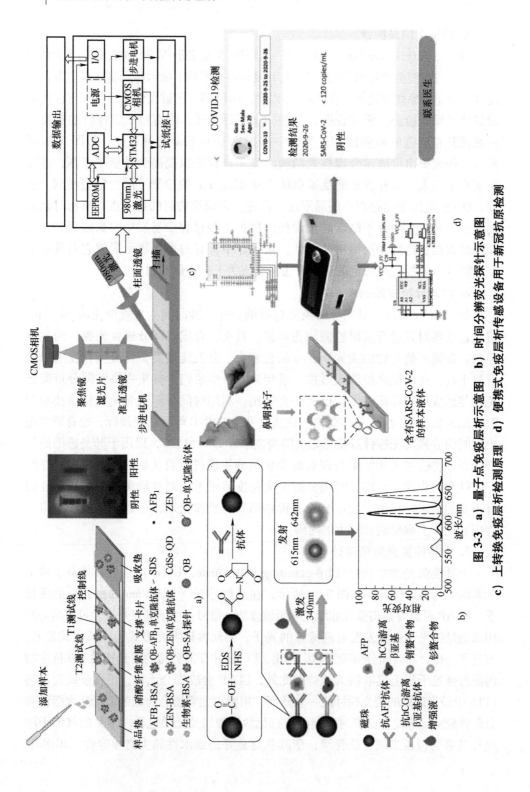

图 3-3 a) 量子点免疫层析示意图 b) 时间分辨荧光探针示意图 d) 便携式免疫层析传感设备用于新冠抗原检测 c) 上转换免疫层析检测原理

以来，UCNP-LFIA 在炎症因子检测、心肌指标诊断和毒品检测中均有报道。在 2019 年新冠疫情暴发后，如图 3-3d 所示，有研究提出基于介孔二氧化硅包覆上转换纳米探针的 LFIA 系统，实现对新冠抗原的快速定量检测。该研究同时开发了医疗物联网赋能的便携式上转换荧光检测设备，其尺寸为手掌级别的大小，并能够通过连接网络边缘层设备（如手机、电脑）对检测结果进行实时上传与分析，为实现数字医疗做出贡献。

3.2.3 碳纳米探针及免疫层析传感器

碳纳米材料，例如碳纳米管（CNT）等，其优秀的空间拓扑结构使得其具有良好的化学稳定性、高比表面积和高吸光度，是构建生物传感器的理想探针材料。与胶体金探针或荧光纳米探针相比，碳纳米探针具有环保、易制备、高稳定性等优点，并在免疫层析系统的构建上获得了应用验证。如图 3-4 所示，Qiu 等人提出了一种基于多壁碳纳米管（MWCNT）的免疫层析传感器，利用夹心结构实现快速 DNA 序列检测，其检测原理是通过观察碳纳米管的特征黑色条带，并使用软件进行辅助分析和定量检测。与单体碳纳米管相比，基于复合材料的碳纳米探针可产生更多模态信号，有助于提升检测稳定性和灵敏度。Huang 等人提出了一种使用磁化碳纳米管（MCNT）作为探针的新型 LFIA。该工作通过沉积法使得碳纳米管表面修饰上磁铁矿，再通过表面生物化和偶联技术使得探针可以捕获血液中的肿瘤标志物，CA19-9 作为目标样本。由于 MCNT 可产生磁信号，因此检测结果除了可通过肉眼观测外，还可通过便携式磁信号阅读器

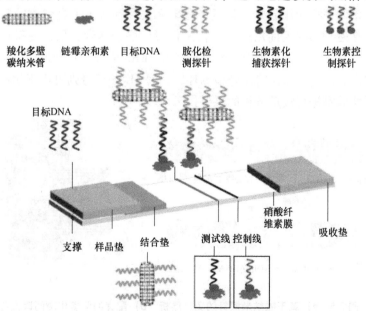

图 3-4 基于碳纳米管探针的免疫层析检测原理（见彩插）

来进行定量分析。由于碳纳米材料具有优异的导电性，碳纳米探针也被用作电化学 LFIA（ELFIA）中信号增强的手段。Du 等人开发了一种基于纳米管的 ELF-IA，用于定量检测有机磷（Organic Phosphorus，OP）农药和神经毒剂。碳纳米探针所提供的电信号增强效应使得该系统在低电位下的检测更加灵敏。Zhu 等人将碳纳米管嵌入 ELFIA 的导电纸中，用于检测 DNA 损伤。该工作将碳纳米管作为工作电极，并与电化学分析仪连接，最终实现了对尿液中 8-OHdG 的定量检测。

3.2.4 磁纳米探针及免疫层析传感器

具有纳米尺度的均一磁性纳米颗粒是近年来应用于免疫层析检测的新型纳米探针之一。与传统荧光探针相比，磁性纳米颗粒制备简便、易于保存。同时，基于磁性纳米探针的免疫层析系统（MLFIA）所受背景干扰小，其磁学信号检测可使用便携式磁检测仪实现，摆脱了荧光免疫层析对昂贵检测设备的依赖。此外，由于磁性纳米颗粒表现出顺磁性，所以被磁性探针标记的生物分子可以在外部磁场驱动下进行可控的定向移动，实现检测样品的定位、富集和分离。

如图 3-5 所示，常规磁纳米免疫传感器利用永磁体和可变磁阻对磁纳米探针切割磁感线后所产生的电压变化进行分析，进而确定探针上负载的抗原或抗体的数量。近年来，有研究提出利用 MLFIA 对人体毛发的毒品含量（冰毒、吗啡、K 粉）进行定量检测，其检测时间小于 10min，灵敏度可达到 ng 级别。而相对于单一型磁纳米探针，复合型磁纳米探针拥有多模态信号输出，可将免疫检测应用于更多的医疗应用场景。最近，有研究人员制备出了金包磁的复合型纳米探针，即在磁纳米的表面用原位生长法包覆一层金纳米壳层，使得该探针在原有的磁信号基础上，额外拥有了比色信号和 SERS 信号。其颜色信号可用于便捷的定性检测，适用于居家或室外检测环境；而 SERS 信号则可用于超高敏的定量检测，是实验室进行痕量分析的重要技术手段。

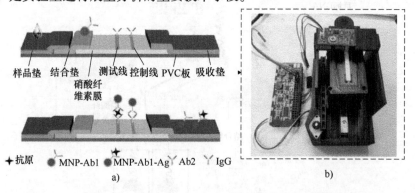

样品垫　结合垫　　测试线　控制线　PVC板　吸收垫
　　　　硝酸纤
　　　　维素膜

✚抗原　 MNP-Ab1 ● MNP-Ab1-Ag Ab2 IgG

a)　　　　　　　　　　　　　　b)

图 3-5　a）基于磁纳米探针的免疫层析　b）配套的便携化磁阅读仪器

3.3 基于免疫层析的即时检测应用

LFIA 作为迄今为止 POCT 最具代表性的分析平台之一，与传统实验室分析手段相比，最大优势在于极低的检测成本和简单的操作流程。由于其便捷、快速、准确的特性，LFIA 可使得临床诊断、治疗以及护理决策变得迅速和高效；同时也使得个人健康监测、家庭健康管理，甚至战地前线实时诊断成为可能。近年来，LFIA 在感染性疾病抗原、抗体、肿瘤标志物、细菌、病毒、激素、药物分子等检测领域都有广泛的应用。

3.3.1 多指标抗原/抗体检测

基于抗原抗体特异性结合原理，LFIA 被广泛应用于多指标抗原/抗体（人体多种免疫指标）的检测。在医疗市场当中，LFIA 最早应用于辅助诊断早期妊娠。其检测原理是利用胶体纳米探针定性检测血液或尿液中人绒毛膜促性腺激素（hCG），用户可以在几分钟的时间内通过试纸条 T 线和 C 线的显色情况判断是否怀孕。早早孕检测试纸条在医院和家庭应用中已经极为普遍。如今，除了 hCG 检测这一成功应用以外，LFIA 已经被广泛应用于各类激素、免疫球蛋白的检测。例如 2017 年，Choi 等人使用 Au NP 作为探针，采用 SERS 检测，开发了用于血清中促甲状腺激素（Thyroid Simulating Hormone，TSH）的 LFIA 试纸；2019 年，李思慧等人利用荧光微球作为标记物，依据双抗体夹心原理开发了抗缪勒氏管激素 LFIA 试纸条。此外，还有关于甲状旁腺激素样激素、雌激素、皮质醇、胰岛素、黄体酮、催乳素、唾液 E3 等的 LFIA 应用研究报道，并且已部分实现商用。图 3-6 展示了部分市售的相关激素的 LFIA 产品图。

癌症是全世界发病率最高、死亡率也最高的疾病之一，癌症的早期发现、诊断对于癌症患者的治疗、护理至关重要。传统的免疫学检测方法包括酶联免疫、放射免疫、化学放光、荧光免疫等，通常需要复杂的操作、较长的检测时间与昂贵的费用，不利于癌症的预防、早期筛查、监测诊断及预后治疗。LFIA 技术则恰好能够在灵活性和时效性方面与传统检验方法互补，特别是近年来各种信号增强策略以及新型的纳米探针的研发应用，使得其在临床上被广泛应用于肿瘤标志物的检测。例如在肝癌诊断中，可采用胶体金免疫层析法检测甲胎蛋白（Alpha-Fetoprotein，AFP）含量。2020 年，Laura 等人将无机纳米颗粒标记到检测抗体上，进行免疫分析识别步骤后，通过调控纳米颗粒表面金沉积来实现传感器的高灵敏度，该夹心型光学免疫传感器能够用于前列腺特异性抗原（Prostate Specific Antigen，PSA）超灵敏检测，PSA 检出限为 1.1fg/mL。此外，像胃癌筛查的标志物胃蛋白酶原Ⅰ（PGⅠ）和胃蛋白酶原Ⅱ（PGⅡ）、癌胚抗原、用于监测上皮性卵巢癌（Epithelial Ovarian Cancer，EOC）的生物标志物癌

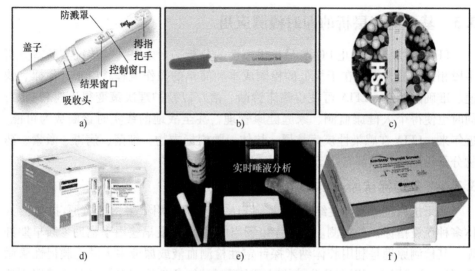

图 3-6 市售的激素类 LFIA 的产品

a) FactPlus hCG 妊娠试验测试条 b) BTNX LH 中游试验测试条 c) Alfa Scientific Designs Instant-View FSH 尿液试验测试条 d) CTK Biotech 催乳素、黄体酮、睾酮、T3 和 T4 的 LFIA 测试条 e) SOMA Bioscience 皮质醇侧流装置 f) Germaine Laboratories 快速检测试剂盒 AimStep 甲状腺筛查 TSH 测试

症抗原 125（CA125）等都已开发出相应的 LFIA 测试。最近，Tohid Mahmoudi 等人总结了 LFIA 实现检测的肿瘤标志物，见表 3-1。

表 3-1 常见的肿瘤标志物

标志物种类	标志物（阈值）
酶	神经元特异性烯醇酶（12.5mg/mL）；碱性磷酸酶（44~147mIU/mL）；谷胱甘肽 s-转移酶（<8ng/mL）
蛋白质	1）糖蛋白： 癌胚抗原（3ng/mL）；甲胎蛋白（AFP，10ng/mL）；前列腺特异性抗原（4ng/mL）；鳞状细胞癌抗原（>20ng/mL）；血小板衍生生长因子 2）黏液糖蛋白： CA125（35IU/mL）；CA15-3（25IU/mL）；CA19-9（37IU/mL）；CA549（11IU/mL）；CA50（14~20IU/mL）；CA24-2（20IU/mL）；CA72-4（6IU/mL）；CA27e29（<38U/mL） 3）激素及相关分子： 异味激素；降钙素（100pg/mL）；甲状腺球蛋白；儿茶酚胺；促肾上腺皮质激素；消化道激素；抗利尿激素；甲状旁腺激素；催乳素；生长激（男性：<5ng/mL，女性：<10ng/mL，儿童：0~20ng/mL）；甲状旁腺激素相关激素（PTHrP） 4）急性期反应物（Acute Phase Reactant，APR）： a1-抗胰蛋白酶；a1-抗糜蛋白酶；铜蓝蛋白；C反应蛋白；触珠蛋白；纤维蛋白原

（续）

标志物种类	标志物（阈值）
DNA/RNA	ras-癌基因；myc-癌基因；erbB-2/新癌基因；p53-癌基因（p53）；bcl-癌基因；微RNA21；let-7a
小分子物质	岩藻糖；激素受体；转铁蛋白受体；人类肿瘤的单克隆抗体；免疫复合物
循环肿瘤细胞	上皮细胞黏附分子（EpCAM，5CTC）；波形蛋白；主穹窿蛋白
细胞外囊泡	包括外泌体、微囊泡和凋亡小体

除了上述的应用以外，LFIA 还常用于检测心血管疾病的相关标志物。根据 WHO 的报道，缺血性心脏病是全球最大杀手，估计每年夺走 1790 万人的生命，占世界总死亡人数的 16%。开发高灵敏度的即时检测设备对心血管疾病检测具有十分重要的意义。2018 年，杜迅等人采用鼠源抗 cTnI 单克隆抗体作为胶体金的标记抗体，借助胶体金免疫层析技术及双抗体夹心法原理，实现了在 10min 内完成心肌肌钙蛋白 I 的检测，最低检出质量浓度为 1.0ng/mL。近年来，肌红蛋白、肌酸激酶同工酶、肌酸激酶、超敏 C 反应蛋白（hs-CRP）、脂蛋白相关磷脂酶 A2（Lp-PLA2）的相关 LFIA 研究多有报道。如今，市场上已有很多基于 LFIA 技术开发的免疫检测产品。在人体免疫指标的检测方面，免疫层析技术与以往的化学发光或其他检测手段相比，极大提高了检出率，对重大疾病的预防筛查、及时诊断和治疗康复都具有重要意义。

3.3.2 细菌检测

病原菌在空气、水、土壤和食品中普遍存在，主要通过物理接触进行传播。一旦细菌进入体内，就有可能引发食物中毒和全身感染，如眼内炎、败血症、肺炎、腹泻和呕吐，如果不及时进行有效治疗，会严重威胁人体生命安全，甚至导致死亡。在食品微生物检测中，导致食品中毒现象的主要原因也是食源性病原菌。联合国粮农组织的一份调查报告指出，全球每年有 6 亿人因食用被细菌、病毒、毒素或化学物质污染的食品而患病，1100 万人因不健康的饮食而死亡，还有 42 万人因食用不安全的食物而死亡。因此，由于 LFIA 的操作便捷性和高效性，在食源性病菌的检测中被广泛应用。目前，已经开发有针对沙门氏菌、李斯特菌、大肠杆菌、布鲁氏菌、志贺氏菌、金黄色葡萄球菌、肉毒杆菌、霍乱弧菌、副溶血性弧菌、鳗弧菌、空肠弯曲菌等的 LFIA 试纸条。图 3-7 展示了的侧向免疫层析在病原菌检测中的应用概念示意图。2020 年，有研究采用兔多抗作为捕捉抗体与一株 O157：H7 单克隆抗体作为检测抗体进行配对，构建了针对大肠杆菌 O157：H7 的双抗夹心化学发光酶联免疫检测方法，用于检测牛奶中肠出血性大肠杆菌，该方法最低检测限可达到 2.5×10^{-4}CFU/mL，是一种准确度高、特异性强的检测手段。Ju Y 等人则研制了检测猪 2 型链球菌的胶体金试纸条，该方法的检测敏感度高达 106CFU/mL，与其他血清型的链球菌（除 SS1/2 型以外，因 SS1/2 与 2 型链球菌具有相同的抗原决定簇）无交叉反应。Sohrabi 等人在最近的一项工作中，详细总结了关于病原菌检测 LFIA 的研究工作，包括 LFIA 在传感病原菌方面的主要原理、挑战和该领域进一步发展的前景等。

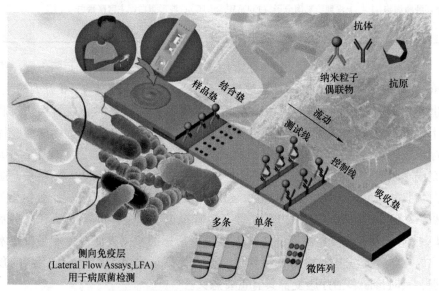

图 3-7 侧向免疫层析在病原菌检测中的应用

此外，LFIA 在食源性寄生虫病的检测上也有广泛应用。许多寄生虫病具有流行性强、传染性强等特点，因此非常需要能大规模使用的简单、快速、高效、廉价的诊断检测方法。目前，针对疟原虫、血吸虫病、利什曼病、阿米巴病、丝虫病、锥虫病、隐孢子虫病的免疫层析诊断方法已经建立。例如，2018 年，石锋等人利用制备的成虫可溶性抗原作为包被抗原，以胶体金标记 G 蛋白为检测探针，制备检测钩虫特异抗体的敏感性和特异性均较高的免疫层析试条。2017 年，王钊哲等成功表达纯化了 SAG 抗原表位的重组蛋白，以此多抗原表位的重组蛋白作为检查抗原研制了胶体金免疫层析试纸条，能够快速检测弓形虫的阳性血清，为基层弓形虫病的快速诊断奠定了基础。

3.3.3 病毒检测

LFIA 免疫层析在病毒检测中也发挥着重大作用。自古以来，病毒一直都是威胁人类健康的"隐形杀手"，根据国际卫生组织资料，历史上有着最致命病毒之称的马尔堡病毒多次爆发致死率均超过了 80%；而有着免疫系统"克星"之名的 HIV 病毒，从发现至今已有 3600 万人死于其手，尽管强有力的抗病毒的药物可让感染的人们生活数年，但是在许多中低收入国家，这种疾病的感染增长率可达 95%；近年来全球突然出现的新冠病毒疫情短短几年来就已经导致了确诊病例数超过 5 亿，超 600 万人不幸病亡的惨重后果。但目前对大多数病毒感染缺乏特效药物治疗，因此提高早期筛查手段来进行人工免疫是预防病毒感染最有效的手段。例如，在应对新型冠状病毒的全球大爆发时，开发便捷化检测新冠病毒的方法迫在眉睫。在资源受限的情况下，LFIA 检测手段发挥了极其重要的作用，使得基于胶体金纳米颗粒、荧光乳胶、上转荧光等检测 SARS-CoV-2 感染的多种免疫层析技术在短时间内快速发展。一些公司已开发并上市了新冠病毒抗体及抗原检测的 LFIA 试剂盒，这些试剂均可在 20min 内完成检测，部分试剂的灵敏度和特异性接近 100%，在新冠病毒筛查中得到广泛应用。此外，LFIA也可以用于检测 HIV 病毒、肝炎病毒、狂犬病病毒、禽流感病毒、登革热病毒、黄热病病毒、呼吸道病毒等。

3.3.4 分子检测

据报告显示，2021 年全球约有 2.75 亿人使用毒品，遍及全球 200 多个国家和地区，每年 20 万人因吸毒死亡。因此，积极开展毒品和毒物的检测工作是当下临床和法医鉴定中的一项重要任务。传统的基于实验室的检测方法尽管具备了集中化和高精度的优势，但也因为其存在的检测时间周期过长、检测仪器设备价格昂贵以及需要专门的技术人员来操纵等局限性，从而难以用于广泛深入的毒品检测工作，尤其是缉毒等特殊工作需求。而 LFIA 技术由于其简便快捷的特点，被认为是毒品、药物分子等最理想的现场快速检测平台之一。2020 年，Li 等人开发了一种基于 SERS 方法的免疫层析法（Immunochromatographic Assay, ICA）来检测吗啡，ICA 中的抗体修饰金纳米颗粒用拉曼报告标记，采用间接竞争性免疫吸附，获得吗啡的检测限为 $2.4×10^{-4}$ng/mL 的优良结果，比视觉方法的检测极限低了四个数量级。此外，LFIA 也被广泛地用于农药的检测，而 LFIA在农残检测领域的应用对于环境保护工作至关重要。有文献估算全世界每年约有 3.85 亿例急性农药中毒病例，基于全球约 8.6 亿的农业人口，这意味着每年约有 44% 的农民被农药毒害。2019 年，Lan 等人开发了一种基于广泛特异性单克隆抗体（mAb）的胶体金条测定法，用于同时测定 CBF 和 3-OH-CBF，对呋喃丹和 3-OH-CBF 的检测截止限均为 7^{-10}ng/mL，此外可用于快速同时检测水样中的 CBF 和 3-OH-CBF，以及确定其他农药制剂中非法添加的 CBF。

3.3.5 重金属检测

重金属污染（AMD/ARD）是全球采矿业面临的最大环境问题之一，重金属污染对全球经济造成的影响估计超过 100 亿澳元，其影响可以持续两千年以上，各种环境和卫生机构已经规定了水、空气和食品中金属的最大允许限量。用于检测重金属的分析技术有原子吸收光谱法（AAS）、电感耦合等离子体质谱法（ICP-MS）和电感耦合等离子体发射光谱法（ICP-OEC）。但由于仪器体积大、需要专家人员操作和样品制备复杂，故这些技术不适用于现场检测应用。因此，LFIA 有望成为重金属现场检测的有力替代方案。例如，2021 年 Xu 等人基于具有高特异性和高亲和力（亲和常数 $Ka = 1.83 \times 10^{10} L/mol$）的单克隆抗体（mAb），开发了一种快速乳胶微球免疫层析法（Lateral Flow Microarray Immunoassay，LMIA），用于检测芦笋中的 Cd^{2+}。试纸条的 50% 抑菌浓度（IC50）经测定为 0.2ng/mL，试验的定性（LOD，目测）和定量检测（LOQ，数据模拟）的检出限（IC10）条带分别为 2ng/mL 和 0.054ng/mL。2018 年，Yang 等人使用荧光微球标记的单克隆抗体（McAb）探针开发了一步荧光免疫色谱法（Fluorescence Immunochro matographic Assay，FICA），用于快速检测草本植物和土壤样品中的铜离子，在最佳条件下，FICA 可在 15min 内有效检测出铜离子，其检测限为 0.2μg/L。此外，关于铬离子、铅离子、汞离子等重金属的检测，LFIA 技术都多有报道和应用。

3.4 发展趋势介绍

基于 LFIA 的技术，在过去 60 年中已经成功应用于许多疾病和病症的诊断，成为医学诊断中不可或缺的工具。这些 LFIA 诊断平台在医疗机构中的普及率不断提高，尤其是那些预算和时间有限的机构。并且它还被广泛用于居家自测的个人健康监测，此外，LFIA 在毒品检测和环境保护等领域也有极为广泛的应用，因此，LFIA 是目前最为流行的快速检测技术手段之一。随着新探针材料技术的发展和健康管理理念的转变，个性化医疗模式需求日益增长，使得以医院为核心、对症治疗的诊疗模式逐步向以社区、家庭日常保健为主的模式发展。而我国糖尿病、心血管疾病等慢性病患者数量庞大，随着国民自我保健意识的不断增强，医学检验方法的简便化和检验设备的小型化是未来的重大需求和发展趋势，这将进一步促进 LFIA 的稳步增长。与此同时，对 LFIA 的灵敏度、重现性和多路复用的可行性要求也将越来越高，然而这却与 LFIA 检测系统平台的便携化存在一定的矛盾。因此，如何进一步开发出符合现代高要求的 LFIA 便携化快速检测系统仍是一项具有高度挑战的工作。

参 考 文 献

[1] GUO J, CHEN S, GUO J, et al. "Nanomaterial Labels in Lateral Flow Immunoassays for Point-of-Care-Testing [J]. Journal of Materials Science & Technology, 2021, 60: 90-104.

［2］ 王寅彪，刘肖，李青梅，等. 免疫层析试纸检测技术研究进展［J］. 河南科技大学学报：
医学版，2017，35（3）：5.

［3］ HUANG L，TIAN S，ZHAO W，et al. Multiplexed detection of biomarkers in lateral-flow im-
munoassays［J］. Analyst，2020，145.

［4］ LI K L，UZUNOGLU A，STANCIU L A . Aminolated and Thiolated PEG-Covered Gold Nanop-
articles with High Stability and Antiaggregation for Lateral Flow Detection of Bisphenol A［J］.
Small，2018，14（10）.

［5］ SHAO Y，DUAN H，GUO L，et al. Quantum dot nanobead-based multiplexed immunochroma-
tographic assay for simultaneous detection of aflatoxin B1 and zearalenone［J］. Analytica Chimi-
ca Acta，2018，1025：163-171.

［6］ HOU J Y，LIU T C，REN Z Q，et al. Magnetic particle-based time-resolved fluoroimmunoassay
for the simultaneous determination of α-fetoprotein and the free β -subunit of human chorionic
gonadotropin［J］. Analyst，2013，138（13）：3697-3704.

［7］ GUO J，et al. 5G-Enabled Ultra-Sensitive Fluorescence Sensor for Proactive Prognosis of COVID-
19［J］. Biosensors and Bioelectronics，2021，181，113-160.

［8］ 谢艳君，杨英，孔维军，等. 基于不同纳米材料的侧流免疫层析技术在真菌毒素检测中
的应用［J］. 分析化学，2015，43（4）：618-628.

［9］ GUO J，ZHANG J，TIAN S，et al. An Up Conversion Optical System Based on Mesoporous Sil-
ica Encapsulated Up-converting Nanoparticles Labeled Lateral Flow Immunoassay for
Procalcitonin Quantification in Plasma［J］. IEEE Journal of Selected Topics in Quantum
Electronics，2021，27（5）：1-7.

［10］ QIU W，XU H，TAKALKAR S，et al. Carbon nanotube-based lateral flow biosensor for sensi-
tive and rapid detection of DNA sequence［J］. Biosensors & Bioelectronics，2015，64：
367-372.

［11］ CHU Z，et al. Magnetic Resistance Sensory System for the Quantitative Measurement of Mor-
phine［J］. IEEE Transactions on Biomedical Circuits and Systems，2021，PP（99）：1-1.

［12］ FARKA Z，JUÍK，TOMÁ，et al. Nanoparticle-Based Immunochemical Biosensors and Assays：
Recent Advances and Challenges［J］. Chemical Reviews，2017：9973.

［13］ BAHADR E B，MK SEZGINTÜRK. Lateral flow assays：Principles，designs and labels［J］.
Trac Trends in Analytical Chemistry，2016，82：286-306.

［14］ 肖忠华，黄海兵. 侧流免疫法在临床即时检测中的应用研究进展［J］. 重庆医学，
2016，45（28）：4008-4011.

［15］ HA Y，KO S，KIM I，et al. Recent Advances Incorporating Superparamagnetic Nanoparticles
into Immunoassays［J］. Acs Applied Nano Materials，2018：acsanm. 7b00025.

［16］ ANDRYUKOV B G. Six decades of lateral flow immunoassay：from determining metabolic
markers to diagnosing COVID-19［J］. AIMS Microbiology，2020，6（3）：280-304.

［17］ KHELIFA L，HU Y，JIANG N，et al. Lateral flow assays for hormone detection. 2022.

[18] MAHMOUDI T, BARADARAN B, GUARDIA M . Lateral Flow Assays towards Point-of-Care Cancer Detection: A Review of Current Progress and Future Trends [J]. TrAC Trends in Analytical Chemistry, 2020.

[19] SYEDMORADI L, NORTON M L, OMIDFAR K . Point-of-care cancer diagnostic devices: From academic research to clinical translation [J]. Talanta, 2020, 225: 122002.

[20] Cardiovascular diseases [Z]. https://www. who. int/health-topics/cardiovascular-diseases#tab = tab_1.

[21] REGAN B, O'KENNEDY R, COLLINS D. Advances in point-of-care testing for cardiovascular diseases [J]. Advances in Clinical Chemistry, 2021, 104: 1-70.

[22] WHITE H D, CHEW D P . Acute myocardial infarction: The Lancet [J]. Lancet.

[23] SOHRABI H, MAJIDI M R, FAKHRAEI M, et al. Lateral flow assays (LFA) for detection of pathogenic bacteria: A small point-of-care platform for diagnosis of human infectious diseases [J]. Talanta, 2022: 123330.

[24] BOEDEKER W, WATTS M, CLAUSING P, et al. The global distribution of acute unintentional pesticide poisoning: estimations based on a systematic review [J]. BMC Public Health, 2020, 20 (1).

[25] CALABRIA D, CALABRETTA M M, ZANGHERI M, et al. Recent advancements in enzyme-based lateral flow immunoassays [J]. Sensors, 2021, 21 (10): 3358.

[26] DI NARDO F, CHIARELLO M, CAVALERA S, et al. Ten years of lateral flow immunoassay technique applications: Trends, challenges and future perspectives [J]. Sensors, 2021, 21 (15): 518.

第 4 章　光学纳米探针及其生物医学检测应用

4.1　光学纳米探针的发光机理

　　光学纳米探针是一种通过光学信号检测化学或生物样品的纳米尺度的探针。其主要成分通常是无机纳米颗粒、有机超分子组装体以及有机-无机复合物等。目前光学纳米探针已在环境监测、生物医学、食品安全等领域得到广泛的应用。本节将总结几种常见光学探针材料的发光机理及其生物医学检测应用，主要包括荧光、磷光、上转换发光、发光共振能量转移以及化学发光等。

4.1.1　荧光与磷光

　　光学探针发光方式很多，但根据发光寿命的长短可将其分成两类，即荧光和磷光。荧光和磷光同为光致发光，是冷发光现象。如图 4-1 所示，如果处于某激发态的分子发射光子而跃迁到一个和该激发态多重性相同的较低电子态，通常是从单重激发态 S_1 跃迁到单重基态 S_0，则此时发出的光称为荧光。荧光的发光寿命时间很短（$\leqslant 10^{-8}$s），激发光关闭后，荧光也几乎随即消失。如果处于某激发态的分子发射光子而跃迁到一个和该激发态多重性不同的较低电子态，通常是从三重激发态 T_1 跃迁到单重基态 S_0，则此时发出的光被称为磷光。磷光是一种缓慢的余辉发光现象。磷光的退激发过程是被量子力学的跃迁选择规则禁阻的，因此当激发光关闭后，发光现象仍然存在，磷光的发光寿命可以长达 ms 级、s 级甚至数日之久。从单重激发态 S_1 到三重激发态 T_1 的非辐射跃迁被称为系间窜越，该过程中受激发分子的电子发生了自旋反转。单重激发态 S_1 的较低振动能级与三重激发态 T_1 的较高能级重叠时，就会发生系间窜越。

4.1.2　荧光共振能量转移

　　荧光共振能量转移（FRET）是指电子激发能通过偶极-偶极耦合作用以非辐射方式从供体传递给受体的过程。这一理论由最早由 Förster 于 1948 年提出，因此也被称为 Förster 原理。其能量转移过程如图 4-2 所示，当供体基团的发射光谱与受体基团的吸收光谱有一定的重叠且两个荧光基团间的距离合适时

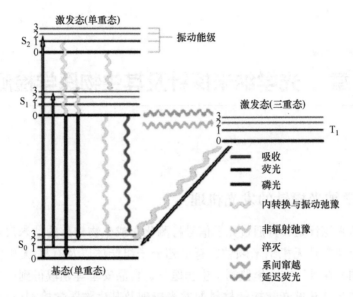

图 4-1 荧光与磷光材料的发光机理示意图（见彩插）

（1~10nm），处于激发态的供体荧光团通过偶极子间的相互作用将能量以非辐射的方式转移给邻近的受体荧光基团，使受体被激发，从而导致供体荧光淬灭和受体荧光发射的过程。传递过程不涉及光子的发射和重新吸收，所以是非辐射的。

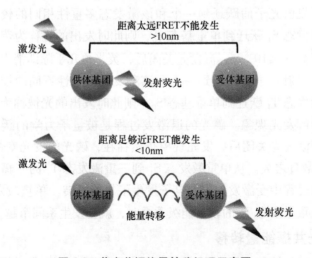

图 4-2 荧光共振能量转移机理示意图

4.1.3 上转换发光

斯托克斯定律认为材料在受到高能量的光激发时，只能发射出低能量的光，即经高频率、短波长的光激发时，只能发射低频率、长波长的光。在 1960 年，Auzel、Ovsyankin 和 Feofilov 等人首次提出了上转换这一概念。上转化发光是一种反斯托克斯发光现象，指的是材料受到低能量的光子激发时，发射出高能量的光子。目前针对上转换发光材料的研究主要集中在镧系元素掺杂的稀土基纳米材料。由于稀土元素具有丰富的能级结构，能够吸收多个长波能量辐射，因此十分有利于上转换过程。根据上转换发光机理的不同，目前提出了激发态吸收（Excited State Absorption，ESA）、能量转移上转换（Energy Transfer Upconversion，ETU）、光子雪崩（Photon Avalanche，PA）及合作能量转移（Coordinative Energy Transfer，CET）等不同的上转换发光方式，如图 4-3 所示。

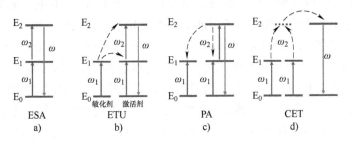

图 4-3 不同上转换发光机理示意图

a）激发态吸收 b）能量转移上转换 c）光子雪崩 d）合作能量传递

在 1959 年，Bloembergen 等人首次提出激发态吸收过程，指的是同一个电子连续吸收两个光子或更多光子，从基态跃迁到激发态再跃迁到更高的激发态，最后再回到基态，并以光的形式释放能量的过程。由于激发态吸收过程机理简单直接，因此是最基本的上转换发光过程。具体的发光过程如图 4-3a 所示，首先处于基态 E_0 的离子受光激发吸收能量为 ω_1 的泵浦光子后，核外电子跃迁到中间的亚稳态 E_1，之后再吸收 ω_2 的光子能量到达激发态 E_2，形成双光子吸收。激发态电子返回到基态 E_0，同时发射频率为 ω 的光子。ESA 机理虽简单，但发生条件苛刻，它要求激发态离子的吸收截面必须足以吸收第二个泵浦光子，这导致其吸收效率低下。因此只有在较低的稀土离子掺杂浓度下才会发生 ESA 过程，而高浓度的稀土离子掺杂会引起交叉弛豫，从而影响上转换发光效率。

能量转移上转换（Energy Transfer Upconversion，ETU）过程一般发生在两种不同类型的离子（激活剂和敏化剂）之间。如图 4-3b 所示，当敏化剂和激活剂之间的距离足够近，并且敏化剂的吸收截面大于激活剂的吸收截面时，激发光使敏化剂和激活剂各自到达激发态，随后敏化剂通过能量共振将能量传递给激活剂，使激活剂到达一个能量更高的激发态，并以光的形式释放能量，完成上转换过程。在这个过程中，由于掺杂离子的浓度决定了能量传递的距离，因而能够极大地影响上转换发光效率。能量转移上转换也是迄今为止最为有效的上转换发光机制。

在 1979 年由 Chivian 等人在基于 Pr^{3+} 离子的红外量子计数器的研究中首次提出了一种新的上转换发光机理，即光子雪崩（Photon Avalanche，PA）的过程，如图 4-3c 所示。在该过程中，发光离子的基态和中间态能级之差与泵浦光子的能量不匹配，在这种情形下，发光离子会先发生激发态吸收（Excited State Absorption，ESA）的过程到达一个更高的能级 E_2，随后和临近的处于基态的离子之间发生交叉弛豫，使这两个离子均到达一个中间态能级 E_1，处于 E_1 能级的离子又可以吸收激发态的能量，到达 E_2 能级。上述过程重复发生，最终 E_2 能级的电子数随时间像雪崩一样呈指数型急剧增加，当 E_2 能级的电子向基态跃迁时发出光子完成上转换过程。光子雪崩是一种发光效率较低的上转换发光过程。

如图 4-3d 所示，合作能量传递（Cooperative Energy Transfer，CET）的过程与 ETU 相类似，激活剂和敏化剂对于 CET 过程也都是必不可少的。两种发光机理主要的区别在于 CET 的过程中激活剂没有真正长寿命的中间能级，两个敏化剂配合并同时被激发到一个虚拟的激发态，然后把能量传递给一个临近的激活剂。CET 过程大部分发生在块体材料和聚合物中，在纳米材料体系中发生的报道还比较少。

4.1.4 化学发光

化学发光是物质在进行化学反应过程中伴随的一种光辐射现象，其原理是反应体系中的某些物质吸收了反应产生的化学能，由基态跃迁到激发态，再返回到基态，同时伴随着光辐射形式的能量释放的过程。通常分为直接化学发光和间接化学发光两种，如图 4-4 所示。直接化学发光是反应物发生化学反应后生成产物 C，反应体系释放的能量被 C 分子吸收，导致 C 分子跃迁至激发态 C^*，产物激发态 C^* 再回到基态而产生的光辐射。由于 C 是反应的产物，故这种化学发光被称为直接化学发光。如图 4-5 所示，鲁米诺的化学发光就属于直接化学发光。间接化学发光则是反应物发生化学反应后生成激发态产物 C^*（能量给予体），C^* 释放出能量给发光物质 F（能量受体），使其被激发跃迁至激发态 F^*，而后返回基态所产生的光辐射。

传统化学发光纳米探针虽然抗干扰性强、灵敏度高，但大多数化学发光纳米探针材料适用的待测物范围有限，因为通常要求待测物是化学发光反应的反应物。光激化学发光（Amplified Luminescent Proximity Homogeneous Assay Linked Immunosorbent Assay，AlphaLISA）纳米探针可以规避这个劣势，并利用其优势。AlphaLISA 纳米探针通过光激发光敏剂产生单线态氧与发光剂反应而产生化学发光，待测物的作用是把光敏剂和发光剂通过抗体等特异性免疫结果作用拉近至

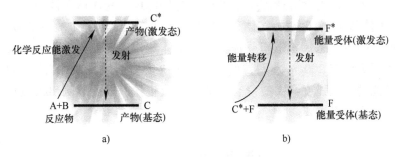

图 4-4　两种化学发光机制示意图

a）直接化学发光　b）间接化学发光

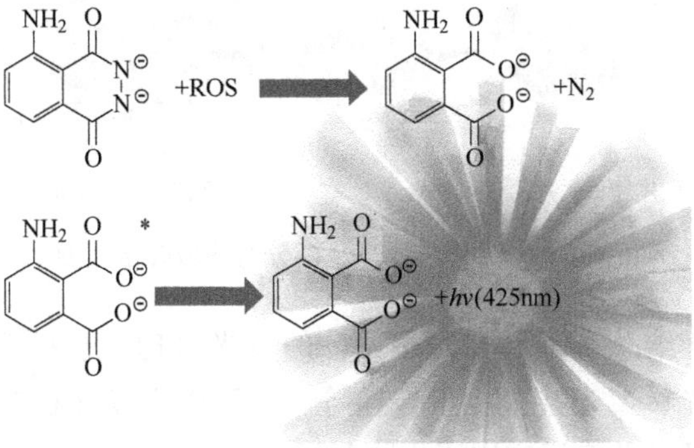

图 4-5　鲁米诺被 ROS 氧化发光的机制示意图

单线态氧的扩散距离内，待测物本身并不参与化学发光反应，因此解决了其他化学发光纳米探针适用待测物范围小的问题。但是，单线态氧引发的化学发光效率高、背景信号低。AlphaLISA 纳米探针材料的发射波长比激发波长短，和上转换纳米粒子具有同样的优势。光激化学发光免疫分析法相对于酶联免疫吸附法（Enzyme Linked Immunosorbent Assay，ELISA）、荧光免疫分析法等传统方法具有明显优势：一是均相反应免去了洗涤步骤；二是发射波长比激发波长短，避免了背景荧光的干扰。

如图 4-6 所示，光激化学发光免疫分析法所用到的纳米探针材料包含供体球和受体球，两个球的粒径都在 200nm 左右。供体球负载光敏剂，在激光激发下产生单线态氧；受体球负载化学发光剂和荧光剂，当受体球与单线态氧接触时，受体球上的化学发光剂被单线态氧氧化，产生的激发态产物通过化学发光共振能量转移（Chemiluminescence Resonance Energy Transfer，CRET）激发荧光剂使之发光，发光波长比激发光短。将待测抗原的两种不同的单克隆抗体分别修饰受体球和供体球，当含有待测抗原的样品与供体球、受体球在样品池中一起孵育时，"供体球-抗体1-抗原-抗体2-受体球"夹心复合物形成；在夹心复合物中，供体球产生的单线态氧扩散至受体球，与受体球作用而发光。因为单线态氧在水中扩散距离仅有 200nm 左右，所以未形成夹心复合物的纳米球不参与发光，因此样品池的发光强度与夹心复合物的总量成正比，以此可测出被测抗原的含量，且免去了洗涤步骤。

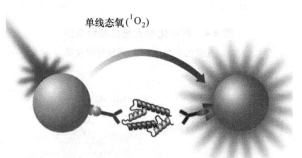

单线态氧($^1O_2$)

供体球负载光敏剂　　　　　　　受体球负载发光剂

图4-6　光激化学发光免疫分析法原理示意图

综上，本节归纳总结了不同光学探针的发光机理，包括荧光、磷光、上转换发光、化学发光、荧光共振能量传递等。基于以上发光机制，各式各样的光学纳米探针已被开发并广泛应用于生物医学检测领域。

4.2　光学纳米探针材料的分类

4.2.1　时间分辨荧光纳米探针

时间分辨荧光纳米探针负载的染料的荧光寿命比背景荧光长，检测仪器在撤去激发光后延迟一段时间再检测光信号，此时激发的散射光已经消失，背景荧光也会衰减至很低，而染料的荧光依然强烈，从而降低了散射光和背景荧光的干扰。因此，时间分辨荧光纳米探针的发光寿命必须显著比生物基质的背景荧光长。生物样本的背景荧光寿命一般仅为 ns 级，而时间分辨荧光纳米探针的发光寿命大多在 μs 级至 ms 级。常用的时间分辨荧光纳米探针主要有稀土无机纳米晶体、稀土螯合物、量子点。

1. 稀土无机纳米晶体

稀土化合物是发光材料的宝库。稀土离子具有丰富的 4f 电子能级，由于 4f 是受屏蔽的内壳层，受晶体场或配体场影响较小，因此稀土离子的发射光谱接近原子光谱，呈尖峰，而非有机荧光分子的宽峰，有利于光学信号检测应用。

自由的三价稀土离子的 4f→4f 跃迁由于宇称相同而被禁阻，虽然配体场和晶体场会影响 4f 轨道的宇称从而让跃迁变得允许，但跃迁概率很低，因此稀土离子的激发态是一种亚稳态，发光寿命较长，具有时间分辨性。稀土无机化合物的纳米晶体在表面修饰后，可直接作为时间分辨荧光探针。

Zheng 等人成功制得了核壳结构的 CaF_2：Ce，Tb@CaF_2 纳米晶，作为 FRET 供体持续激发异硫氰酸荧光素（Fluorescein Isothiocyanate，FITC），用于细胞的时间分辨成像。如图 4-7 所示，CaF_2：Ce，Tb 纳米晶的最大激发波长是 304nm，最大发射波长是 541.2nm；CaF_2：Ce，Tb 纳米晶核呈球形，平均粒径约为 3.8nm，荧光寿命长达 12.5ms，CaF_2：Ce，Tb@CaF_2 纳米晶的粒径取决于壳层包覆层数和 Na^+ 浓度，都在 10nm 以下，形状为球形。

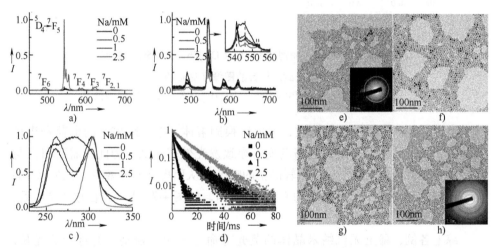

图 4-7 a）不同 Na^+ 投入量的 CaF_2：Ce，Tb 纳米晶的发射光谱，按发光最强样品的最强峰为 1 归一化　b）不同 Na^+ 投入量的 CaF_2：Ce，Tb 纳米晶的发射光谱，按各样品各自的最强峰为 1 归一化　c）不同 Na^+ 投入量的 CaF_2：Ce，Tb 纳米晶的吸收光谱　d）不同 Na^+ 投入量的 CaF_2：Ce，Tb 纳米晶的荧光衰减　e）反应时投入 Na^+ 浓度为 0 的 CaF_2：Ce，Tb 纳米晶的 TEM 图像　f）反应时投入 Na^+ 浓度为 0.5 的 CaF_2：Ce，Tb 纳米晶的 TEM 图像　g）反应时投入 Na^+ 浓度为 1 的 CaF_2：Ce，Tb 纳米晶的 TEM 图像　h）反应时投入 Na^+ 浓度为 2.5 的 CaF_2：Ce，Tb 纳米晶的 TEM 图像（见彩插）

Wang 等人用热分解法成功制得了 Ce^{3+} 和 Tb^{3+} 共掺杂的 $LiYF_4$ 纳米晶，该纳米晶的荧光寿命为 5.7ms，其表面带正电，吸附带负电的荧光染料，作为 FRET 供体持续激发这些染料，当样本中存在草甘膦时，草甘膦取代被吸附的染料，使得染料的荧光减弱，以此检测草甘膦。如图 4-8 所示，$LiYF_4$：Ce，Tb 纳米晶呈菱形，平均长度约为 21nm；LiYF$_4$：Ce，Tb 纳米晶的最大激发波长是 280nm，发射光谱中有 489nm、542nm、585nm、622nm 共 4 个较强的峰，其中 542nm 最强。

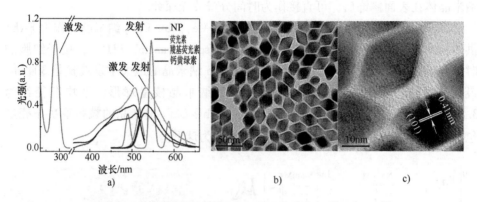

图 4-8　Wang 等人制得的 LiYF$_4$：Ce/Tb（5%/5%）时间分辨荧光纳米探针的图像（见彩插）

a）激发与发射光谱（图中绿色线）　b）TEM 图像　c）HRTEM 图像

稀土金属离子掺入无机基质，形成置换固溶体，掺杂阳离子的电荷和半径与基质阳离子的差异将造成晶格畸变，导致发光效率降低。为此，需要引入与掺杂离子效果相反的离子，以减轻晶格的畸变，从而提升发光效率。比如 Zheng 等人制得的 Ce^{3+} 和 Tb^{3+} 共掺杂的 CaF$_2$ 纳米晶，如图 4-7a 所示，在掺入 Na$^+$ 后，发光效率显著提升。

综上各例，稀土无机纳米晶体的荧光寿命显著比生物基质的背景荧光长，时间分辨效果好，发光强，发射谱线尖，不易被干扰。而且此类纳米探针作为无机物，具有制备方法简单、化学性质稳定、抗光漂白性高的优势。但是，此类光学纳米探针材料的结构尺寸分布宽，在溶液中单分散性差，也在一定程度上限制了它在生物医学方面的应用范围。

2. 稀土螯合物

稀土金属的螯合物同样具有时间分辨荧光性质，可作为时间分辨荧光染料。虽然三价稀土离子的 4f→4f 跃迁在晶体场或配体场的影响下变得被允许，但其吸光度依然不高，引入天线配体与之螯合，可增强稀土离子对激发光的吸收，从而提高发光能力。此类染料分子中，配体对激发光的吸光度远大于金属离子本身，因此被称作天线配体。天线配体吸收激发光，然后将能量转移给金属离子，使之发光。如果天线配体选择得当，则螯合物的发光效率会很高。稀土螯合物作为小分子化合物，需要装载于纳米基质中，并用特定基团或分子修饰纳米基质表面，方可制得时间分辨荧光纳米探针。基质的作用主要有提高时间分辨荧光探针在水相中的分散性；便于表面修饰，使得探针能与待测物特异性结合；降低染料的浓度，避免自淬灭。

Chen 等人制备了负载 Tb（Ⅲ）螯合物 Cs124-DTPA-Tb 的 SiO₂ 纳米球，用于对 DNA 的时间分辨荧光检测。该课题组首先合成了配体 Cs124-DTPA，该配体分子由两部分构成，一部分是 7-氨基-4-甲基-2-喹诺酮（Cs124），作为天线配体负责吸收激发光，另一部分是二亚乙基三胺五乙酸（Diethylenetriaminepentaacetic Acid，DTPA），作为多齿配体负责与 Tb^{3+} 离子螯合，最后负载到 SiO₂ 纳米球上。如图 4-9 所示，该纳米探针形貌为球形，平均粒径约为 50nm，最大激发波长是 328nm，最大发射波长是 546nm，荧光寿命约为 1.5ms。

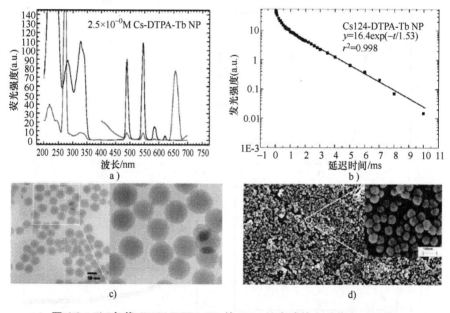

图 4-9　**a）负载 Cs124-DTPA-Tb 的 SiO₂ 纳米球的实时荧光（红线）和时间分辨荧光（黑线）　b）负载 Cs124-DTPA-Tb 的 SiO₂ 纳米球的荧光衰减　c）负载 Cs124-DTPA-Tb 的 SiO₂ 纳米球的 TEM 图像　d）负载 Cs124-DTPA-Tb 的 SiO₂ 纳米球的 SEM 图像（见彩插）**

Yang 等人用共沉淀法制备了时间分辨荧光纳米探针 Eu@ SMA，其荧光寿命约为 620μs，该探针用肿瘤靶向剂转铁蛋白（Transferrin，Tf）和 Arg-Gly-Asp 三肽分别修饰后，成功用于小鼠体内肿瘤的时间分辨荧光成像。Eu@ SMA 以苯乙烯和马来酸共聚物 SMA 纳米球为基质，基质表面的羧基用于与 Tf 或 Arg-Gly-Asp 三肽的氨基相连。Eu@ SMA 负载的稀土螯合物是 Eu（tta）₃bpt。如图 4-10 所示，该纳米探针的最大激发波长为 410nm，最大发射波长为 618nm，形貌呈球形，平均粒径约为 15nm，该纳米探针还有双光子激发上转换发光能力。

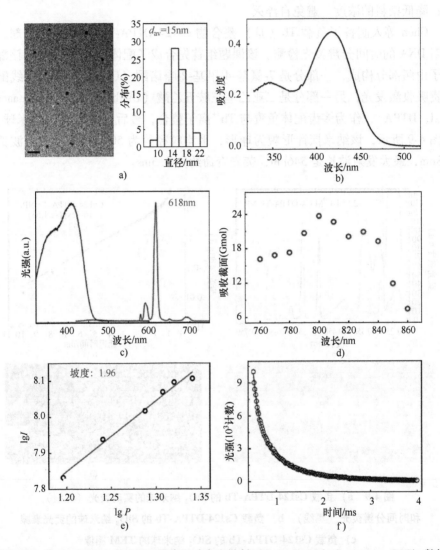

图 4-10 **a）** Eu@SMA 的 TEM 图像和动态光散射（Dynamic Light Scattering，DLS）**数据**
b） Eu@SMA 的紫外-可见光吸收谱 **c）** Eu@SMA 的荧光激发光谱（蓝线）与荧光发射
光谱（红线） **d）** 近红外光激发下，Eu（tta）3bpt 在 Eu@SMA 中的双光子激发吸收
截面与激发波长的关系 **e）** Eu@SMA 在 800nm 近红外激光激发下，615±12.5nm 处的
荧光与激发光强度的关系 **f）** 410nm 激发光照射下，Eu@SMA 的荧光衰减（见彩插）

稀土螯合物纳米探针和稀土无机纳米晶体同样具有时间分辨效果好、发光

强、发射谱线尖的优势，此外，通过选用合适的基质，稀土螯合物纳米探针比稀土无机纳米晶体更容易实现表面功能化修饰，探针材料的水溶性和单分散性也更好。但是，作为有机物，稀土螯合物纳米探针的化学稳定性和抗光漂白性比稀土无机纳米晶体差。

3. 量子点

量子点的荧光寿命在几十 ns 级至 μs 级，而有机荧光染料的荧光寿命与生物样本背景荧光都在 ns 级，因此量子点可用作时间分辨荧光探针，降低背景荧光对检测信号的干扰。量子点是纳米尺度的半导体晶体，相对于体相半导体材料而言，量子点的载流子在三个维度都受到尺寸限制，产生量子限域效应，使得原本准连续的能带变成分立的能级，带隙变宽。带隙宽度取决于颗粒尺寸，粒径越小，带隙越宽，激发光谱和发射光谱蓝移。因此，量子点具有可通过控制尺寸调节光谱的优势。量子点激发波长范围宽，只要光子能量高于带隙即可激发，从而可以克服有机荧光染料需要特定激发波长的局限性。同一激发波长可以激发多个不同发射波长的量子点，因此可用于多种标记物的同时检测。由于量子限域效应，能级分立，因此发射峰窄，用作荧光探针时抗干扰能力强。

Chen 等人制备了核壳结构的 CdTe@CdS：Cu 近红外量子点，寿命约为 1μm，成功用于二维编码。CdTe@CdS：Cu 近红外量子点的平均粒径在 10nm 以下，由反应时间调节，激发波长统一用 490nm，最大发射波长在 700~910nm，由其粒径调节。亲水性量子点可以在表面修饰后直接作为纳米探针，但是亲水性量子点的发光效率低于疏水性量子点。疏水性量子点在水相中分散性差，可以通过将其装载到表面亲水的聚合物纳米基质中，来提高其在水相中的分散性。Chen 等人用溶胀法成功制备了负载疏水 CdSe@ZnS 量子点的亲水聚苯乙烯纳米球 CdSe@ZnS@PS-COOH。CdSe@ZnS@PS-COOH 纳米球形貌为球形，平均粒径约为 200nm，最大发射波长为 605nm。

量子点多为无机材料，化学稳定性、光漂白抗性远胜有机荧光染料。但是常用量子点以锌族-氧族化合物为主，尤其是 CdSe 最常用。Cd 是毒性很大的重金属，环境危害巨大，能在植物和人体中累积，造成长期性危害，例如 Cd 慢性中毒可引起"痛痛病"。而含 S、含 Se 和含 Te 的量子点属于危险化学品，遇酸会产生剧毒且易燃易爆的 H_2S、H_2Se 和 H_2Te 气体。因此，量子点探针材料的毒性和使用安全性是其在生物医学传感领域应用的重要考虑因素之一。

4.2.2　长余辉磷光纳米探针

1. 无机长余辉磷光纳米探针

无机长余辉磷光材料的磷光可以维持肉眼可见长达数十秒甚至数日之久，

其余辉寿命远远长于荧光寿命，同样也可以做到时间分辨效果。Chen 等人用水热法制得了近红外无机长余辉材料 $Zn_{1.1}Ga_{1.8}Ge_{0.1}O_4$：$Cr^{3+}$ 纳米球，寿命长约20s，并成功用于小鼠体内肿瘤成像。该纳米探针形状为球形，平均粒径为56.8nm，最大激发波长为650nm，最大磷光发射波长为695nm。无机长余辉磷光材料的发光寿命不仅长于背景荧光，避免了背景荧光的干扰，而且可以直接使用手机摄像头等廉价设备进行余辉观察，用于体外检测时，不需要昂贵的仪器即可检测，因此特别适合POCT领域。用于体内成像时，可以在注射入体内前预先激发，注射入体内后不需要继续激发即可成像，从而可以解决光诊疗过程中大多数激发光难以穿透人体组织的问题，同时也可以从一定程度上避免激发光对人体的伤害。

2. 有机长余辉磷光纳米探针

有机长余辉磷光（Ultralong Organic Phosphorescence，UOP）大多具有数百毫秒至数秒的磷光寿命，远远长于背景荧光的发光寿命时间。UOP 材料的制备关键点在于：①构建一个刚性的环境限制发光分子的热运动，以此减弱非辐射跃迁，从而增大发光效率、延长磷光寿命；②增强系间窜跃（Intersystem Crossing，ISC）。如图 4-11 所示，Shi 等人成功制得咔唑衍生物 1,4-二咔唑基苯（PDCz）和 1,4-二溴-2,5-二咔唑基苯（PDBCz），其中 PDBCz 利用 Br 原子的位阻限制分子在晶体中的振动与转动，以此减弱非辐射跃迁，与此同时，Br 原子增强 ISC，PDBCz 的磷光寿命长达 217.3ms，效率高达 38.1%。该化合物在晶体状态下有 546nm 和 595nm 两个强磷光峰。

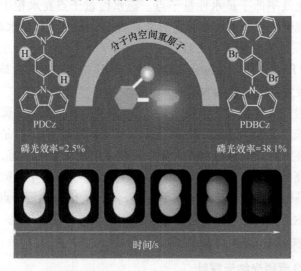

图 4-11　咔唑衍生物 PDCz 和 PDBCz 的结构与 PDBCz 的磷光

将 UOP 装载于纳米基质中，并用特定基团或分子修饰纳米基质表面，可制得时间分辨荧光纳米探针。You 等人将五种咔唑衍生物 UOP 分别负载于空心介孔 SiO_2 纳米球中，得到亲水磷光探针水分散液，磷光寿命最长的有 1.066s，并成功用于海拉细胞成像和小鼠体内成像。该 UOP 纳米探针在水中分散性高，形状为球形，粒径高度均一，激发光谱、发射光谱、荧光寿命与对应的纯 UOP 晶体差异很小。该团队还进一步采用析出沉淀和高分子自组织相结合的方法，制备了低毒、水溶的高亮度 UOP 纳米晶体，并成功用于斑马鱼的活体成像。

有的 UOP 具有聚集诱导发光能力，这类 UOP 不需要基质，可以将 UOP 制成纳米尺度的分子晶体，表面修饰后直接作为纳米探针。Nicol 等人成功制备了 1-(二苯并［b，d］呋喃-2-基) 苯基甲酮 UOP 纳米晶，作为探针成功用于海拉细胞的成像。该纳米探针形状呈棒状，长度在 100nm～1μm，平均水合粒径为 476.71nm，最大吸收波长 350nm，最大磷光发射波长 520nm，磷光寿命长达 232ms，量子产率高达 34%。

综上各例，UOP 纳米探针的余辉寿命虽比无机长余辉纳米探针短，但是仍然比背景荧光长得多，而且也可以用手机摄像头等廉价设备进行观察，免去了昂贵光学元器件和检测设备的使用，对开发便携式的 POCT 传感设备具有积极意义。相对于无机长余辉纳米探针，UOP 纳米探针不含重金属，对环境更友好，生物相容性更佳，但是其化学稳定性和抗光漂白性比无机长余辉纳米探针材料更弱一些。

4.2.3　化学发光纳米探针

化学发光是指化学反应发生后，生成的产物处于激发态，跃迁回基态直接发光，或者通过化学发光共振能量转移（CRET）激发荧光分子间接发光。引发化学发光的反应通常是以活性氧（Reactive Oxygen Species，ROS）为氧化剂的氧化还原反应，如果 ROS 是由光敏剂被外界光激发产生的，那么这种化学发光就是光激化学发光。用于检测的化学发光要么不需要外界激发光，要么是激发波长短于发射波长的光激化学发光，因此同样可以解决传感检测过程中背景荧光干扰的问题。目前，已经有不少化学发光纳米探针被应用于生物医学传感检测领域。

1. 鲁米诺化学发光纳米探针

鲁米诺是应用最早的化学发光剂，它在碱性条件下被 ROS 氧化时生成激发态的氨基邻苯二甲酸根离子，该离子跃迁回基态时发出蓝光，鲁米诺常常在刑侦领域中被用于检测血迹。An 等人制备了一种基于鲁米诺的纳米探针，该探针以自组装的 PEG 纳米球作为基材，负载鲁米诺和二氢卟吩（Ce6），小鼠肿瘤部

位过度表达的 H_2O_2 氧化鲁米诺，生成的激发态产物通过 CRET 激发荧光剂兼光敏剂 Ce6，致使其发光成像并同时起到光动力疗法的作用。该纳米探针的平均水合粒径为 171nm，化学发光有 450nm 和 675nm 两个峰。鲁米诺化学发光纳米探针具有原理明确、技术成熟、材料廉价、制备简单的优势。但是鲁米诺的发光强度受溶液介质 pH 值的影响，比如鲁米诺在中性溶液中发光较弱，在碱性溶液中发光较强，但是强碱性的溶液介质又会造成蛋白质变性，因而对其生物医学应用有一定的限制。

2. 草酸酯衍生物化学发光纳米探针

草酸酯类也是一种常用化学发光剂，常被用于荧光棒，在生物医学检测领域也有许多应用。Singh 等人制备了一种基于草酸酯的纳米探针，该探针负载了草酸酯衍生物化学发光剂双（2,4,5-三氯水杨酸正戊酯）草酸酯［Bis（2-carbo-pentyloxy-3,5,6-trichlorophenyl）oxalate，CPPO］和蒽衍生物荧光剂 BDSA，小鼠炎症部位过度表达的 H_2O_2 氧化 CPPO，生成的激发态产物通过 CRET 激发荧光剂 BDSA，从而实现了炎症部位的发光成像。该纳米探针的平均粒径约为 15nm，发射光谱是一个覆盖 500~800nm 的宽峰，最大发射波长为 584nm。草酸酯衍生物化学发光纳米探针具有发光强度大、适用场景广泛的优势，不仅如此，作为间接化学发光剂，其发射光谱取决于 CRET 受体，因此易于调整。但是草酸酯衍生物水溶性差，用于生物医学检测时，需要亲水性很强的纳米基质对其进行负载。

3. 1,2-二氧杂环丁烷类化学发光纳米探针

在涉及 ROS 的化学发光过程中，化学发光剂通常先被 ROS 氧化生成过氧键，然后过氧键断裂生成激发态产物。含有过氧键的物质，比如 1，2-二氧杂环丁烷类，也可以直接作为化学发光剂。如图 4-12 所示，Liu 等人用介孔 SiO_2 纳米球负载化学发光剂 3-（2-螺旋金刚烷）-4-甲氧基-4-（3-磷氧酰）-苯基-1，2-二氧杂环丁烷［3-（2-spiroadamatane）-4-methoxy-4-（3-phosphoryloxy）-phenyl-1,2-dioxetane，AMPPD］和荧光剂罗丹明 B，AMPPD 的过氧键被碱性磷酸酶（Alkaline Phosphatase，ALP）特异性裂解，生成的激发态产物通过 CRET 激发荧光剂罗丹明 B 而发光，以此检测 ALP 的含量。该探针的平均粒径约为 60nm，孔径约为 3nm，最大化学发光波长为 580nm，与罗丹明 B 的最大荧光发射波长相同。1,2-二氧杂环丁烷类化学发光纳米探针具有原理明确、特异性强的优势，但是能检测的物质种类有限，自身的化学稳定性也相对较差。

4. 硫氧杂环己烯类化学发光纳米探针

硫氧杂环己烯类化学发光剂报道较少，但其发光性能优异。Su 等人用液体石蜡作为基材，负载八丁氧基酞菁钯、2-(4-(N,N-二甲基氨基) 苯基)-3-苯基-

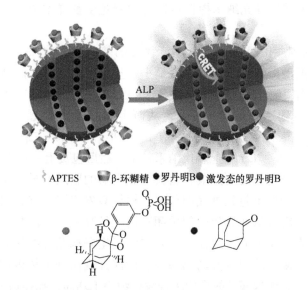

图 4-12　负载罗丹明 B 和 AMPPD 的介孔 SiO₂（RhB@ mSiO₂-β-CD@ AMPPD）
化学发光纳米探针的结构与发光机制示意图

1,4-硫氧杂-2-环己烯、芘，其中，八丁氧基酞菁钯是光敏剂，在光照下产生单线态氧，2-(4-(N,N-二甲基氨基）苯基)-3-苯基-1,4-硫氧杂-2-环己烯是一种硫氧杂环己烯类化学发光剂，被称为光能存储单元（Photoenergy Cache Unit，PCU），能与单线态氧反应生成激发态的氧化产物，芘是荧光剂，作为 CRET 受体接受 PCU 氧化产物的能量而发光。该纳米探针的平均粒径约为 150nm，可用 730nm 激光激发产生单线态氧，化学发光峰与芘的荧光相同。在 730nm 激发光照射下产生的单线态氧可以氧化 PCU，生成的激发态产物激发芘，致使其发光，该发光的寿命取决于温度。例如，炎症部位温度比正常部位更高，可以用该探针材料实现对小鼠体内炎症组织的发光寿命成像。硫氧杂环己烯类化学发光纳米探针具有发光强、化学稳定性高的优势，不仅如此，作为间接化学发光剂，其发射光谱由 CRET 受体决定，因此易于调整。但是硫氧杂环己烯类化学发光剂合成流程复杂，提纯难度大，产量低，价格昂贵。

化学发光纳米探针能免去生物样本背景荧光的干扰，优势明显，但是目前的化学发光材料种类不多，发光强度也普遍弱于荧光、磷光等其他发光材料，而且大多缺乏与纳米基质共价结合的成键基团，因此负载多以物理吸附为主，稳定性差。

4.2.4　上转换发光纳米探针

上转换发光是指发射波长比激发波长短的发光。因为背景荧光波长比激发光更长，所以上转换发光纳米探针可以有效避免生物样本中背景荧光对检测过程的干扰。

NaYF$_4$ 是最常用的上转换发光纳米探针的基质，因为 NaYF$_4$ 晶格的声子能量最低，由此振动造成的非辐射耗散最小。基质中需要掺入两种三价稀土离子（RE^{3+}），一种作为敏化剂吸收光子被激发，另一种作为激活剂吸收多个敏化离子转移的能量而到达更高的激发态，从而实现上转换发光。常用的敏化剂有 Yb^{3+} 和 Nd^{3+} 两种离子，常用的激活剂有 Er^{3+}、Tm^{3+} 和 Ho^{3+} 三种离子。Jie 等人制备了 NaYF$_4$:Tm/Yb@NaYF$_4$ 上转换纳米粒子，然后包覆上一层空心介孔 SiO$_2$ 作为载药的货舱，表面包覆上掺杂有偶氮苯衍生物的脂质双分子层作为光控的舱门。在低强度的 980nm 近红外光照射时，探针只发出可见光，引发偶氮苯结构由顺式异构化为反式从而导致舱门关闭；同波长高强度近红外光照射时，探针同时发出可见光与紫外光，致使偶氮苯持续发生异构化而持续剧烈翻转，撑开脂质双分子层，使得舱门打开药物释放。该探针既做到了体内成像，又实现了药物可控释放。该纳米探针的平均水合粒径约为 120nm，孔径约为 4nm，低强度 980nm 近红外光照射时发出波长为 450~475nm 的可见光，高强度 980nm 近红外光照射时发出波长为 345~360nm 的紫外光。

上转换纳米探针虽然可以利用比激发光波长更短的发射光消除背景干扰，但是其转化效率普遍很低，这成为限制其广泛应用的主要瓶颈。此外，上转换微纳米探针材料在合成过程中要用到对健康和环境威胁较大的氟化物，其使用安全性也是其生物医学应用的重要考虑因素之一。

4.2.5　发光能量转移纳米探针

发光共振能量转移是指处于激发态的分子（供体）将能量通过非辐射方式转移给近处的另一个分子（受体），供体在这个过程中跃迁回基态，供体的发光被淬灭，受体在这个过程中被激发，跃迁回基态时发光，发光谱与受体的荧光发射谱相同。若供体的激发源是光，则该能量转移被称作荧光共振能量转移（FRET）。若供体的激发源是化学反应，则该能量转移被称作化学发光共振能量转移（CRET）。FRET 和 CRET 要求供体的发射谱与受体的吸收谱有一定程度的重叠，且两者的物理距离在几纳米左右或更近，能量转移效率与间隔距离的六次方成反比。

发光共振能量转移需要供受体二者之间的距离足够近，可根据此特点研制基于发光能量转移的免疫分析探针。Rusanen 等人制备了一种 FRET 免疫分析探针，如图 4-13 所示，用待测抗原的两个抗体分别标记 Eu 螯合物和 AF647，Eu 螯合物作为 FRET 供体，AF647 作为 FRET 受体，当待测抗原存在时，形成夹心导致供受体距离被拉近，引发 FRET，以此检测得到待测抗原的含量。此方法要求待测抗原足够小，尺寸在 nm 级，比如 Rusanen 等人的 FRET 免疫分析探针成功检测了新冠病毒的棘突蛋白。各种间接发光的化学发光探针，都应用到了 CRET 过程。然而，发光共振能量转移要求供受体之间的距离在 nm 级，因此无法用于检测尺寸更大的生物分子。

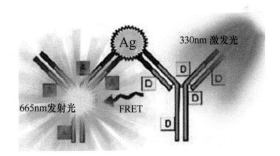

图 4-13　Eu 螯合物作为 FRET 供体，AF647 作为 FRET 受体，当待测抗原存在时，形成夹心导致供受体距离被拉近，引发 FRET 实现检测

4.2.6　发光淬灭纳米探针

　　造成发光淬灭的原因很多，在纳米探针中应用最多的是基于能量转移的发光淬灭，这种探针与上文中的发光能量转移纳米探针类似。纳米金（Au NP）可以淬灭荧光，Rosebrock 使用 Au NP 与 CdSe/CdS 量子点交联成三维网状从而淬灭了量子点的荧光，该组合能够用于发光淬灭免疫分析纳米探针。CuS 也是发光淬灭剂，Chen 等人用一段肽链将 CuS 和近红外无机长余辉材料 $Zn_{1.1}Ga_{1.8}Ge_{0.1}O_4:Cr^{3+}$ 纳米球连接，得到一个发光淬灭纳米探针，此时 CuS 会淬灭长余辉纳米球的发光。例如，MMP 是肿瘤部位过度表达的一种酶，能特异性水解连接两者的这段肽链，导致 CuS 与长余辉发光球分开，解除淬灭，从而可以利用该探针成功实现肿瘤的成像。

　　发光能量转移纳米探针和发光淬灭纳米探针的检测关键在于连接物拉近了供受体之间的物理距离，检测探针材料表面修饰的连接物对待测物的特异性较强，因为该检测分析结果的灵敏度、准确性都高度依赖与连接物的特异性结合能力和效率。

4.3　光学纳米探针的生物医学检测应用

　　光学纳米探针材料在生物医学领域的应用广泛，既可以用于生物化学诊断检测，也可以用于生物医学成像领域，下面将简要介绍光学纳米材料的生物医学应用情况。

4.3.1 光学纳米探针用于体外检测

光学纳米探针用于体外检测，是指将光学纳米探针标记于待测物特异性结合的生物分子（抗体或适配体等），在生物样本中与待测物发生特异性结合，然后通过探针的光学信号采集检测出被测物的存在和含量。

1. 检测生物大分子

用光学纳米探针在体外检测生物大分子，最常用的方法是免疫夹心法。夹心法的通常机制是：探针和基底分别用被测物的两种抗体修饰，两种抗体结合位点不同，当样本中存在被测物时，探针、被测物、基底三者形成夹心，使得探针被固定于基底上，洗去未结合的探针后，即可通过探针的光学性质测出被测物的含量。

Lei 等人用负载 Eu 螯合物的羧基修饰的 PS 纳米球作为时间分辨荧光纳米探针，用于在试纸条上检测尿液中的膀胱癌标志物 Cyfra21-1。如图 4-14 所示，通过酰胺键将鼠源抗 Cyfra21-1 抗体与探针相连，试纸条的 T 线上负载另一种鼠源抗 Cyfra21-1 抗体，C 线上负载羊抗鼠 IgG，当样本中存在 Cyfra21-1 时，Cyfra21-1 在试纸条上层析，先与探针结合，到达 T 线后又被 T 线上的抗体捕捉，在 T 线上形成夹心，过量的未结合的探针在 C 线上被羊抗鼠 IgG 捕捉，通过 T 线与 C 线的时间分辨荧光强度比值测得 Cyfra21-1 的含量。

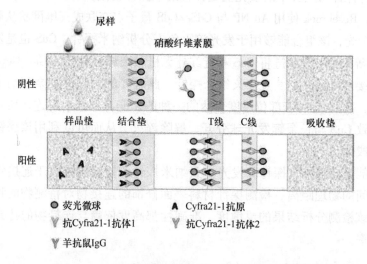

图 4-14 时间分辨荧光纳米探针及其试纸条用于检测 Cyfra21-1 的机制示意图（见彩插）

夹心法除了可以用于试纸条等有基底的体外检测，还可以用于均相免洗的体外检测。比如 4.2.5 节中提到，Rusanen 等人用 FRET 免疫分析探针检测新冠病毒的棘突蛋白,用待测抗原的两个抗体分别标记 Eu 螯合物和 AF647,Eu 螯合物作为 FRET 供体,AF647 作为 FRET 受体,当待测抗原存在时,形成夹心导致供受体距离被拉近,引发 FRET,以此检测待测抗原的含量。

2. 检测小分子

用光学纳米探针在体外检测小分子,最常用的方法是竞争法。竞争法的通常机制是:基底上固定既能与探针结合又能与被测物结合的抗体,该抗体既可以与探针结合,也可以与待测物结合,与被测物的亲和性强于与探针的亲和性,当样本中存在待测物时,待测物与探针竞争,洗去未结合的探针后,通过探针的信号降低,测出被测物的含量。Wu 等人成功将 AlphaLISA 的竞争法用于检测黄曲霉素 AFB1。如图 4-15 所示,将 AFB1 与 BSA 连接得到完全抗原 AFB1-BSA,并将其生物素化,供体球用链霉亲和素包被,受体球用 AFB1 单抗标记,供受体球被链霉亲和素与生物素的结合以及抗原与抗体的结合拉近形成聚合体,产生发光信号;当加入阳性样本后,AFB1 与完全抗原 AFB1-BSA 竞争,使得供受体球聚合体数量降低,发光减弱,以此实现对 AFB1 的检测。

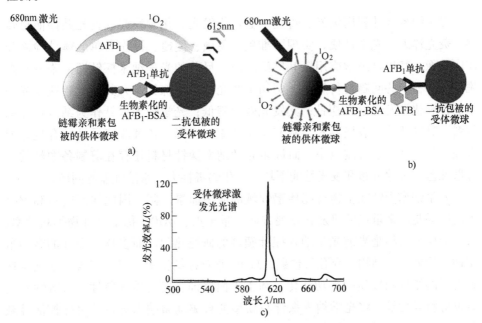

图 4-15 Wu 等人用 AlphaLISA 的竞争法检测黄曲霉素 AFB1 的机制示意图

a) 受体微球-AFB$_1$-BSA 完全抗原-AFB$_1$ 单抗体-供体微球的聚合体系

b) AFB$_1$ 与 AFB$_1$ 单抗结合   c) 受体微球受激发射光谱图

4.3.2 光学纳米探针用于体内成像

光学纳米探针与目标部位的特异性分子相互作用，从而使得光学信号在目标部位富集，实现生物体内的医学成像。例如，肿瘤部位和炎症部位的 H_2O_2 含量远高于正常组织，以 H_2O_2 为反应物的化学发光探针常用于肿瘤部位和炎症部位的成像。比如 Singh 等人制备的草酸酯衍生物化学发光纳米探针，小鼠炎症部位过度表达的 H_2O_2 氧化草酸酯衍生物 CPPO，生成的激发态产物通过 CRET 激发荧光剂 BDSA，从而实现了炎症部位的发光成像。

肿瘤部位还富含一些在正常组织中分布很少的酶，比如基质金属蛋白酶（Matrix Metalloproteinase，MMP），利用此类酶对底物的特异性水解反应可设计体内成像纳米探针。比如 Chen 等人将近红外无机长余辉材料 $Zn_{1.1}Ga_{1.8}Ge_{0.1}O_4:Cr^{3+}$ 纳米球与 CuS 纳米粒子用一段肽链连接，CuS 淬灭无机长余辉材料的发光，肿瘤部位的 MMP 将作为连接剂的肽链水解，解除了无机长余辉材料的发光淬灭，以此实现对肿瘤位置的医学成像。

4.4 本章总结

光学纳米探针利用荧光、磷光、上转化发光、化学发光、荧光共振能量转移、荧光淬灭等光学性质，实现了准确、灵敏、便捷、操作简单的体外检测和体内成像，其生物医学应用极其广泛。但是目前的光学纳米探针还面临着诸多挑战，存在一些问题有待解决。例如某些光学纳米探针，尤其是上转换发光纳米探针和化学发光纳米探针，其发光效率很低；光学纳米探针作为纳米尺寸的材料，其高活性的表面容易导致其发生团聚、沉降，各种非特异性结合也普遍存在，影响其传感检测效率；而许多光学纳米探针材料还存在着制备颗粒的单分散性差、尺寸分布和发光性能不均一、生物毒性大、水溶性差等问题。

光学纳米探针在生物智能传感领域的应用前景广阔，因此如何应对和解决上述问题是未来重点的研发和发展方向。量子点、UOP、稀土化合物等高效率、长寿命探针材料是当前光学纳米探针领域的研究热门。而多样化设计的微纳米结构，比如核壳结构、介孔层包裹、Janus 非对称结构等，可以实现光学纳米探针材料的结构和性质的多功能化，利于表面修饰、提高单分散性、水溶性和结合反应特异性等。将光学纳米探针与新型的自驱动微纳米马达等可操控活性载体相结合，可以通过磁场等手段精确控制探针材料的运动行为，解决纳米探针材料的团聚、沉降和各种非特异性结合等问题，还可以提高探针与待测物的孵育效率，也为发展智能化的微纳米探针材料与传感检测技术提供了一个极具潜力的发展方向。

参 考 文 献

［1］马会民，苏美红，梁树权. 三嗪类光学探针与标记分析［J］. 分析化学，2003，（10）：1256-1260.

［2］揭旭. 智能响应光学探针的构建及生物检测应用［D］. 重庆：重庆大学，2020.

［3］杜保安，刘澄，曹雨虹，等. ZnS：Mn 量子点作磷光探针定量检测微量汞［J］. 光谱学与光谱分析，2014，34（4）：1070-1074.

［4］阎吉祥. 激光诱导荧光机理研究［J］. 北京理工大学学报，2000，（2）：229-231.

［5］马雅枝，杨晓峰，陈玉哲，等. 纯有机室温磷光体系的构筑及应用［J］. 科学通报，2016，61（Z1）：453-466.

［6］魏亦男，李元宗，常文保，慈云祥. 荧光共振能量转移技术在生物分析中的应用［J］. 分析化学，1998，（4）：477-484.

［7］张志毅，周涛，巩伟丽，等. 荧光共振能量转移技术在生命科学中的应用及研究进展［J］. 电子显微学报，2007，（6）：620-624.

［8］何捍卫，周科，朝熊翔，等. 红外-可见光的上转换材料研究进展［J］. 中国稀土学报，2003，（2）：123-128.

［9］杨建虎. 稀土离子的上转换发光及研究进展［J］. 物理学进展，2003，（3）：284-298.

［10］赵谡玲. 稀土离子上转换发光的研究［J］. 半导体光电，2000，（4）：241-244.

［11］谢娟. 稀土上转换发光纳米材料的设计、合成、生长机理及光学性质研究［D］. 南京：南京师范大学，2017.

［12］雷虹，黄振立，汪河洲. 有机材料的双光子吸收物理特性及其应用［J］. 物理，2003，（1）：19-26.

［13］陈红旗. 基于稀土发光纳米粒子荧光能量转移分析新方法研究［D］. 上海：上海交通大学，2012.

［14］吴长锋. TiO_2：Mo 体系的光子雪崩上转换［J］. 物理学报，2003，（6）：1540-1544.

［15］陈学元，罗遵度. 光子雪崩上转换的四能级模型［J］. 光学学报，2000，（1）：19-23.

［16］阳效良. 稀土掺杂能量上转换效率及机制的研究［D］. 湘潭大学，2001.

［17］李晓舟. 化学发光体系的研究与应用［D］. 长春：吉林大学，2006.

［18］尹东光，贺佑丰，刘一兵，等. 几种主要化学发光物质的发光性能及其化学发光免疫分析体系［J］. 标记免疫分析与临床，2002，（4）：225-230.

［19］ARMSTRONG C M, RUTH L E, CAPOBIANCO J A, et al. Detection of Shiga Toxin 2 Produced by Escherichia coli in Foods Using a Novel AlphaLISA［J］. TOXINS, 2018, 10 (11).

［20］EGLEN R M, REISINE T, ROBY P, et al. The use of AlphaScreen technology in HTS：current status［J］. Current chemical genomics, 2008, 1：2-10.

［21］MA Q, WANG J, LI Z, et al. Recent Progress in Time-Resolved Biosensing and Bioimaging Based on Lanthanide-Doped Nanoparticles［J］. Small, 2019, 15 (32)：1804969.

[22] ZHANG K Y, YU Q, WEI H, et al. Long-Lived Emissive Probes for Time-Resolved Photolumi-nescence Bioimaging and Biosensing [J]. Chemical Reviews, 2018, 118 (4): 1770-1839.

[23] ZHENG W, ZHOU S, CHEN Z, et al. Sub-10nm Lanthanide-Doped CaF2 Nanoprobes for Time-Resolved Luminescent Biodetection [J]. Angewandte Chemie International Edition, 2013, 52 (26): 6671-6676.

[24] WANG M, YE H, YOU L, et al. A Supramolecular Sensor Array Using Lanthanide-Doped Nanoparticles for Sensitive Detection of Glyphosate and Proteins [J]. ACS Applied Materials & Interfaces, 2016, 8 (1): 574-581.

[25] XIAO M, SELVIN P R. Quantum Yields of Luminescent Lanthanide Chelates and Far-Red Dyes Measured by Resonance Energy Transfer [J]. Journal of the American Chemical Society, 2001, 123 (29): 7067-7073.

[26] CHEN Y, CHI Y, WEN H, et al. Sensitized Luminescent Terbium Nanoparticles: Preparation and Time-Resolved Fluorescence Assay for DNA [J]. Analytical Chemistry, 2007, 79 (3): 960-965.

[27] YANG W, FU L M, WEN X, et al. Nanoprobes for two-photon excitation time-resolved imaging of living animals: In situ analysis of tumor-targeting dynamics of nanocarriers [J]. BIOMATE-RIALS, 2016, 100: 152-161.

[28] ZHOU J, YANG Y, ZHANG C-Y. Toward Biocompatible Semiconductor Quantum Dots: From Biosynthesis and Bioconjugation to Biomedical Application [J]. Chemical Reviews, 2015, 115 (21): 11669-11717.

[29] MA G. Background-Free In vivo Time Domain Optical Molecular Imaging Using Colloidal Quan-tum Dots [J]. ACS Applied Materials & Interfaces, 2013, 5 (8): 2835-2844.

[30] CHEN C, ZHANG P F, GAO G H, et al. Near-Infrared-Emitting Two-Dimensional Codes Based on Lattice-Strained Core/ (Doped) Shell Quantum Dots with Long Fluorescence Lifetime [J]. ADVANCED MATERIALS, 2014, 26 (36): 6313-6317.

[31] CHEN Z H, LIANG R L, GUO X X, et al. Simultaneous quantitation of cytokeratin-19 fragment and carcinoembryonic antigen in human serum via quantum dot-doped nanoparticles [J]. BIOSENSORS & BIOELECTRONICS, 2017, 91: 60-65.

[32] PAN Z, LU Y-Y, LIU F. Sunlight-activated long-persistent luminescence in the near-infrared from Cr^{3+} doped zinc gallogermanates [J]. Nature Materials, 2012, 11 (1): 58-63.

[33] CHEN L-J, SUN S-K, WANG Y, et al. Activatable Multifunctional Persistent Luminescence Nanoparticle/Copper Sulfide Nanoprobe for in Vivo Luminescence Imaging-Guided Photothermal Therapy [J]. ACS Applied Materials & Interfaces, 2016, 8 (48): 32667-32674.

[34] SHI H, SONG L, MA H, et al. Highly Efficient Ultralong Organic Phosphorescence through In-tramolecular-Space Heavy-Atom Effect [J]. The Journal of Physical Chemistry Letters, 2019, 10 (3): 595-600.

[35] XIE Z, ZHANG X, WANG H, et al. Wide-range lifetime-tunable and responsive ultralong or-

ganic phosphorescent multi-host/guest system [J]. Nature Communications, 2021, 12 (1): 3522.

[36] LI M, LING K, SHI H, et al. Prolonging Ultralong Organic Phosphorescence Lifetime to 2. 5 s through Confining Rotation in Molecular Rotor [J]. Advanced Optical Materials, 2019, 7 (10): 1800820.

[37] YOU Y, HUANG K, LIU X, et al. Hydrophilic Ultralong Organic Nanophosphors [J]. Small, 2020, 16 (8): 1906733.

[38] NICOL A, KWOK R T K, CHEN C, et al. Ultrafast Delivery of Aggregation-Induced Emission Nanoparticles and Pure Organic Phosphorescent Nanocrystals by Saponin Encapsulation [J]. Journal of the American Chemical Society, 2017, 139 (41): 14792-14799.

[39] AN H, GUO C, LI D, et al. Hydrogen Peroxide-Activatable Nanoparticles for Luminescence Imaging and In Situ Triggerable Photodynamic Therapy of Cancer [J]. ACS Applied Materials & Interfaces, 2020, 12 (15): 17230-17243.

[40] XU X, AN H, ZHANG D, et al. A self-illuminating nanoparticle for inflammation imaging and cancer therapy [J]. Science Advances, 5 (1): eaat2953.

[41] SINGH A, SEO Y H, LIM C-K, et al. Biolighted Nanotorch Capable of Systemic Self-Delivery and Diagnostic Imaging [J]. ACS Nano, 2015, 9 (10): 9906-9911.

[42] LIU X, FAN N, WU L, et al. Lighting up alkaline phosphatase in drug-induced liver injury using a new chemiluminescence resonance energy transfer nanoprobe [J]. Chemical Communications, 2018, 54 (88): 12479-12482.

[43] SU X, WEN Y, YUAN W, et al. Lifetime-based nanothermometry in vivo with ultra-long-lived luminescence [J]. Chemical Communications, 2020, 56 (73): 10694-10697.

[44] SUN L D, DONG H, ZHANG P Z, et al. Upconversion of Rare Earth Nanomaterials [J]. Annual Review of Physical Chemistry, 2015, 66 (1): 619-642.

[45] CHEN C, LI C, SHI Z. Current Advances in Lanthanide-Doped Upconversion Nanostructures for Detection and Bioapplication [J]. Advanced Science, 2016, 3 (10): 1600029.

[46] JIE X, YANG H, SU Y, et al. Time-Resolved Monitoring of Intracellular Processes with a Cyclical On-Off Photoswitchable Nanoprobe [J]. ACS Sensors, 2020, 5 (1): 40-49.

[47] LOU J, TANG X, ZHANG H, et al. Chemiluminescence Resonance Energy Transfer Efficiency and Donor-Acceptor Distance: from Qualitative to Quantitative [J]. Angewandte Chemie International Edition, 2021, 60 (23): 13029-13034.

[48] RUSANEN J, KAREINEN L, SZIROVICZA L, et al. A Generic, Scalable, and Rapid Time-Resolved Förster Resonance Energy Transfer-Based Assay for Antigen Detection—SARS-CoV-2 as a Proof of Concept [J]. mBio, 12 (3): e00902-00921.

[49] ROSEBROCK M, ZáMBó D, RUSCH P, et al. Spatial Extent of Fluorescence Quenching in Mixed Semiconductor-Metal Nanoparticle Gel Networks [J]. Advanced Functional Materials, 2021, 31 (41): 2101628.

[50] LEI Q F, ZHAO L L, YE S X, et al. Rapid and quantitative detection of urinary Cyfra21-1 using fluorescent nanosphere-based immunochromatographic test strip for diagnosis and prognostic monitoring of bladder cancer [J]. ARTIFICIAL CELLS NANOMEDICINE AND BIO-TECHNOLOGY, 2019, 47 (1): 4266-4272.

[51] 吴震, 宗婧, 李晨曦, 等. 基于光激化学发光均相免疫检测技术的黄曲霉毒素检测方法研究 [J]. 光学技术, 2019, 45 (01): 117-123.

第 5 章　磁性纳米颗粒在传感检测中的应用

5.1　磁性纳米颗粒简介

5.1.1　磁性纳米颗粒概述

纳米科学技术是用单个原子、分子制造物质的科学技术，是现代科学最重要的研究领域之一。研究人员使用纳米科学技术实现了生命科学和医疗保健等领域的重要发展，对人类社会产生了深远的影响。纳米颗粒是指直径在 1 ~ 100nm 之间的粒子，1959 年诺贝尔奖获得者查理德·费曼首次提出了纳米的概念，随后研究人员们开始了对纳米颗粒的研究，1984 年德国科学家 Gleiter 等人首次使用惰性气体凝聚法成功研制出铁纳米颗粒，标志着纳米科学技术的正式诞生。随着纳米科学技术的发展，纳米材料，特别是磁性纳米颗粒（Magnetic Nanoparticles，MNP）引起了人们极大的研究兴趣，MNP 是一种新型的纳米磁性材料，不但具有普通纳米颗粒的四个效应（表面效应、量子尺寸效应、小尺寸效应和宏观量子隧道效应），还具有特殊的磁学性质，如超顺磁性、高矫顽力、低居里温度与高磁化率等特性。已经成功应用于磁共振成像、药物和基因传递、癌症治疗、生物物质分离、细胞标记和成像等方面。

近年来，在精确控制条件下合成的 MNP 具有可控的物理化学性质，已被应用于生物传感器中，在与电化学、光学、压电、磁学等器件的结合应用中，生物传感器的灵敏度和稳定性得到了显著提高，还缩短了生化反应时间，增加了检测通量，为生物传感器领域开辟了广阔的前景。

5.1.2　磁性纳米颗粒的传感特性

MNP 的磁学性质对其传感应用的性能具有直接的影响，通常，当具有高饱和磁化强度、超顺磁性、稳定的磁性和表面性能时，MNP 会表现出最佳的性能。在基于 MNP 的传感检测应用中，具有高饱和磁化强度的 MNP 能够对外加磁场产生强烈的响应，具有高磁化率，可以改善被迅速磁化而产生的磁泳现象，这个特性可以用于磁性富集和快速收集分析物，提升传感器灵敏度缩短响应时间。

MNP 的超顺磁性表现为能够被外加磁场磁化，撤去外加磁场后，磁性同时消失。MNP 被应用在传感器上时，它们的稳定性往往会受到影响。因为制备 MNP 的氧化铁纳米材料具有不同的磁性和氧化还原特性。在生物系统中存在许多氧化还原物质，它们可以与 MNP 反应形成不同的氧化铁形式并产生有毒的副产物，磁的性能会表现不佳，并且在结构上很容易分散，从而降低饱和磁化强度和均匀性。因此在 MNP 的传感检测应用中，如何获得具有高饱和磁化强度、超顺磁性、稳定的磁性和表面性能至关重要，而这些性能往往受到 MNP 结构性质的影响。为了优化性能，通常需要可精确调整尺寸、形状、结晶度和功能化的 MNP。超顺磁 MNP 的磁性对 MNP 的尺寸、形状和结晶度的变化非常敏感。这是因为超顺磁弛豫时间 τ 依赖于材料的固有弛豫能力 τ_0，并且与磁晶各向异性（K_1）和纳米颗粒体积（V）呈指数关系，如 Arrhenius 动力学式所示。

$$\tau = \tau_0 e^{(-K_1 V/kT)} \tag{5-1}$$

因此在制备 MNP 时，应考虑 MNP 的结构，以确保在传感检测应用中具有最佳的磁性能，下面主要对在不同传感检测应用中影响 MNP 性能的结构特征进行介绍。

5.1.3 影响磁性能的结构特征

1. 均匀性

随着异构细胞分析和单分子传感的出现，在使用基于 MNP 的电化学、光学或磁学传感器件检测应用中所产生的信号变化都应来自于被分析样品内部的变化，而非来自非均匀 MNP 的变化特性。因此需要保证 MNP 具有相同的磁性、电学、光学和表面性质才能更加准确地实现定量检测，尤其是在接近单分子检测极限时。

MNP 的均匀性是提升传感器性能的重要指标，在日常使用的多分散 MNP 样品中既包含了饱和磁化强度低于预期的小颗粒，也包含了因不可逆磁化造成聚集的大颗粒，这种不均匀性会对传感器的性能造成很大的影响，在一项磁粒子成像（Magnetic Particle Imaging，MPI）应用中，其中检测的信号是由每个 MNP 的饱和磁化强度值所产生的，实验表明具有纯净的单晶磁铁矿晶体和 5% 尺寸差异的 MNP 要比多分散和多晶颗粒具有更高的信号强度、空间分辨率以及更长的血液半衰期。因此，为了获得具有均匀磁性的 MNP，关键在于使用单晶、尺寸和形状均匀单分散的 MNP。

2. 结晶度

MNP 的结晶度对其在传感检测的应用中具有重要的意义，例如，在依赖于每个 MNP 磁矩大小的成像技术中，由于多晶 MNP 反相和晶界的存在会导致单个磁矩矢量在比较弱的外加磁场下不能相加，从而影响信号强度。使用单晶

MNP 便能很好地解决这个问题，在低于超顺磁性临界尺寸的单晶 MNP 中，所有的磁矩在一个方向上排列并线性相加，形成一个单畴，这样即使在微弱的外部磁场作用下，也能使单个 MNP 的饱和磁化强度最大化，提升传感器的灵敏度。因此在实际的应用中，根据应用场景对 MNP 结晶度的不同需求，制备合适的 MNP，对于提升传感器的检测性能起到关键性作用。

3. 尺寸

对于需要利用 MNP 超顺磁特性的应用，如磁共振成像（Magnetic Resonance Imaging，MRI），MNP 需要在一个临界尺寸下产生单个超顺磁畴。因为如果 MNP 的大小在临界尺寸以上，那么当移除外部磁场时会因磁畴太大而被永久磁化。然而，如果需要产生较大的磁性信号或者提高响应速度，则又需要保证 MNP 处于临界尺寸之下，并达到尺寸的最大化。因此，对样品中每个 MNP 的尺寸进行精细控制是至关重要的。

在式（5-1）中可以看到，除了超顺磁弛豫时间与纳米颗粒的体积呈指数关系外，MNP 尺寸的微小变化也会显著改变样品中的饱和磁化强度和矫顽力。Thanh 及其同事的一项研究中将 Co 铁氧体的尺寸从 7.5nm 增加到 10.6nm，导致饱和磁化强度从 51emu/g 大幅增加到 64emu⊖/g。通过对 MNP 尺寸的精确控制合成可以实现饱和磁化强度的大幅提高。例如，通过逐步增加铁核氧化壳纳米颗粒的尺寸，Tilley 和同事精确地将直径从 10nm 增加到 11~13nm。由于每种尺寸的 MNP 都具有高度的均匀性，所以样本中每个 MNP 基本上都具有相同的强磁响应，使得饱和磁化强度从 104emu/g 增加到 117~176emu/g 的同时仍然保留着超顺磁的特性。由于传感器中应用 MNP 的目标通常是在保持超顺磁性的同时最大化饱和磁化强度，因此 MNP 尺寸需要精确匹配临界尺寸。为了实现这一目标，在合成过程中必须对 MNP 的结构进行精细控制。

5.1.4　磁性纳米颗粒的合成方法

由于 MNP 的性质很大程度上取决于其结构特性，因此必须对其合成和制备进行设计，从而获得具有适当物理化学性质的颗粒。通常，MNP 可分为纯金属氧化物和磁性纳米复合材料。在生物医学领域最常用的 MNP 是 Fe、Co、Ti、Ni 合金和氧化铁，铁氧体（$BaFe_{12}O_{19}$、$CoFe_2O_4$）等。MNP 有一系列独特而优越的物理和化学性质。随着合成技术的发展，在过去的几十年里，许多研究都致力于 MNP 的合成，已成功生产出一系列形状可控、稳定性好、单分散的 MNP。MNP 的制备方法有物理法、生物法以及化学法。物理法以机械球磨法为代表，制得的纳米颗粒尺寸分布较宽，一般不适用于生物传感器的研制。与物理法相

⊖　emu 为 CGS 单位体系中的电磁系电量单位，其大小为 MKS 单位体系中电量单位 C 的十倍。

比，生物法制备的纳米颗粒体现出更加明显的优势，尤其是在生物相容性方面。但该方法所依赖的细菌培养较为困难，颗粒提取过程十分繁琐，因此目前 MNP 的制备主要依赖于化学方法。几种比较常用的化学合成方法包括共沉淀法、热分解法、微乳液法、水热合成法等，都可以用于高质量 MNP 的合成。下面主要针对以上四种方法进行详细介绍。

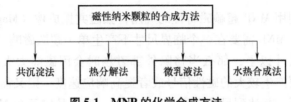

图 5-1　MNP 的化学合成方法

1. 共沉淀法

共沉淀法是一种在一定条件下通过水溶液中同时水解不同价离子的方式实现 MNP 制备的方法。它是制备各种磁性氧化物纳米颗粒的常用方法。MNP 的大小、形状和组成在很大程度上取决于所使用的盐的类型（如氯化物、硫酸盐、硝酸盐）、Fe^{2+}/Fe^{3+} 的比例、反应温度、pH 值和介质的离子强度。通过这种合成方法，在合成条件固定的情况下，MNP 的性能是完全可控并且可重现的。磁赤铁矿是一种铁磁体，容易被氧化，磁铁矿颗粒在正常环境条件下不是很稳定，很容易被氧化成磁赤铁矿或溶解在酸性介质中，因此，可以刻意地将磁铁矿颗粒分散在酸性介质中，然后加入硝酸铁将其氧化成磁赤铁矿颗粒，所获得的磁赤铁矿颗粒在碱性和酸性介质中具有较强的化学稳定性。然而，即使磁铁矿颗粒最初形成后转化为磁赤铁矿具有较强的稳定性，通过共沉淀法合成 MNP 的挑战在于控制颗粒的尺寸以实现较窄的粒径分布。通过共沉淀法制备的颗粒往往是比较分散的。众所周知，成核的短爆发和随后的缓慢受控生长是产生单分散粒子的关键。因此，控制这些过程对于制备单分散的 MNP 至关重要。

近年来，通过共沉淀法利用有机添加剂作为稳定剂或还原剂来制备不同尺寸的单分散 MNP 的研究取得了重大的进展。例如，有研究表明尺寸为 4~10nm 的磁铁矿纳米颗粒可以稳定存在于 1wt% 的聚乙烯醇（Polyvinyl Alcohol, PVA）水溶液中。而当以含 0.1mol% 羧基的 PVA 作为稳定剂时，会析出以链状团簇形式的磁铁矿纳米颗粒。这一结果表明，选择合适的表面活性剂是稳定这类颗粒的关键。在碱性介质中，在柠檬酸三钠盐的存在下，磁铁矿可以通过在 90℃ 温度下与硝酸铁参加氧化反应 30min 制备出尺寸可调的磁赤铁矿纳米颗粒。通过调节柠檬酸盐离子与金属离子（Fe^{2+} 和 Fe^{3+}）的摩尔比，可将其粒径控制在 2~8nm。

采用共沉淀法合成 MNP 的优点在于反应原理简单、设备及原料相对廉价、适合批量生产。并且这种方法合成的纳米颗粒可以直接溶于水中，不需要后期的表面功能化。但其通常很难获得结晶度很好的单分散胶体，而且在制备过程中需要考虑的影响 MNP 粒径和磁学性能的因素较多，工艺参数需要严格进行控制，这限制了其在各个领域的进一步应用。

2. 热分解法

受到在非水介质中通过热分解合成高质量半导体纳米晶体和氧化物的启发，类似的控制颗粒尺寸和形状的磁性颗粒的合成方法也被开发出来，这便是热分解法，即一种通过在高沸点有机溶剂中加热分解有机金属化合物来制备纳米颗粒的方法。该方法所使用的有机金属的前驱体包括金属乙酰丙酮酸盐 $[M(\text{acac})_n]$ [其中 M = Fe，Mn，Co，Ni，Cr；n = 2 或 3；acac = 乙酰丙酮)、金属铜铁酸盐 $[M^x \text{Cup}_x]$ [其中 M = 金属离子；Cup = N-亚硝基苯基羟胺，$C_6H_5N(NO)O$-] 或羰基。脂肪酸、油酸和十六胺经常被用作为表面活性剂。有机金属化合物、表面活性剂和溶剂的比例是控制 MNP 尺寸和形貌的决定性参数。反应温度、反应时间和老化周期对 MNP 尺寸和形貌的精确控制也至关重要。

如果前驱体中的金属是零价的，比如五羰基铁，则通过热分解最初会形成金属，通过将温度控制在 100℃，将其在辛醚和油酸的混合物中分解，随后在高温下加入轻度氧化剂三甲胺氧化物 $(CH_3)_3NO$，可以形成单分散的 γ-Fe_2O_3 纳米晶体，其尺寸约为 13nm。当 $Fe(\text{acac})_3$ 在苯酚醚中被 1, 2-十六烷二醇、油酸和油酸分解时，具有阳离子金属中心的前驱体分解直接生成 Fe_3O_4。Peng 和其同事分享了一种基于非水溶液中金属脂肪酸盐的热分解合成尺寸和形状可控的磁性氧化物纳米晶体的通用分解方法。该反应体系一般由金属脂肪酸盐、相应的脂肪酸（癸酸、月桂酸、肉豆油酸、棕榈酸、油酸、硬脂酸）、烃类溶剂（ODE、正二十烷、四十三烷或 ODE 和四十二烷的混合物）和活化试剂组成。可以合成几乎单分散的 Fe_3O_4 纳米晶体，其尺寸在 3~50nm 范围内可调，且形状可控，如图 5-2 所示。该方法也被成功地应用于其他磁性纳米晶体的合成，如 Cr_2O_3、MnO、Co_3O_4 和 NiO。通过改变前驱体的反应活性和浓度，可以控制纳米晶体的大小和形状。通过改变脂肪酸的链长和浓度来调节反应速度。一般来说，链长越短，反应速度越快。醇类或伯胺类均可加快反应速度，降低反应温度。

Hyeon 和其同事也使用了类似的热分解方法来制备单分散的氧化铁纳米颗粒。他们使用无毒廉价的氯化铁和油酸钠原位生成油酸铁络合物，然后在 240~320℃ 的温度下，在不同的溶剂（1-十六烯、辛醚、1-十八烯、1-二十烯或三辛胺）中分解，生成的粒径范围为 5~22nm，具体粒径大小取决于分解温度和老化周期。在此合成中，老化是形成氧化铁纳米颗粒的必要步骤。所得纳米颗粒可

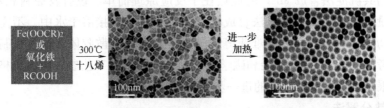

图 5-2　Fe₃O₄ 纳米晶体的形成过程（中间和右边的面板是
合成纳米晶体在不同反应时间下的 TEM 图像）

分散在各种有机溶剂中，如己烷和甲苯。五羰基铁和油酸铁配合物在不同温度下的顺序分解会生成单分散的纳米铁颗粒，粒径大小在 6~15nm 之间。上述的纳米粒子可分散在有机溶剂中。然而，水溶性 MNP 在生物技术中更受欢迎。为此，LaMer 等人展示了一种非常简单的水溶性 MNP 的合成方法。该方法以 $FeCl_3 \cdot 6H_2O$ 为铁源，以 2-吡咯烷酮为配位溶剂，在回流（245℃）条件下制备了水溶性 Fe_3O_4 纳米晶。当回流时间为 1h、10h 和 24h 时，平均粒径可分别控制在 4nm、12nm 和 60nm。随着回流时间的增加，颗粒形貌由早期的球形转变为长时间的立方形态。Hu 等人开发了一种单锅合成水溶性磁铁矿纳米颗粒的方法，该方法在类似的反应条件下，通过添加一种端基聚乙二醇作为表面包覆剂来制备。这些纳米颗粒为癌症诊断的磁共振成像造影剂提供了潜在的应用前景。

热分解方法还可用于制备金属纳米粒子。与金属氧化物相比，金属纳米粒子的优势在于其更大的磁化强度。在 170℃ 的氮气下，$Fe(CO)_5$ 和聚异丁烯存在于十氢萘中热分解合成了金属铁纳米颗粒。通过调节 $Fe(CO)_5$ 和聚异丁烯的比例，其粒径可控制在 2~10nm 范围内，多分散性约为 10%。铁纳米粒子周围的聚合物层厚度约为 7nm。然而，这些铁粒子暴露在空气中仍然很容易被氧化，这会导致颗粒尺寸轻微增加。

在热分解法合成纳米钴的过程中，纳米钴的形状和尺寸都是可控的。Alivisatos 和他的同事报道了钴纳米颗粒的合成方法，该方法通过对羰基钴前驱体的热分解来实现。Chaudret 等人描述了通过高温还原非羰基有机金属配合物合成钴纳米棒和镍纳米棒。例如，单分散铁磁钴纳米棒是 $Co(h_3\text{-}C_8H_{13})(h_4\text{-}C_8H_{12})$ 在 150℃ 的苯甲醚中，在十六烷基胺和脂肪酸（如月桂酸、辛酸或硬脂酸）的混合物存在的情况下通过 H_2 作用分解合成的。

热分解法克服了共沉淀法的不足，合成的 MNP 具有较窄的粒径分布、较好的结晶度、单分散性好、尺寸和形貌可控等特点，但到目前为止，该合成方法的成本仍相对较高，不适合大规模生产，也在一定程度上限制了其进一步应用。

3. 微乳液法

微乳液是以一种利用水（电解质水溶液）、油（碳氢化合物）和表面活性剂三元体系作为反应环境进行纳米颗粒制备的方法。这种合成方法具有较好的普适性，能通过调节表面活性剂、助表面活性剂、溶剂的量和种类，或改变反应条件合成各种类型的纳米材料，也可以通过控制微乳的大小，有效控制纳米颗粒的尺寸，这也被认为是合成 MNP 的重要方法之一。

采用微乳液技术，以正丁醇为助表面活性剂，辛烷为油相，在十六烷基三甲基溴化铵反胶束中可以合成金属钴、钴/铂合金和包金钴/铂纳米粒子。MFe_2O_4（其中 M = Mn、Co、Ni、Cu、Zn、Mg 或 Cd 等）是一种重要的磁性材料，在电子领域应用广泛。尖晶石铁氧体可以在微乳液和反胶束中合成，例如，有项研究以十二烷基苯磺酸钠（NaDBS）为表面活性剂，在甲苯水反胶束中合成了粒径在 4 ~ 15nm 左右的可控 $MnFe_2O_4$ 纳米粒子。该合成方法首先在由 $Mn(NO_3)_2$ 和 $Fe(NO_3)_3$ 组成的透明水溶液中进行，将 NaDBS 水溶液加入金属盐溶液中，随后加入大量甲苯形成反胶束。水和甲苯的体积比决定了 $MnFe_2O_4$ 纳米颗粒的尺寸。Woo 等人报道了以 $FeCl_3 \cdot 6H_2O$ 为铁源，环氧丙烷为质子清除剂，在油酸和苄基醚形成的反胶束中，通过溶胶凝胶反应制备氧化铁纳米棒。在四氢化萘回流或加热过程中，可以通过改变反应温度、气氛和凝胶的水合状态来控制纳米棒的相。以十二烷基硫酸钠水溶液与氯化铁或乙酸钴溶液混合，原位生成十二烷基硫酸铁和钴，经甲胺反应制备钴铁氧体液。钴铁氧体颗粒尺寸随总反应物浓度的降低和十二烷基硫酸钠浓度的增加而减小。粒子的平均尺寸可以从 2~5nm，但这种合成方法多分散性较高，为 30% ~ 35%。

利用微乳液技术，纳米颗粒可以制备成球形，也可以制备成椭圆形截面或管状。虽然许多类型的 MNP 使用微乳液法已在可控的方式下合成，但是颗粒的大小和形状通常会在一个相对大的范围内变化。此外，与热分解和共沉淀法等其他方法相比，在微乳液中合成纳米粒子的工作窗口通常相当狭窄，且产率较低。要合成相当数量的物质，需要大量的溶剂。因此，这并不是一个非常有效的过程，也很难扩大规模。

4. 水热合成法

水热反应是在密闭体系中以水作为溶剂进行反应合成纳米颗粒的一种方法。在一定温度和水的自身压强下，密闭反应体系拥有高温高压的反应环境，化学反应即在这样的环境下发生，并最终得到所需产物。Li 等人报道了一种通过液固反应合成多种不同纳米晶体的广义水热方法，该体系由金属亚油酸盐（固体）、乙醇亚油酸液相、水乙醇溶液在不同反应温度下水热条件下组成。该方法是基于合成过程中液相、固相和溶液界面上发生的一般相转移和分离机制。以 Fe_3O_4 和

$CoFe_2O_4$ 纳米粒子为例，可以制备出非常均匀的粒径分别约为 9nm 和 12nm 的纳米粒子，如图 5-3 所示。Li 等人也报道了通过水热还原法合成单分散、亲水、单晶铁氧体微球的方法。一种由 $FeCl_3$、乙二醇、醋酸钠和聚乙二醇组成的混合物被大力搅拌形成清晰的溶液，然后密封在内衬聚四氟乙烯的不锈钢高压釜中，加热到 200℃ 并保持 8~72h。这样，得到的单分散铁素体球尺寸在 200~800nm 范围内可调。Li 等人巧妙地利用乙二醇、醋酸钠和聚乙二醇等多组分反应混合物来指导合成，乙二醇作为高沸点还原剂，用于生产单分散的金属或金属氧化物纳米颗粒，醋酸钠作为静电稳定剂用于防止颗粒团聚，聚乙二醇作为表面活性剂用于防止颗粒团聚。

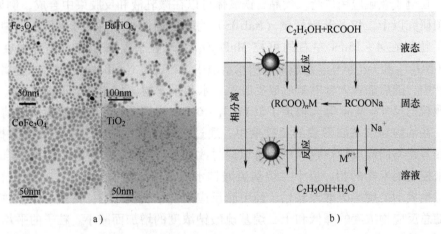

a)   b)

图 5-3 a）磁性和介电纳米晶体 TEM 图像 b）液相-固-容（LSS）相转移合成策略

表 5-1 简要总结了上述四种合成方法的优缺点。从合成简便的角度来看，共沉淀法是较好的合成方法。在纳米粒子的尺寸和形貌控制方面，热分解法是目前发展起来的最好方法。作为一种替代的微乳液法也可以用来合成各种形态的单分散纳米粒子，但是这种方法需要大量的溶剂。水热合成法是一种相对较少探索的合成 MNP 的方法，尽管它可以合成高质量的纳米颗粒。迄今为止，共沉淀法和热分解法由于可以进行大规模的制备 MNP，是适合研究的最好方法。

表 5-1 各种合成方法的比较

合成方法	合成条件	温度/℃	反应时间	溶剂	尺寸分布	形貌控制	产量
共沉淀法	非常简单、周围条件	20~90	数分钟	水	较窄	不好	高
热分解法	复杂、惰性气体保护	100~380	数小时~数天	有机溶剂	很窄	很好	高
微乳液法	复杂、周围环境	20~50	数小时	有机溶剂	较窄	好	低
水热合成法	简单、高压	100~300	数小时~数天	有机溶剂/水	很窄	很好	一般

　　MNP 的合成在过去的几十年中已经取得了实质性的进展。然而，如何以可控的方式合成高质量的 MNP，以及对其合成机理的详细了解仍是未来几年需要面对的挑战。氧化物或金属 MNP 的合成通常需要使用有毒的或者昂贵的前体，反应通常在有机相中进行，温度高，稀释度高。所获得的纳米颗粒通常仅可分散在有机溶剂中，而不能分散在水相中。因此，寻找可溶于水的金属氧化物甚至可控制尺寸和形状的金属纳米颗粒的简单合成途径仍将是一个活跃的研究领域。

5.2　磁性纳米颗粒在传感检测中的应用

　　对于一些生物活性物质，如蛋白质、病毒、DNA、细菌的检测是现代生物技术发展的一个重要方向，纳米技术在生物传感器中的应用促进了生物传感器在灵敏度、信噪比、检测时间等性能指标的提升，MNP 由于其独特的物理化学特性，随着制备技术的提升被广泛应用于各个领域，在传感检测应用中，MNP 可以直接应用于传感器、集成到传感器材料中或者是分散在样品中来实现各种分析物的检测。根据不同的传感原理，基于 MNP 的传感应用主要分为电化学传感、光学传感、压电式传感和磁阻传感，下面将根据分类进行介绍和讨论，其中重点将介绍基于磁阻传感器的应用。

5.2.1　基于磁性纳米颗粒的电化学传感器

　　电化学传感器是基于电化学原理的检测装置，其作用是将化学或生物分子之间的作用转化为可以检测的电学信号（电流、电压和阻抗），电化学传感器件具有速度快、灵敏度高、成本低、易于小型化和操作等优点，在临床、环境、生物和制药等领域具有广泛的应用前景。根据其工作原理可分为安培型、电位型、伏安型、化学电阻型和电容型。一般通过将抗体、酶、组织和 DNA 生物识别元件分别固定在工作电极表面，设计出电化学免疫传感器以及酶、组织、DNA 生物传感器。为了提高电化学传感器件的灵敏度，人们尝试使用 MNP 进行信号放大。MNP 可通过与电极表面接触、将氧化还原活性物质传输到电极表面以及在电极表面形成薄膜等方式应用于电化学传感器件中。对于基于 MNP 的电化学生物传感器有几种不同的检测模式，如伏安法、安培法、电位法、电化学发光和电化学阻抗法等，这些方法主要用于分析物的检测和定量分析。其中最常用的检测方式是伏安法。图 5-4 展示的是一种基于伏安法的电化学传感器示例。

　　由于 Fe_3O_4 的超顺磁性、与抗体和酶的生物相容性以及制备的便利性等特点，它被广泛地应用于生物传感器的研制中。然而，Fe_3O_4 的磁偶极引力和其较大的表面积体积比会导致在生物溶液中聚集成簇的问题。通过功能化的 MNP 可以解决这一问题并增强生物相容性。各种功能化 MNP 已被广泛使用，如核壳 Au-Fe_3O_4、核壳 Au-Fe_3O_4@SiO_2、核壳结构 Fe_3O_4@SiO_2、Au-Fe_3O_4 复合纳米颗

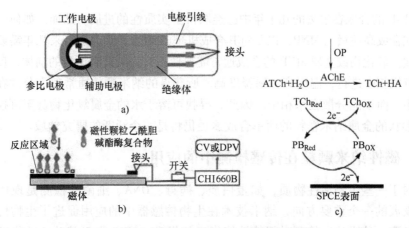

图 5-4 电化学（伏安法型）传感器示意图

a) 传感器平面示意图 b) 传感器垂直面视图 c) 应用传感器检测有机磷农药的检测原理

粒等。其中核壳结构的 $Fe_3O_4@SiO_2$ 因其有助于 MNP 在溶液中的稳定性，并增强了 MNP 表面配体的结合成为生物传感器中应用最为广泛的一种，核壳 Fe_3O_4 $@SiO_2$ 也因其具有良好的导电性、大的表面积和更多的电活性位点等特性被广泛应用于电极表面修饰，可以提供增强的质量传输，并且更容易接近活性位点，进而提高信号的分析能力和灵敏度。

碳纳米管（CNT）等碳材料由于具有较大的比表面积、化学和热稳定性、可控的纳米结构、光电性能等物理特性，也被广泛用于功能化 MNP。Arvand 等人合成了一种磁核-壳修饰的多壁碳纳米管（Multi Walled CNT，MWCNT）纳米复合物 $Fe_3O_4@SiO_2$，并用于制备测定尿酸的改性碳糊电极（$Fe_3O_4@SiO_2$/MWC-NT-CPE）。通过循环伏安法研究了 MNP 改性 CPE（$Fe_3O_4@SiO_2$/MWCNT-CPE）、未改性 CPE 和 MWCNT-CPE 的电化学传感特性。研究表明 MNP 改性 CPE 的阳极峰电流比 MWCNT-CPE 高 2.7 倍，比未改性 CPE 高 4.6 倍。与其他两种电极（MWCNT-CPE 和未改性的 CPE）相比，核壳 $Fe_3O_4@SiO_2$/MWCNT 具有快速的电子传递动力学和更大的电活性表面积，从而提高了传感器的灵敏度。Au-Fe_3O_4 复合纳米颗粒因其制备简单、比表面积大、生物相容性好、吸附能力强、导电性好等优点也被广泛应用。例如，Gan 等人使用 MNP 复合材料对丝网印刷碳电极进行了修饰。在该装置中合成了乙酰胆碱酯酶包覆的 Au-Fe_3O_4 MNP，并将其吸附在碳纳米管修饰的网印碳电极表面。该生物传感器可用于检测白菜中残留的农药乐果，其性能可与气相色谱-火焰光度检测器（GC-FPD）相媲美。此外，由于 Au-Fe_3O_4 MNP 具有超顺磁性，所以在外加磁场的作用下，该生物传感器的表面可以很容易地得到更新且具有电极集成、操作简单、样品消耗低、实验设计简单等优点，降低了制造成本。Zamfir 等人基于抗赭曲霉毒素 a 单克隆抗体-氧化铁羧基修饰的金工作电极表面 MNP 开发了一种用于检测赭曲霉毒素 a 的电化学阻抗免疫传感器。该传感器使用氧化铁羧基修饰的 MNP 进行抗赭曲霉毒素 a 单克隆抗体固定化，使电极易于再生，也降低了系统的阻抗，从而提高了其灵敏度。在这两个例子中，MNP 都集中在电极表面材料上，具有提高灵敏度和稳定性的优点，而且通过释放 MNP 并替换为新的 MNP，可以很容易地更新电极。电化学免疫传感器目前使用 MNP 作为亲和标记物或固定化载体。

　　量子点，如 CdS、CdSe 或核/壳型 ZnS/CdSe，由于量子限制效应具有光学和电子特性，使其成为提高涂有 MNP 和磁捕获探针的换能器表面灵敏度的优秀标签，在电化学应用中一直是最受关注的。Zhou 等人以磁性粒子为捕获探针，量子点为信号标签，采用三明治免疫反应策略，研制了一种用于检测 α-甲胎蛋白（AFP）的电化学免疫传感器。图 5-5 展示了磁性捕获探针 Au-Fe$_3$O$_4$／一抗 AFP 抗体（Ab1）和 CdSAu／二抗 AFP 抗体（Ab2）信号标记的制备工艺流程。Ab1 首先通过 Au-S 键固定在 Au-Fe$_3$O$_4$ 纳米球表面，将 Ab1 固定在 Au-Fe$_3$O$_4$ 表面的产物从溶液中捕获 AFP（抗原）。最后，将蛋白标记的 CdS-Au 纳米颗粒引入 AFP 暴露部分的免疫反应中。采用 Au-Fe$_3$O$_4$／Ab1／AFP／Ab2／CdS-Au 构建电化学免疫传感器。在溶液中，Fe$_3$O$_4$ MNP 修饰电极几乎没有电化学信号，而 Au-Fe$_3$O$_4$ MNP 修饰电极有轻微的信号增强。因此，与非标记系统（Au-Fe$_3$O$_4$／Ab1／AFP）相比，通过添加 CdS-Au 作为标签，免疫传感器的信号进一步增强。当使用 CdS-Au 复合膜代替 CdS 纳米颗粒时，电化学信号增加了 2.5 倍。这一增加可以归因于 Au 纳米颗粒的催化活性，提高了电导率和灵敏度。该免疫传感器在检测人血清甲胎蛋白方面的性能与 ELISA 相当，具有临床应用的潜力。

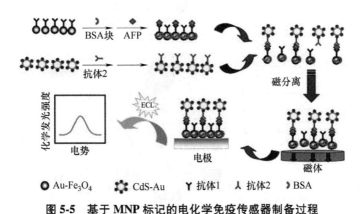

图 5-5　基于 MNP 标记的电化学免疫传感器制备过程

5.2.2　基于磁性纳米颗粒的光学传感器

　　光学传感器件具有信噪比低、干扰小、制造成本低等特点，已被应用于临床样品、环境样品和食品样品等多种分析物的检测。光学传感器件根据其检测原理主要分为荧光光谱法、干涉光谱法、反射光谱法、化学光谱法和散射光谱法。其中基于化学光谱法的传感器件通常需要增强发射强度来提高应用的选择性。为了克服这种缺点，MNP 可以在化学光谱检测中作为催化剂、生物分子载体和分离工具来提升信号响应。在基于 MNP 的光学器件中，一般采用的检测模式为表面等离子体共振（Surface Plasma Resonance，SPR）和荧光光谱。如 Wang 等人研究了一种 SPR 技术与 MNP 测定相结合的免疫传感器，用于检测和操纵 β 人绒毛膜促性腺激素（β-hCG）。如图 5-6 所示，该方法基于光栅耦合 SPR 传感器芯片，芯片由识别目标分析物（β-hCG）的抗体功能化。MNP 与抗体偶联形成 MNP-抗体复合物，通过使用磁场来捕获传感器表面复合物折射率的变化，同时 MNP 也可作为在传感器表面快速传递分析物的载体，从而增强 SPR 传感器的响应。利用磁场捕获传感器表面的 MNP 抗体分析物与直接探测的常规 SPR 相比，使用 MNP 并通过施加磁场在传感器表面收集的灵敏度有了很大的提升。这种增强是由于 MNP 具有更大的质量和更高的折射率。在对病毒或细菌病原体等分析物进行分析时，其可以克服 SPR 生物传感器技术由于扩散而导致的传感器表面质量传递受到强烈阻碍以致灵敏度低的问题。

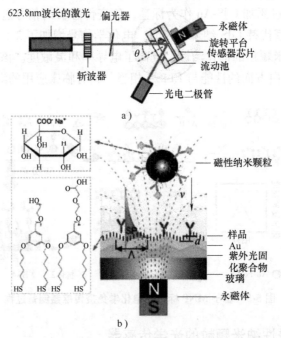

图 5-6　a）光学传感器装置　b）MNP 增强光栅耦合 SPR 传感器芯片

与荧光强度相关的分析信号也可以使用 MNP（如 Fe_3O_4）来增强。Agrawal 等人研制了一种具有环状微通道的用于检测大肠杆菌的微流控免疫传感器芯片。该方法首先将 Fe_3O_4 MNP 与抗体结合，然后在微通道中捕获抗原。在反向磁流的影响下，捕获的 MNP 在检测位点形成堆状结构，增加了抗原在捕获位点的保留时间和抗原的捕获效率，从而增强了荧光信号的强度。

5.2.3 基于磁性纳米颗粒的压电式传感器

压电传感器件主要是由石英晶体微天平（Quartz Crystal Microbalance，QCM）和声表面波（Surface Acoustic Wave，SAW）组成的。QCM 是一个石英晶体圆盘，圆盘两侧各有金属电极，在电场的影响下产生振动，振动的频率取决于圆盘的切割和厚度。QCM 利用了石英晶体谐振器的压电特性，将石英晶体电极表面质量变化转变为石英晶体振荡电路输出电信号的频率变化。QCM 压电传感器件具有体积小、功能大、价格低廉等特点，能够对极微小的质量变化做出快速反应。但是这些器件的缺点是随着表面积与体积比的增加，由于不稳定会导致尺寸减小，从而导致噪声的增加。同时 QCM 容易受到大气湿度的干扰，难以用于测定溶液中的分析物。具有压电特性的 MNP 因其提供了一种特殊的传导机制，可以很容易地消除这些问题。Zhou 等人研制了一种检测血清 C 反应蛋白（C-reactive Protein，CRP）的 QCM 免疫传感器。夹心式的免疫反应由初级 CRP 抗体（MNs-CRPAbl）标记的捕获探针（二氧化硅涂覆的磁性 Fe_3O_4 纳米颗粒，$Fe_3O_4@SiO_2$）、CRP 和信号标签（AuNP-HRP/HRP-CRP Ab2）构成。含有 MNP（MN-CRPAb1）的捕获探针由于电极表面的磁分离和固定增强了分析信号。此外，用于标记 CRP Abl 的磁珠（$Fe_3O_4@SiO_2$）具有单分散尺寸分布和缀合物容易制备标记的优点。实验结果表明在人血清的 CRP 检测中，QCM 免疫传感器的性能与 ELISA 方法相当。

5.2.4 基于磁性纳米颗粒的磁阻传感器

磁阻（Magnetic Resistance，MR）是指材料的电阻随外加磁场的变化而变化。磁电阻传感器最早用于提高硬盘存储效率。自 20 世纪 90 年代末以来，磁电子技术成为生物传感器发展的热门研究课题之一，其在生物标志物检测进一步应用中出现并发展起来。大多数磁电子材料存在体积大、灵敏度低、功耗大的局限性，然而，这些限制可以通过使用基于 MR 的传感器来克服。通过结合 MNP 标签和基于磁电阻的传感器，现有的磁电子检测方法得到了很好的扩展，更好地满足了当下的需求。

1. 磁阻检测技术

磁阻效应是磁阻材料在外加磁场作用下电阻值发生变化的一种现象，开尔文在 1857 年完成了对磁电阻的第一次测量，并通过下面的方程对其进行了数学量化：

$$MR = \frac{\Delta\rho}{\rho} = \frac{R_{max} - R_{min}}{R_{min}} \tag{5-2}$$

其中，ρ 为材料的电阻率，R_{max} 和 R_{min} 分别为材料在饱和磁场和零磁场作用下的电阻。通过改变外加磁场来改变磁阻材料的电阻，进而实现定量检测。下面针对各向异性磁阻（Anisotropic magnetoresistance，AMR）、巨磁阻（Giant magneto-resistance，GMR）、穿隧磁阻（Tunneling magnetoresistance，TMR）这三种磁阻的基本原理进行介绍，图 5-7 展示的是三种磁阻的工作原理及设计方案。

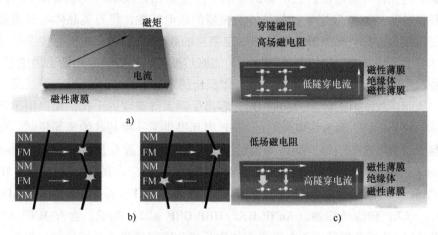

图 5-7 三种磁阻的工作原理及设计方案
a) AMR b) GMR c) TMR

（1）AMR 铁磁性金属及其合金具有 AMR 效应，即电阻率随外加磁场方向与外加电流方向夹角的变化而变化，其微观机制是基于自旋-轨道耦合和自旋散射的各向异性。自旋-轨道耦合是指电子的轨道运动对其自旋取向的影响。当电子绕原子核运动时，就形成了电流环。在电流回路产生的磁场作用下，电子的自旋取向会受到影响。在室温下，常规 Fe、Co 和 Ni 金属的 AMR 值一般为 0.2%~2%，而 NiFe 和 NiCo 金属的 AMR 值为 4%~7%。虽然 AMR 的价值很小，但它在磁电子学的早期发展中发挥了不可或缺的作用。

（2）GMR 由 Albert Fert 和 Peter Grunberg 在 20 世纪 80 年代末发现的 GMR 效应，是通过由交替铁磁层和非磁层组成的交换耦合多层堆叠实现的。GMR 的物理起源是由于电子的自旋方向与材料的磁化方向相反，导致电子的散射影响通过电子的数量。在铁磁材料中，导电电子的自旋方向只有两个，即上自旋和下自旋。在两层铁磁材料磁化方向相反的情况下，不同自旋方向的电子很难通过，从而会产生较大的阻力。GMR 传感器出现较晚，具有与 AMR 相同的优良性能，但磁电阻率较高（典型的 GMR 可以比 AMR 高出一个数量级），这扩大了测量范围和应用面，相比于 AMR 具有更强的竞争力。

虽然交换耦合多层堆叠结构可以表现出较大的磁阻效应，但是较高的饱和磁场会导致其磁场灵敏度较低，限制了其在实际器件中的应用。自旋阀传感器是一种比交换耦合 GMR 堆栈更为先进的 GMR 传感器。所谓自旋阀结构就是在两种铁磁金属之间存在一层非铁磁导电层，从而打破了磁场条件对 GMR 材料应用的约束。自由层是一种软磁材料，在较低的外部磁场下可以明显改变磁化方向，从而影响电子的自旋状态。非铁磁隔离层的作用是消除两个铁磁层之间的耦合效应。目前，自旋阀结构的读头已成为计算机硬盘驱动器的主流。随着生物标志物检测要求的提高，GMR 由于成本低、可靠性高、灵敏度高等优点，在 POCT 技术中得到了广泛的应用和研究。

（3）TMR　TMR 的机制是自旋依赖的隧穿效应。TMR 传感器在结构上与自旋阀传感器相似，但用绝缘氧化物（通常为 Al_2O_3 或 MgO）代替非磁性导电层。量子力学中电子的波粒二象性为电子通过绝缘势垒提供了基础。通过外部磁场改变两层铁磁层的磁化方向，可以控制垂直于绝缘势垒的隧穿电流（电阻）的值。在磁隧穿结（Magnetic Tunneling Junction，MTJ）中，两个铁磁层之间基本没有交换耦合，因此只需很小的外部磁场就可以达到 TMR 最大值，这使得其磁场灵敏度非常高。1975 年，Julliere 首次在 4.2K 时磁电电阻达到 14% 的 Fe/Ge-O/Co 体系中观察到 TMR 效应，并给出了现象模型来解释。但低温条件和较低的 TMR 值限制了其应用。1995 年，Miyazaki 等人发现非晶态氧化铝屏障材料在室温下的隧道电阻值高达 18%，这迅速引起了研究人员对 TMR 效应的研究兴趣。与 GMR 结构的平面内电流模式相比，MTJ 结构中的电流垂直于膜表面，这也使得结的尺寸对电阻有很大的影响。TMR 传感器通常具有较高的磁电阻值，特别适用于低磁场的应用，因此在磁随机存储器、自旋隧道读头和生物医学等领域具有广阔的应用前景。

2. 基于磁阻传感的典型应用

基于磁阻传感的检测技术具有信噪比高、集成度高、元器件便宜等特点，在生物医学诊断、食品安全、环境监测等领域具有广阔的应用前景。磁微阵列改编自传统光学微阵列的格式，是磁传感方案在生物标志物检测方面的一项开创性进展。如图 5-8a 所示，增加传感器的数量，同时保持整体较小的阵列是传感阵列带来的优势。此外，惠斯通电桥是一种能精确测量电阻的仪器。通过在惠斯通电桥元件上制造两个 MR 传感器，可以检测整个电路的输出，从而提高灵敏度。这些概念的引入进一步加强了磁阻传感器应用的发展。下面综述磁阻传感器在生物医学诊断、食品安全检测以及环境监测方面的应用进展。

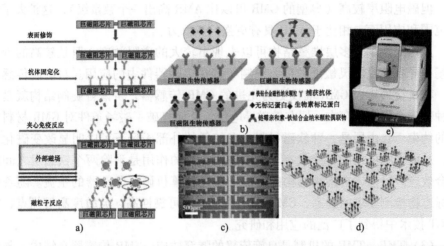

图 5-8 a）基于 GMR 的免疫分析方法 b）三层竞争检测方案 c）8×8 阵列芯片传感器图像 d）芯片上多个蛋白质阵列示意图 e）由墨盒、阅读器、智能手机组成的特诊诊断平台

（1）基于磁阻传感器的生物医学诊断 很多的疾病具有较长的潜伏期，因此，早期准确的诊断有助于疾病的治疗。磁共振成像的高灵敏度和低成本的特性使其成为生物医学诊断的理想方案。在早期，许多研究人员致力于 MR 传感器用于生物医学诊断的概念验证。然而，用于生物医学传感的 MR 技术还存在一些问题，实际的现场设备不能满足复杂的样品附加处理步骤（需要满足血液、尿液、汗液等复杂样品直接分析）的要求。Srinivasan 等人提出了一种三层竞争性分析方法，如图 5-8b 所示，并使用 GMR 传感器对未加工的人类尿液样本中的内啡肽进行量化。该三层竞争方案首先利用捕获抗体修饰 GMR 传感器表面，然后将标记和未标记的内啡肽与传感器表面混合，通过竞争捕获抗体。该系统检测特异性高，具有三阶动态范围。此外，如图 5-8c 和 d 所示，Wang 等人在 16mm×16mm 芯片上组装了纳米级的 GMR 传感器阵列，并开发了一种灵敏的传感系统，可用于实时读取血清，直接进行多次测量。他们还证实了可以定量检测妊娠相关血浆蛋白 a（PAPP-A）、原蛋白转化酶枯草菌素/可心 9 型（PCSK9）和致瘤性抑制 2（ST2）。ST2 抗原的检出限可达到 40pg/mL，三种蛋白的动态检测范围提高了四个数量级。Krishna 等人开发了一种结合抗病毒核蛋白（NP）单克隆抗体和 MNP 的甲型流感病毒检测方法，并使用 GMR 生物传感器进行定量分析。该体系的检出限达到 1.5×10^2 $TCID_{50}/mL$。此外，如图 5-8e 所示，Choi 等人开发了一种基于 GMR 自旋阀的免疫分析特征诊断平台（EDP）系统，该系统能够在不到 15min 的时间内，通过一滴血进行多种生物标志物检测，用于免疫诊断。

同时检测人免疫球蛋白 G 和 M（IgG 和 IgM）抗体，灵敏度分别为 10ng/mL 和 50ng/mL。与标准的临床实验室不同，EDP 是便携式的，可以用于 POCT。通过与智能手机连接，电子数据处理系统将患者信息和数据上传到中心网络，大大简化了医疗工作流程。

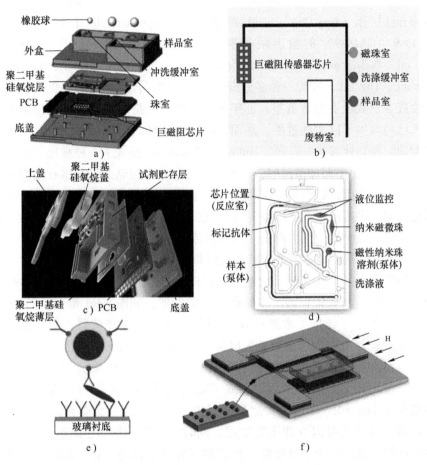

图 5-9 a）检测 d-二聚体的测试卡示意图 b）微通道系统结构 c）检测 12 种肿瘤标记物的测试卡示意图 d）GMR 传感器 e）在传感器表面捕获分析物的图片 f）微流体 GMR 传感器

微流体学是指使用微通道（大小为数十至数百微米）来处理或操纵微小流体的科学和技术。如图 5-9a 所示，Gao 等人利用集成微流体的 GMR 传感器开发了一种检测 d-二聚体作为血栓生物标志物的方法，检出限为 5ng/mL。如图 5-9b 和 c 所示，Gao 等人将微流控设备与 GMR 传感器芯片集成，开发了一种仪器，可同时检测 12 种肿瘤标志物。该设备在步进电动机的压力作用下，控制微流体的速度和方向，提高生化反应效率。其中，甲铁蛋白（AFP）、癌胚抗原（CEA）、细胞角蛋白 19 片段（CYFRA21-1）、神经元特异性烯醇化酶（NSE）、人绒毛膜促性腺激素游离 β 亚基（free β-hCG）、鳞状细胞癌（SCC）、胃蛋白酶原Ⅰ（PGⅠ）、胃蛋白酶原Ⅱ（PGⅡ）、前列腺总特异性抗原（total PSA）、游离前列腺特异性抗原（free PSA）、甲状腺球蛋白（Thyroglobulin, Tg）、碳水化合物抗原 19-9（CA19-9）的检出限分别为 0.52ng/mL、0.27ng/mL、0.25ng/mL、0.5ng/mL、0.3ng/mL、1ng/mL、0.5ng/mL、2ng/mL、0.02ng/mL、0.07ng/mL、0.3ng/mL、1ng/mL。作为一种多分析物分析系统，该集成设备降低了每次检测的单位成本，减轻了患者负担。近年来，在集成电路的基础上直接构建的微流体技术已经取得了巨大的进展。然而，集成电路和微流控芯片的组合会导致尺寸错配的问题。针对这一问题，Muluneh 和 Issadore 报告了一种集成了商业集成电路和 GMR 传感电路的微流控芯片系统。首先，采用软光刻技术在集成电路表面集成微米级的流体通道，实现高精度控制。然后，使用已经设计好的 50μm 通孔将这些聚二甲基硅氧烷（PDMS）组件连接到一个更大的 PDMS 芯片上，以完成外部连接。这种结构大大降低了微流体系统和集成电路中传感器尺寸不匹配的固有挑战，并推动了这两个领域集成到商业和实际平台中。

MEMS 代表了一种结合了微电子学和机械工程的工业技术。其工作范围在千分尺范围内，极大地促进了生物传感器的发展。如图 5-9d 和 f 所示，Sun 等人利用 MEMS 技术制作了微型 GMR 传感器。每个芯片传感器由 200 条自旋阀条串联而成，每条自旋阀条的有效电面积为 300μm×5μm。采用夹心免疫法定量检测自组装单层修饰金膜表面癌胚抗原的含量，检出限低至 10pg/mL。此外，他们使用相同的系统成功地完成了前列腺特异性抗原的非接触检测，检出限低至 0.1ng/mL。非接触式测量确保传感器不会浸入化学溶液中，免去了清洗步骤，传感器可以立即重复使用。同时，MEMS 技术使系统小型化，满足了便携性的要求，在基于分析物和标签的特异性结合的生物医学检测中具有广阔的应用前景。

免疫层析试纸（Immunochromatographic Test Strips, ICTS）是现场检测的理想工具，可以有效地量化不同样品中的分析物。如图 5-10a 所示，典型的 ICTS 由样品垫、结合垫、硝化纤维素膜、吸收垫和试纸卡壳组成。通过检测 ICTS 上功能磁信号探针产生的磁场强度，可以建立一种基于磁共振生物传感器的目标生物标志物定量检测新方法。基于 MR 的磁性 ICTS 比其他传感器提供的功能更强大，大多数生物标本，如尿液、血清和血液，缺乏可检测的磁性成分，因此几乎没有任何背景干扰。例如，Ryu 等人将 MNP 与蛋白 G 结合，固定抗心脏标志物肌钙蛋白 I（cTnI）抗体，并使用 GMR 传感器进行横向血流测量。与常规随机固定法相比，灵敏度明显提高，检出限可达 0.01ng/mL。进一步利用 GMR 传感器扫描 ICTS 表面，并通过电动机保持恒定速度，对 MNP 进行定量分析，提高了检出限，如图 5-10b 和 c 所示。此外，Chicharo 等人开发了一种具有自旋阀 GMR 的低功耗紧凑型读数平台，用于 POCT 的应用。然而，该平台扫描时会损伤试纸的表面，影响测试结果的准确性。为了解决这个问题，在另一项研究中。Lei 等人设计了一种非接触式扫描 TMR 传感器，如图 5-10e 所示，其中两个有源 TMR 元件平行排列，在垂直磁场中接近形成差分传感配置。样机具有较高的灵敏度和较强的抗干扰能力，同时提高了检测速度。检测人绒毛膜促性腺激素（HCG）时的检出限为 25mIU/mL。基于 MR 和 ICTS 的检测具有简单、快速、用户友好等特点，促进了其在医学诊断中的应用。

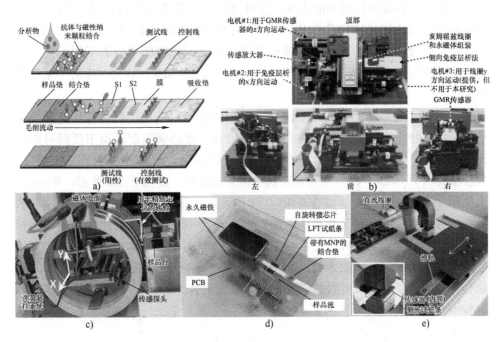

图 5-10 **a）**免疫层析试纸结构及反应原理 **b）**定量图像检测 GMR 平台
c）接触扫描 GMR 系统的总体视图 **d）**由一个微芯片和两个磁共振
传感器组成的信通技术磁探测器 **e）**非接触式扫描 TMR 传感器

（2）基于磁阻传感器的食品安全检测 食品安全日益成为一个主要公众关切的健康问题。因此，寻找一种适用于 POCT 的高灵敏度生物检测方案成为近年来一个重要的技术挑战。Wu 等人成功地将基于 TMR 的生物传感器应用于大肠杆菌 O157：H7 的检测。其检测浓度范围为 $10^5 \sim 10^{10}$ CFU/mL，检出限为 100CFU/mL，检测时间小于 5h。Mak 等人设计了 8×8 阵列，每个传感器的有效面积为 90mm×90mm 自旋阀传感器。后续的实验表明，该系统可以同时检测多种霉菌毒素［黄曲霉毒素 B1（AFB1）、玉米赤霉烯酮和 HT-2］，其中玉米赤霉烯酮的检出限为 50pg/mL，HT-2 的检出限为 333pg/mL。此外，Koets 等人利用 MNP 作为检测标签，可以在 GMR 传感器上快速、灵敏地检测食品病原体沙门氏菌的多重抗生素耐药基因，在适用于 POCT 设备的小型综合检测平台上实现了一步测量。Sharma 和他的团队演示了使用基于 MTJ 的高灵敏度生物传感平台检测致病菌的天然 DNA。由于 DNA 探针的正交性，该设备可以在一次分析中同时评估多种病原体的存在。MR 传感器作为简单、高灵敏度的检测平台，在食品安全领域的应用日趋成熟，成为食品安全检测领域不可忽视的方案。除了使用更先进的硬件来提高检测仪器的能力外，还可以结合一些优秀的机器学习算法，Nakamoto 等人提出了一种带有 GMR 元件和电感的新型食品纹理传感器。利用主成分，对反映食物纹理的食物进行波形特征分析后，将传感器分为不同的簇。此外，该传感器还利用支持向量机（Support Vector Machine，SVM）提高了系统的精度。

（3）基于磁阻传感器的环境监测　磁阻传感器也被用于环境监测。环境中的微量污染物可通过食物链在体内积累，因此，有必要控制环境中任何可能的污染和危害。汞作为自然环境中的一种重金属污染物，不断威胁着人们的健康，胸腺嘧啶（Thymine，TT）对汞离子具有高度选择性，如图 5-11a 所示，Wang 等人使用 T-Hg^{2+}-T 配位化学结合 GMR 生物传感方案来实现对 Hg^{2+} 的检测。实验表明，该方法在缓冲液和天然水体中的检出限均为 10nmol/L，对水中污染物的检测具有较大的潜力。此外，蓖麻毒素会污染水源，引起人体中毒，这也是环境监测中的主要问题。如图 5-11b 所示，Mu 等人将 TMR 敏感传感器与 ICTS 有效耦合，建立了检测蓖麻毒素的定量方法，检出限为 1ng/mL。该系统克服了检测过程中复杂环境因素干扰的影响，满足水、土壤、食品、血液等模拟样品的分析要求。

基于磁阻的传感器结合 MNP，解决了传统光信号传感器的缺点。为了完成对生物标志物的检测，目前最常用的检测方法是 GMR 效应，但 GMR 在室温下的最大电阻变化率小于 20%，这限制了对其检出限的进一步研究。TMR 的最大变化率可以超过 500%，但这会增加制造工艺的难度和成本。另一方面，与其他 POCT 检测设备相比，MR 的传感器价格昂贵，阻碍了其商业化发展。但是可以预见的是，随着磁共振传感器在生物标志物检测方面的不断发展，POCT 检测技术将逐步提升，也将极大地造福于生物医学检测、食品安全、环境监测等领域。

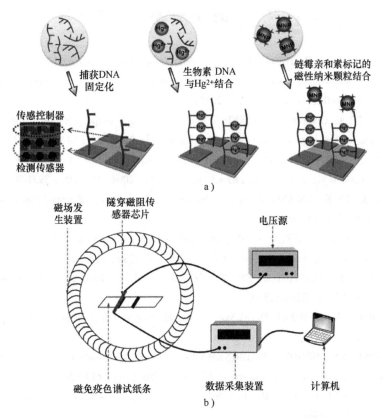

捕获DNA
固定化

生物素 DNA
与Hg²⁺结合

链霉亲和素标记的
磁性纳米颗粒结合

传感控制器

检测传感器

a)

磁场发
生装置

隧穿磁阻传
感器芯片

电压源

磁免疫色谱试纸条

数据采集装置

计算机

b)

图 5-11　a）用于 Hg²⁺检测的 GMR 传感器　b）基于免疫层析的
TMR 传感器检测平台示意图

5.3　本章总结

　　传感器的稳定性、灵敏度以及响应特性等性能既与待测物质的性质有关，同时又取决于组装和修饰界面物质的性质，纳米材料的应用显著提高了传感器检测性能，在医药、食品、环境检测等方面具有良好的应用前景，MNP 作为一种新型的纳米材料，凭借其独特的物理化学性质为传感器的开发开创了更加广阔的前景。本章主要介绍了 MNP 在传感检测中应用的相关内容，首先从 MNP 的概念、影响 MNP 性能的主要性质及主要合成方法这三个方面对 MNP 进行了深入的介绍，然后针对 MNP 在传感检测方面的应用进行详细的阐述，旨在让读者了解 MNP 在传感检测应用方面的发展现状以及今后的发展趋势。

参 考 文 献

[1] LU L T, DUNG N T, TUNG L D, et al. Synthesis of magnetic cobalt ferrite nanoparticles with controlled morphology, monodispersity and composition: the influence of solvent, surfactant, reductant and synthetic conditions [J]. 2015, 7 (46): 19596-19610.

[2] MCGRATH A, CHEONG S, HENNING A, et al. Size and shape evolution of highly magnetic iron nanoparticles from successive growth reactions [J]. 2017, 53 (84): 11548-11551.

[3] JANA N R, CHEN Y, PENG X. Size-and shape-controlled magnetic (Cr, Mn, Fe, Co, Ni) oxide nanocrystals via a simple and general approach [J]. 2004, 16 (20): 3931-3935.

[4] PARK J, AN K, HWANG Y, et al. Ultra-large-scale syntheses of monodisperse nanocrystals [J]. 2004, 3 (12): 891-895.

[5] HU F, WEI L, ZHOU Z, et al. Preparation of biocompatible magnetite nanocrystals for in vivo magnetic resonance detection of cancer [J]. 2006, 18 (19): 2553-2556.

[6] PUNTES V F, ZANCHET D, ERDONMEZ C K, et al. Synthesis of hcp-Co nanodisks [J]. 2002, 124 (43): 12874-12880.

[7] CORDENTE N, RESPAUD M, SENOCQ F, et al. Synthesis and magnetic properties of nickel nanorods [J]. 2001, 1 (10): 565-568.

[8] BNNEMANN H, BRIJOUX W, BRINKMANN R, et al. A size-selective synthesis of air stable colloidal magnetic cobalt nanoparticles [J]. 2003, 350 (14): 617-624.

[9] WOO K, LEE H J, AHN J P, et al. Sol-gel mediated synthesis of Fe_2O_3 nanorods [J]. 2003, 15 (20): 1761-1764.

[10] WANG X, ZHUANG J, PENG Q, et al. A general strategy for nanocrystal synthesis [J]. 2005, 437 (7055): 121-124.

[11] ARVAND M, HASSANNEZHAD M. Magnetic core-shell Fe_3O_4@SiO_2/MWCNT nanocomposite modified carbon paste electrode for amplified electrochemical sensing of uric acid [J]. 2014, 36 (1): 160-167.

[12] GAN N, YANG X, XIE D, et al. A Disposable Organophosphorus Pesticides Enzyme Biosensor Based on Magnetic Composite Nano-Particles Modified Screen Printed Carbon Electrode [J]. 2010, 10 (1): 625-638.

[13] ZAMFIR L G, GEANA I, BOURIGUA S, et al. Highly sensitive label-free immunosensor for ochratoxin A based on functionalized magnetic nanoparticles and EIS/SPR detection [J]. 2011, 159 (1): 178-184.

[14] ZHOU H, GAN N, LI T, et al. The sandwich-type electrochemiluminescence immunosensor for α-fetoprotein based on enrichment by Fe_3O_4-Au magnetic nano probes and signal amplification by CdS-Au composite nanoparticles labeled anti-AFP [J]. 2012, 746.

[15] WANG Y, DOSTALEK J, KNOLL W J A C. Magnetic nanoparticle-enhanced biosensor based

on grating-coupled surface plasmon resonance [J]. 2011, 83 (16): 6202-6207.

[16] AGRAWAL S, PAKNIKAR K, BODAS D J M E. Development of immunosensor using magnetic nanoparticles and circular microchannels in PDMS [J]. 2014, 115: 66-69.

[17] ZHOU J, GAN N, LI T, et al. Ultratrace detection of C-reactive protein by a piezoelectric immunosensor based on $Fe_3O_4@SiO_2$ magnetic capture nanoprobes and HRP-antibody co-immobilized nano gold as signal tags [J]. 2013, 178: 494-500.

[18] BALASUBRAMANIAN S Y L, YING J, CHENG G X, et al. A three-layer competition-based giant magnetoresistive assay for direct quantification of endoglin from human urine [J]. 2011, 83 (8): 2996-3002.

[19] WANG Y, WANG W, YU L, et al. Giant magnetoresistive-based biosensing probe station system for multiplex protein assays [J]. 2015.

[20] KRISHNA V D, KAI W, PEREZ A M, et al. Giant Magnetoresistance-based Biosensor for Detection of Influenza A Virus [J]. 2016, 7 (2472).

[21] CHOI J, GANI A W, BECHSTEIN D, et al. Portable, one-step, and rapid GMR biosensor platform with smartphone interface [J]. 2016.

[22] GAO Y, ZHANG L, HUO W, et al. An Integrated Giant Magnetoresistance Microfluidic Immuno-sensor for Rapid Detection and Quantification of D -dimer [J]. 2015, 43 (6): 802-807.

[23] YANG G, WHA B, LEI Z C, et al. Multiplex measurement of twelve tumor markers using a GMR multi-biomarker immunoassay biosensor - ScienceDirect [J]. 2019, 123: 204-210.

[24] MULUNEH M, ISSADORE D. A multi-scale PDMS fabrication strategy to bridge the size mismatch between integrated circuits and microfluidics [J]. 2014, 14 (23): 4552-4558.

[25] SUN X C, LEI C, GUO L, et al. Giant magneto-resistance based immunoassay for the tumor marker carcinoembryonic antigen [J]. 2016.

[26] RYU Y, JIN Z, KANG M S, et al. Increase in the detection sensitivity of a lateral flow assay for a cardiac marker by oriented immobilization of antibody [J]. 2011, 5 (3): 193.

[27] CHICHARO A, CARDOSO F, CARDOSO S, et al. Dynamical Detection of Magnetic Nanoparticles in Paper Microfluidics With Spin Valve Sensors for Point-of-Care Applications [J]. 2014, 50 (11): 1-4.

[28] HUAMING, LEI, KAN, et al. ContactlessMeasurement of Magnetic Nanoparticles on Lateral Flow Strips Using TunnelingMagnetoresistance (TMR) Sensors in Differential Configuration [J]. 2016.

[29] WU Y, LIU Y, ZHAN Q, et al. Rapid detection of Escherichia coli O157: H7 using tunneling magnetoresistance biosensor [J]. 2017, 7 (5): 056658.

[30] MAK A C, OSTERFELD S J, YU H, et al. Sensitive giant magnetoresistive-based immunoassay for multiplex mycotoxin detection [J]. 2010, 25 (7): 1635-1639.

[31] KOETS M, WIJK T, EEMEREN J, et al. Rapid DNA multi-analyte immunoassay on a magnetoresistance biosensor [J]. 2009, 24 (7): 1893-1898.

[32] SHARMA P P, ALBISETTI E, MASSETTI M, et al. Integrated platform for detecting pathogenic DNA via magnetic tunneling junction-based biosensors [J]. 2017, 242: 280-287.

[33] NAKAMOTO H, NISHIKUBO D, OKADA S, et al. Food Texture Classification Using Magnetic Sensor and Principal Component Analysis; proceedings of the Third International Conference on Computing Measurement Control & Sensor Network, F, 2017 [C].

[34] WANG W, WANG Y, TU L, et al. Magnetic detection of mercuric ion using giant magnetoresistance-based biosensing system [J]. 2014, 86 (8): 3712.

[35] MU X H, LIU H F, TONG Z Y, et al. A new rapid detection method for ricin based on tunneling magnetoresistance biosensor [J]. 2019, B284 (APR.): 638-649.

第 6 章　基于一维纳米材料的传感器件

1991 年，Sumio Iijima 通过电弧蒸发法成功制备出碳纳米管，碳纳米管直径约为十几 nm，长度处于 μm 级别，该研究宣告了一维纳米材料的诞生。随着后续研究跟进，越来越多的一维纳米材料逐渐被发现，除纳米管外，研究人员还制备出纳米线、纳米棒和纳米带等一系列一维纳米材料。一维纳米材料由于自身超高的比表面积以及独特的光学和电学性能，可广泛应用于生物医学、环境保护、安全监测等传感器件。

6.1　一维纳米材料合成制备

一维纳米材料的合成主要通过固态结构沿一维方向生成实现。其合成策略包括：①固体材料各向异性的晶体学结构决定的一维定向生长；②引入液-固界面以减少籽晶对称性，实现单一方向晶体生长；③利用一维空间模板，实现限域空间内一维纳米结构形成；④利用包覆剂调控籽晶不同方向生长速率；⑤零维纳米材料自组装；⑥高维度材料结构粉碎。其中，前五种方法较为常见，其制备方法主要包括气相法、液相法、模板法和自组装，如图 6-1 所示。

6.1.1　气相生长法

气相生长法是指样品在高温或高压的条件下升华为反应蒸气，随后经物理或化学反应使蒸气产物沉积在基底，并定向生长形成一维纳米材料的方法。气相生长法的主要合成机制包括气-液-固（Vapor-Liquid-Solid，VLS）和气固（Vapor -Solid，VS）两种生长机制。

1. VLS 生长机制

VLS 生长机理自 1964 年首次被报道用于生长 Si 单晶以来，已被广泛应用于多种一维金属氧化物纳米材料的制备。VLS 机制合成一维纳米材料过程中，催化剂起着关键作用。如图 6-2 所示，在 VLS 生长机制中，通常以金属纳米颗粒（如 Au 纳米颗粒）作为催化种子合成晶态一维纳米材料。在一定温度条件下，金属颗粒可与反应蒸气形成液态共晶合金，反应蒸气以溶质形式溶解到金属颗

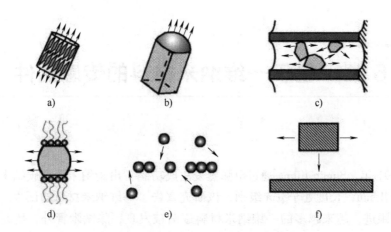

图 6-1 六种广泛用于制备一维纳米材料的策略

a）首末两端定向增长构建一维纳米材料　b）引入液-固界面，实现单一方向晶体生长

c）模板法制备一维纳米材料　d）利用包覆剂控制一维纳米材料成型

e）自组装策略构建一维纳米材料　f）高维度材料结构粉碎制备一维纳米材料

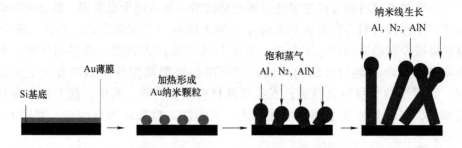

图 6-2 基于 VLS 生长机制制备 AlN 纳米线示意图

粒中，随着反应蒸气的不断提供，液态共晶合金中的溶质逐渐饱和，溶质析出后在液态共晶合金表面形成固相结晶，最终生长为一维纳米材料。在 VLS 生长过程中形成的一维纳米材料结构往往与催化金属纳米颗粒性质关联，选择合适的催化金属颗粒对制备一维纳米材料尤为关键。VLS 机制的一个显著特点是生长纳米线起始端附有催化剂颗粒，因此，催化剂颗粒的粒径很大程度上决定着合成一维纳米材料的最终直径，而反应时间则影响材料长径比。目前，研究人员基于 VLS 生长机制，已成功制备出单质、金属氧化物、金属碳化物等多种具有一维纳米结构的材料。这种合成方法可用于制备具有良好结构可控性的准一维纳米材料。

2. VS 生长机制

研究表明，许多一维材料在不使用反应催化剂的条件下也可以生长出来，即可以直接通过 VS 生长机制制备出一维纳米材料。在 VS 生长过程中，可通过化学还原、气相反应或热蒸发等方式制备气相反应物，随后将气相输送至低温区，使其沉积在基底上。其生长方式是以液固界面位错、孪生等微观缺陷为成核中心，进一步生长为一维纳米材料。VS 生长机制中，气相饱和度对纳米材料成型形貌结构有一定影响。例如，在低饱和度条件下，呈晶须生长，形成一维材料；较高饱和度条件下，形成块状晶体；而过饱和度条件下则通过均匀成核形成粉末。因此，在基于 VS 生长机制制备一维纳米材料时，应确保反应物蒸气处于低饱和度条件。

以五氧化二钽（Ta_2O_5）一维材料合成为例，如图 6-3 所示，首先金属钽灯丝在 1700℃下生化形成钽蒸气，钽蒸气经过氧气的氧化形成 Ta_2O_5 蒸气，当 Ta_2O_5 蒸气与低温基底接触时凝结成小液滴，液滴最终形成 Ta_2O_5 一维纳米棒。

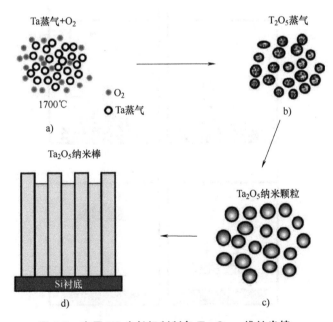

图 6-3　应用 VS 生长机制制备 Ta_2O_5 一维纳米棒

6.1.2　液相生长法

液相生长法包括溶液-液相-固相法（Solution-Liquid-Solid，SLS）、包覆液相法和溶剂热合成法。

1. SLS 法

SLS 生长机制最初由 Trentler 等人于 1995 年提出。现在已经成为半导体和金属氧化物一维纳米材料大规模生产的一种具有产业应用前途的方法。该方法便于控制，且具有良好的形貌结构可重复性。SLS 生长机制类似于 VLS 生长机制，而 SLS 生长系统完全浸没在溶液中，实现一维材料合成，如图 6-4 所示。催化作用在材料合成过程中仍然起着至关重要的作用，金属颗粒也被用作催化种子来合成晶体一维纳米材料。溶液中的有机金属前驱体用于提供形成一维纳米材料所需的元素。在一定的温度下，金属颗粒在活性溶液中成为液态共晶合金，这是因为有机金属前驱体作为溶质溶解到金属颗粒中。随着共晶合金饱和，溶质逐渐在液体共晶合金外部沉积，形成固体晶相，随着溶液中前驱体逐渐消耗，晶相逐渐生长为一维纳米结构。类似于 VLS 增长机制，一维纳米材料的直径取决于液态共晶合金大小，而均相液态共晶合金可用于生长均相一维纳米结构。催化剂活性、溶质溶解度、浓度以及体系温度都会对合成的一维纳米结构的形态和晶体结构产生影响。

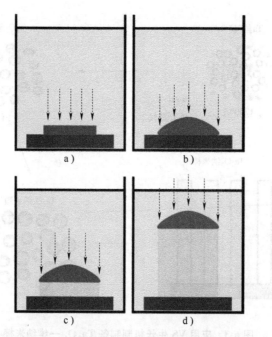

图 6-4　SLS 生长机制示意图，SLS 生长体系浸没在活性溶液（靛蓝色）中，金属颗粒（绿色）作为催化种子可与活性溶液中材料前驱体形成液态共晶合金（蓝色），当共晶合金中溶质饱和时则会在基底析出、生长形成一维纳米结构（黄色）（见彩插）

Holmes 等将 SLS 方法改进为一种超临界流体-液-固法来生长 Si 纳米线。利单分散烷基硫醇包覆 Au 纳米晶体指引纳米线生长，从而得到较窄线径分布的硅纳米线。在此过程中，空间稳定的 Au 纳米晶体、Si 前驱体和二苯基硅烷共分散于己烷中，在高温下加热，二苯基硅烷能够分解形成 Si 原子。Si-Au 相图表明，两物质在一定比例条件下，Si 原子可溶解在空间稳定的 Au 纳米晶体中形成合金，当 Si 原子处于饱和时，会以 Si 纳米线的形式从 Au 颗粒中排出。所生产的纳米线具有高纵横比（大于 100），且晶体取向可调。

2. 包覆液相法

晶体形态取决于各个晶面的比表面能。根据 Wulff 晶面原理，各晶面的法向生长速度与晶面的表面自由能成正比。单晶纳米结构形貌通常反映相应晶格固有的对称性（大多数金属晶格为立方体）。晶体形态与晶体生长动力学相关联，在晶体生长过程中，快速生长的晶面会逐渐被慢速生长的晶面覆盖。这意味着可以通过引入合适的包覆试剂来改变晶体表面自由能，从而进一步改变晶体各个方向的生长速率，最终改变生长得到的晶体形状。

例如，Alivisatos 和 Peng 等人利用混合的表面活性剂控制合成 CdSe 半导体纳米棒。将己基膦酸加入三辛基氧化膦（商业上用于合成 CdSe 量子点的稳定剂）中，研究发现，晶体主要沿长轴方向增长，最终形成具有较大长径比的纳米棒。但随着溶液中 CdSe 前驱体的消耗，短轴方向开始快速生长，长径比逐渐降低。同时，作者也通过优化工艺条件，得到了单分散 CdSe 纳米棒，并且也证明强的 Cd 配体是必要的，可以确保较高的前驱体浓度，从而利于单分散较大长径比 CdSe 纳米棒形成。

3. 溶剂热合成法

溶剂热合成法是利用溶剂在高温和高压超临界条件下，可显著提高固体溶解性和化学反应性，在该条件下通过调控工艺参数制备得到一维纳米材料的方法。例如，将前驱体和一种可调节晶体生长的试剂加入溶剂，随后将混合物至于高压反应釜中，在超临界条件实现纳米线生长。溶剂热合成法的优势在于超临界条件下，大多数固体材料都会变得可溶。溶剂热合成法主要包括水热合成法和有机溶剂热合成法。例如，Vayssieres 首先利用纳米 ZnO 膜通过水热合成方法制备出氧化锌纳米线，纳米线直径大约为 $10\sim20nm$，长度为 $10\mu m$。Gao 等人以 $KMnO_4$ 和 NH_4Cl 为原料，通过简单水热合成得到 α-MnO_2 纳米线，纳米线直径在 $10\sim30nm$ 之间，长度为 $6\sim10\mu m$。Wang 等人报道了一种简单、重复性较好、无毒溶剂热合成方法，用于制备 CdS 纳米线，制备过程无需固体模板和复杂表面活性剂。将 $CdCl_2$ 和 S 单质加入有机溶剂中，再置于高压反应釜中在 200℃条件下反应 12h。然后冷却，过滤即可得到一维 CdS 纳米材料，透射电镜表征发现 CdS 纳米线具有六边结构，直径约为 40nm，长度超过 $10\mu m$。

6.1.3 多孔模板法

目前，基于模板的合成技术已成为制备一维纳米结构最常用的技术。模板法是采用限域模板控制纳米材料的成核形态和生长方向，模板选用有控制孔大小能力的材料，可采用电化学沉积填充模板，完成反应后，要消除模板还需要利用化学反应，制备出所需形貌和尺寸的纳米材料。在制备过程中，需要先确定合成一维纳米材料的结构（如纳米线或纳米棒），依此选取合适孔径和孔深的模板材料用于一维纳米材料合成。基于多孔模板法可以合成金属、金属氧化物和导电聚合物等多种一维纳米材料。常见应用于合成一维纳米材料的模板包括阳极氧化铝（Anodic Aluminum Oxide，AAO）、纳米通道玻璃（Nanochannel Glass，NCG）、多孔聚合物薄膜等。

模板材料性质包括孔径、孔均匀性以及孔密度，这些对一维纳米材料生长成型具有重要影响。早在 1970 年，O'sullivan 和 Woods 提出了一个描述铝膜在酸中阳极化的模型。在一定阳极氧化条件下，生成的氧化膜具有密集排列的柱状孔道，其大小和间隔可以通过改变形成条件来控制。阳极氧化铝中孔道形成的主要驱动力是电场，电场允许有序沟道的连续生长，而不受晶体取向的影响。AAO 模板表面和截面形貌结构以及应用于一维纳米材料的成型过程如图 6-5 所示。此外，另外两种备受关注的材料是 NCG 和多孔聚合物薄膜。NCG 是一种小而高密度的均匀孔道矩阵，也被广泛用作纳米线生长的模板。Tonucci 等人证实，使用直径在 500nm 到 8mm 之间的 NCG 膜，通过分子束外延方法可获得 50Å 的 GaAs/AlGaAs 量子阱。Thurn-Albrecht 等人从聚苯乙烯（Polystyrene，PS）和聚甲基丙烯酸甲酯的二嵌段共聚物 P（S-b-MMA）中创建了阵列模板，将双嵌段共聚物薄膜退火至两电极间玻璃转变温度以上，从而形成垂直于薄膜表面的六边形通道矩阵。去除 PMMA 后，所得到的聚苯乙烯薄膜孔隙直径为 14nm，单位平方厘米孔隙超过 1.9×10^{11} 个。

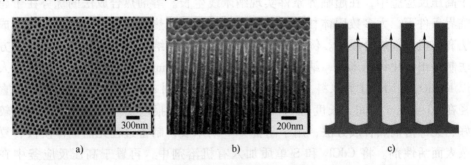

图 6-5 a) 阳极氧化铝模板 SEM 俯视图   b) 阳极氧化铝模板 SEM 截面图
c) 材料沿孔道径向生长形成一维纳米材料

多孔模板法具有成本低、可重复性高等特点，并且可制备出高密度、整齐排布的纳米线矩阵，在微机电系统（Micro-electro-mechanical System，MEMS）器件中具有一定应用潜力。纳米线矩阵已应用于磁、光、电、锂离子电池以及化学生物传感方面。

6.1.4　电化学沉积法

电化学沉积是一种相对较早的技术，广泛用于固体材料表面金属层沉积。近年来，电化学沉积技术广泛应用于一维纳米材料制备，包括 Bi、Ag 和 ZnO 纳米线、碳和 Cu 纳米管、Ga_2O_3-Al_2O_3 纳米棒等。在电化学沉积过程中，模板附着在阴极上进行电镀。当阴极和阳极之间施加电场时，阴极处的阳离子逐渐被吸引减少，从而导致模板孔中纳米线的生长。纳米线的长度取决于多孔通道的长度，在电镀过程中用来可以控制多孔通道的长度。

6.2　一维纳米材料性质

金属氧化物具有广泛的电学、化学和物理特性，这些特性通常对其化学环境的变化高度敏感。因此，基于金属氧化物构建传感器的研究非常广泛。目前，大多数商用传感器在一定程度上也基于金属氧化物或金属氧化物掺杂材料。传统的传感器制造方法主要基于半导体、离子导电、光电导、压电、热释电和金属氧化物的发光特性。目前，随着纳米科学技术的发展，基于金属氧化物纳米线的化学和生物传感器由于其优良的电化学性质，逐渐得到广泛关注。一维氧化物纳米材料由于具有特殊物质结构和物理化学性质，潜在具有特殊传感性能。主要体现在以下方面：

1）大的表面体积比。该性质意味着此类材料中的大部分原子（或分子）分布于材料表面，可充分参与表面物质反应。

2）多数半导体氧化物纳米线的德拜长度 λ_D（表征电场作用距离的参数）与其的半径相近，因此，纳米线材料电学特性与其表面性质息息相关。可以设想，纳米线可随其表面物质发生的化学反应，在绝缘态和高导电态相互转化。这种性质可能使基于纳米线构建的传感器具有超高的灵敏度和选择性。例如，已有研究报道基于单个 In_2O_3 纳米线的传感器的灵敏度比同类固体薄膜器件高 10^5 倍。通过分析信噪比，发现在 $3\mu m$ 长的设备上可以可靠地检测到 10^3 个分子，并且，原则上当导电通道长度缩短至大约 30nm 时，可以检测到少至 10 个分子。

3）光激发载流子从氧化物纳米线内部扩散至其表面所需的平均时间（$10^{-12} \sim 10^{-10}$s）显著小于电子到空穴的复合时间（$10^{-9} \sim 10^{-8}$s）。这意味着在纳米线上通常可以进行具有接近于 1 量子产率的表面光诱导氧化还原反应，如

图 6-6 所示。电导传感器的响应和恢复时间通常取决于物质吸附-解析动力学（由工作温度决定），而电子和空穴向纳米材料表面的快速扩散可使分析物在室温条件下也能在几 s 内快速光解吸。

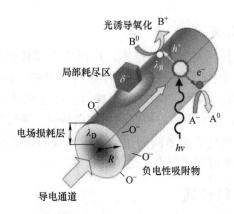

光诱导氧化
局部耗尽区
电场损耗层
导电通道
负电性吸附物

图 6-6   发生在金属氧化物中的一些电学、化学和光学反应过程，
当材料尺寸减小至纳米级将利于反应过程

4）相比传感器中使用的多颗粒氧化物，半导体氧化物纳米线通常在化学计量上具有更好的定义，并且具有更高的结晶度，从而可能降低与渗透或跳跃传导相关的不稳定性。

5）纳米线很容易配置为场效应晶体管（Field Effect Transistor，FET），并且可能与传统器件和器件制造技术集成。

6.3   一维纳米材料传感器

6.3.1   化学气体分子传感器

1. 气体分子传感机制

了解半导体性质是理解金属氧化物半导体传感机制的前提。半导体可以分为电子型（n 型）半导体和空穴型（p 型）半导体，不同类型半导体化学传感机制不同。众所周知，在硅基半导体中，大多数载流子（即电子或空穴）可以通过掺杂供体或受体杂质来操纵。然而，在宽带隙金属氧化物中，在无掺杂情况下，载流子主要由金属与氧原子偏离化学配比造成。例如，NiO 的 p 型半导体特性可以由金属离子的缺乏来解释，而 SnO_2 的 n 型特征是由于氧空位形成而产生自由电子的结果。在基于金属氧化物半导体化学或气体传感器中，对特定分子的高响应可以通过在特定的最佳温度下操作传感器来实现，该温度可以改变大多数载流子的浓度及其与环境气体的化学相互作用。此外，在高温（100～

500℃）条件下，氧分子可以通过捕获半导体表面的电子而被化学吸附并发生离子化。不同温度条件下金属氧化物表面吸附氧离子化反应如下：

$$O_2(gas) \leftrightarrow O_2(ads) \tag{6-1}$$

$$O_2(ads) + e^- \leftrightarrow O_2^-(ads)(<100℃) \tag{6-2}$$

$$O_2^-(ads) + e^- \leftrightarrow 2O^-(ads)(100 \sim 300℃) \tag{6-3}$$

$$O^-(ads) + e^- \leftrightarrow O^{2-}(ads)(>300℃) \tag{6-4}$$

式中，gas 表示气态；ads 表示吸附态。当温度低于 100 ℃ 时，吸附的氧分子从金属氧化物表面捕获电子，形成 O_2^-，而在温度为 $100 \sim 300℃$ 时，O_2^- 从金属氧化物表面捕获电子，形成 O^-。随温度进一步升高至大于 300 ℃ 时，O^- 可进一步捕获电子形成 O^{2-}。这种对氧离子的吸附特性使得金属氧化物呈现电子核壳结构。在 n 型金属氧化物，如 SnO_2 中，由于氧离子吸附，在半导体核周围形成了电子耗尽层（Electron Depletion Layer，EDL）和壳层，而在 p 型金属氧化物中，在表面附近和绝缘核周围形成了空穴累积层（Hole Accumulation Layer，HAL）和壳层。n 型和 p 型半导体的核壳结构如图 6-7 所示。

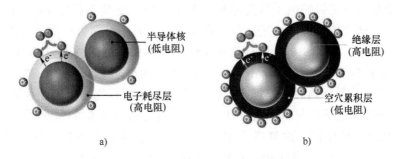

图 6-7　金属氧化物半导体电子核壳结构模型物图

a）n 型氧化物半导体　b）p 型氧化物半导体

为了进一步阐述 n 型金属氧化物中 EDL 层的形成过程，图 6-8 给出了氧气化学吸附前后的能带图。在真空中，表面未发生化学吸附，能带平坦；当金属氧化物暴露于空气中时，表面发生氧吸附。这些化学吸附的氧离子从金属氧化物的导带捕获电子，并诱导带弯曲现象（向上带弯曲），形成负离子表面和 n 型金属氧化物上的 EDL。另一方面，如果氧在 p 型金属氧化物表面的化学吸附则会形成 HAL。

有趣的是，研究表明吸附在 n 型和 p 型半导体表面的氧离子的数量有很大的不同。通过温控解吸实验，测量了金属氧化物在 560 ℃（V_{560}）以下的总氧解吸量，发现与 n 型金属氧化物（如 SnO_2、TiO_2、ZnO 和 Fe_2O_3）相比，p 型金属

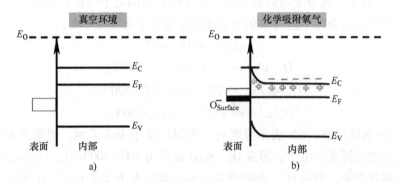

图 6-8 n 型金属氧化物半导体表面化学吸附氧造成能带弯曲现象

a）真空环境 b）接触氧气条件

注：E_O、E_C、E_V 和 E_F 分别代表真空能级、导带、价带和半导体费米能级能量。

氧化物（MnO_2、NiO、Co_3O_4 和 Cr_2O_3）上存在大量的吸附氧（V_{560} 值较大）。在 n 型过渡金属氧化物中，由于其可变的氧化态，因而往往具有较大的氧离子吸附量。

鉴于金属氧化物的电子核壳结构，基于 n 型金属氧化物化学/气体传感器的电阻由壳体之间的接触决定。如果定义 R_{core} 和 R_{shell} 分别为一个半导体核的电阻和壳间电阻，那么 n 型金属氧化物气体传感器的总电阻将是这两者的串联，而在 p 型金属氧化物传感器中，传导可以用宽电阻芯（R_{core}）和窄导电壳（R_{shell}）之间的平行路径来解释。因此，当 n 型金属氧化物暴露于还原性气体（如 CO）时，电子转移到半导体上，CO 通过与表面吸附的氧离子反应被氧化，导致金属氧化物表面氧离子浓度降低，传感器电阻下降，导电性增强，这与气体分析物浓度成比例。CO 在 n 型金属氧化物表面发生的反应可表示为

$$CO(gas) \rightarrow CO(ads) \tag{6-5}$$

$$CO(ads) + O^-(ads) \rightarrow CO_2(gas) + e^- \tag{6-6}$$

另一方面，n 型金属氧化物与电负性强的气体（即氧化性气体，如 NO_2）的相互作用会造成传感器电阻增加，反应方程式如下：

$$NO_2(gas) \leftrightarrow NO_2(ads) \tag{6-7}$$

$$e^- + NO_2(ads) \leftrightarrow NO_2^-(ads) \tag{6-8}$$

当 p 型金属氧化物与还原性气体（如 CO）相互作用时，电子流入 p 型氧化物材料中，HAL 层的空穴浓度降低，从而会造成传感器的电阻增加。根据文献报道，n 型金属氧化物传感器通常比 p 型金属氧化物传感器具有更高的响应性。因此，目前大多金属氧化物传感器研究以 n 型为主，而制造高灵敏度的 p 型金

属氧化物化学/气体传感器一直是一个挑战。p 型半导体的传导主要发生在狭窄的 HAL 中，而空穴-电子复合（还原气体提供的电子）对传感器的整体电阻没有显著影响。因此，p 型金属氧化物传感器的响应通常低于 n 型金属氧化物传感器。采用 S_p 和 S_n 分别代表 p 型和 n 型金属氧化物传感器对特定气体分析物的响应，根据 Hubner 等人研究成果，两者具有以下关系：

$$S_p = \sqrt{S_n} \tag{6-9}$$

虽然，p 型金属氧化物传感器灵敏度较低，但 p 型金属氧化物由于其独特的物理/化学性质，仍被认为是新型耐化学气体传感器的潜在材料。此外，随着纳米技术的进步，p 型气体传感器的开发也在不断推进。例如，通过 VLS 机制生长制备的 NiO 纳米线，当被集成到电导化学传感器中时，其对 H_2 表现出优异的检测性能。

为了确定最终的传感性能，除了上述的化学反应和传导机制外，还需要考虑其他重要的参数，如表面形貌、纳米晶性质及比表面积等。因此，在没有实验测试的情况下，预测活性材料的传感行为是非常具有挑战性的。

2. 气体传感应用

1962 年，Seiyama 等人发现 ZnO 导电性会因活性气体存在发生显著变化。自此之后，半导体金属氧化物应用于气体传感的研究逐渐兴起。近年来，一维半导体纳米材料（包括纳米线、纳米管、纳米带、以及纳米棒）由于其大的面容比和高的结晶度，广泛用于化学/气体传感研究。

目前，应用于气体传感器的一维纳米材料包括 SnO_2、ZnO、In_2O_3、TiO_2、WO_3、Fe_2O_3、Ga_2O_3、CuO、NiO 和 V_2O_5 等。其中，基于 SnO_2 和 ZnO 一维纳米材料研究较多，相关研究涉及金属氧化物纳米线、纳米管、纳米带以及纳米棒。检测目标气体种类包括 NO_2、NH_3、H_2、CO、H_2S、乙醇、O_2 等，见表 6-1。Law 等人发现单个单晶 SnO_2 纳米带具有强大的光电响应性，因此，通过采用能量接近 SnO_2 带隙（$E_g = 3.6eV$，300K）的紫外光照射 SnO_2 纳米带可检测浓度在 ppm 级的 NO_2 气体。Li 和 Zhou 等人报告了在室温下检测 NO_2 和 NH_3 的超灵敏单 In_2O_3 纳米线传感器。这种器件对 NO_2 的灵敏度（即暴露后的电阻与暴露前电阻之比）为 10^6，对 NH_3 为 10^5，该传感器灵敏度比薄膜基传感器灵敏度高四或五个数量级；对 100ppm NO_2 和 1% NH_3 的响应时间（即电阻变化一个数量级所需时间）分别为 5s 和 10s；NO_2 的检测限为 0.5ppm，NH_3 检测限为 0.02%。并且，紫外光照射可以显著促进表面气体分子解吸，从而缩短器件恢复时间。在此基础上，该研究团队进一步优化单个 In_2O_3 纳米线传感器性能，可将 NO_2 的检测限降为 20ppb。

Cheng 和 Wang 等人展示了由 SnO_2 纳米带构建的场效应晶体管（FET）式气

体传感器。FET 特性随着暴露于浓度为 0.2% 的 H_2 发生显著改变，通道电导率在所有栅电压下线性增加了 17%，氢气与金属氧化物表面化学吸附的氧反应从而增加了电子浓度和纳米带导电性。Hernandez-Ramirez 和 Morante 等人构建了单根 SnO_2 纳米线传感器用于 CO 检测。交流阻抗检测表明单个 SnO_2 纳米线传感器的 CO 检测阈值小于 5ppm，并且在 295℃ 时测量不稳定性低于 4%。并且，作者构建的自加热单 SnO_2 纳米线气体传感器表现出超低功耗，如传感器对不带加热器（$I_m = 10nA$）的 0.5ppm NO_2 的响应与带加热器（$T = 175℃$）的响应相当。此外，作者还证明单个 SnO_2 纳米线气体传感器的热响应和室温紫外光辅助响应之间的等效性。例如，传感器在室温下紫外光照射下对 0.5ppm NO_2 的响应与在黑暗条件下在 175℃ 时运行的响应相当。

除上述基于 SnO_2、In_2O_3 和 ZnO 纳米线或纳米带的气体传感器，单根 TiO_2、$WO_{2.72}$、NiO、以及 β-Ga_2O_3 等纳米线也被应用于气体传感研究，这类一维纳米金属氧化物材料也被证实具有良好的气体传感性能。在一维金属氧化物纳米材料中引入部分金属纳米粒子（如 Pd、Pt 等）可有效提高传感器气体检测灵敏度。例如，Kolmakov 和 Moskovits 等展示通过用金属纳米粒子（如 Pd）表面装饰来增强单 SnO_2 纳米线的气体传感器性能。对于 Pd 纳米粒子修饰的 SnO_2 纳米线，对 O_2 和 H_2 的敏感性提高了 500%~1000%，归因于 Pd 纳米颗粒增强了其表面分子吸附物的催化解离，使产物原子/离子扩散到金属氧化物表面。Liao 等人发现在单个 CeO_2 纳米线传感器中引入 Pt 纳米颗粒，可以显著提高传感器对 CO、H_2、乙醇、汽油和 H_2S 气体灵敏性。与传统金属氧化物传感器相比，Pt 纳米颗粒掺杂的单 CeO_2 纳米线传感器在选择性检测 CO 气体方面具有明显优势。Moskovits 等人使用 Pd 纳米粒子装饰的单个 VO_2 纳米线设计出异常灵敏的 H_2 传感器，传感器工作过程中金属氧化物可与 Pd 表面解离的原子氢复合，产生大约 1000 倍的电流增加。

表 6-1　基于一维纳米材料的气体传感器及性能

气体分子	材料	检测限 （温度）	灵敏度 （浓度）	响应时间
NO_2	SnO_2 纳米带	2ppm （25℃）	7 （100ppm）	约 1min
NO_2	SnO_2 纳米线	<0.1ppm （25℃）	1 （10ppm）	约 1min
NO_2	In_2O_3 纳米线	0.5ppm （25℃）	10^6 （100ppm）	5s

（续）

气体分子	材料	检测限 （温度）	灵敏度 （浓度）	响应时间
NO_2	In_2O_3 纳米线	0.02ppm （25℃）	0.8 （1ppm）	15min
H_2	SnO_2 纳米带	0.2% （25℃）	0.17 （0.2%）	N/A
H_2	SnO_2 纳米线	<0.1ppm （200℃）	4 （1ppm）	约50s
H_2	ZnO 纳米棒	200ppm （25℃）	0.04 （200ppm）	30~40s
H_2	VO_2 纳米线	N/A （50℃）	1000 （100%）	约10min
H_2	$WO_{2.72}$纳米线	<100ppm （25℃）	22 （1000ppm）	40s
CO	SnO_2 纳米带	5ppm （400℃）	7 （250ppm）	30s
CO	SnO_2 纳米线	100ppm （25℃）	15 （500ppm）	约10min
CO	ZnO 纳米线	<50ppm （275℃）	3200 （400ppm）	约50min
CO	NiO 纳米线	N/A （150℃）	0.25 （800ppm）	约2h
CO	CeO_2 纳米线	<10ppm （25℃）	2 （200ppm）	约10s
H_2S	SnO_2 纳米线	<1ppm （150℃）	$6×10^6$ （50ppm）	N/A
H_2S	ZnO 纳米线	N/A （25℃）	8 （300ppm）	约50s
H_2S	In_2O_3 纳米线	1ppm （25℃）	1 （20ppm）	48s
乙醇	ZnO 纳米棒	10ppm （300℃）	45 （100ppm）	约80s
O_2	$β-Ga_2O_3$ 纳米线	<50ppm （25℃）	20 （50ppm）	1s

6.3.2 生物分子传感器

1. 生物分子传感机制

（1）电化学传感 电化学和电学传感是基于一维纳米材料生物传感器最主要类型，电化学传感器主要基于电化学反应检测分析物，这种传感器通过氧化或还原工作电极表面上的分析物，并将分析物浓度信息转化为成比例的电信号。通常，电化学传感器包含三个电极，即工作电极、参考电极和对/辅助电极。一维纳米材料由于具有良好电学性能和高比表面积，一般用作反应位点（即工作电极）。图6-9展示了基于一维纳米材料的电化学传感器的基本构造。分析物在一维纳米材料表面发生氧化还原反应，同时将电子转移至工作电极。在生物传感器应用中，通常会对一维纳米材料表面进行功能化，以增强材料表面与生物分子的亲和力。一维纳米材料与具有氧化还原活性的生物酶结合，为从根本上理解生物氧化还原反应提供了一个方便的平台，并促进了无试剂生物传感器的发展。

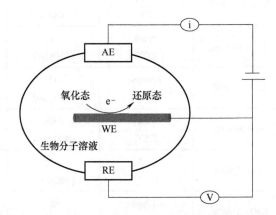

图 6-9 基于一维纳米材料的生物电化学传感器基本构造，一维纳米材料用作工作电极（WE），AE 代表对/辅助电极，RE 代表参比电极

（2）电学传感 电学传感是通过监测一维纳米材料与分析物接触时导电性或电阻率变化实现的。电学传感主要包括两种途径：首先，当分析物被引入系统时，一维纳米材料电学特性即发生变化，通过实时监测一维纳米材料电导率可实现对分析物的检测，这类传感器也被称为化敏电阻器（Chemiresistor）；此外，一维纳米材料也可构造成场效应晶体管，实现电学传感。在两种配置中，一维纳米材料被用作连接源电极和漏电极的通道，该通道不仅可以由单根一维纳米材料构成，也可以由一维纳米材料网络构成。

生物分子电学传感机制与气体分子传感机制相似，当带点生物分子被吸附于一维纳米材料表面时，会造成材料局部电荷分布扰动、电子能带重排，以及界面介电常数和静电门控的改变。这些变化都会造成金属功能、载流子浓度和迁移率的改变，进一步影响传感器导电性。例如，负电性生物分子与 p 型半导体结合增加了载流子（空穴）密度，进而造成通路电导率增加。相反，正电性生物分子与 p 型半导体结合则会造成材料载流子的消耗，从而降低通道电导率。因此，一维纳米材料导电性与吸附分子的正负电性及电荷分布关联。

德拜长度 λ_D 是关联一维纳米材料传感机制的物理量，表达外电场受到电荷载流子静电屏蔽效应后，外电场所能作用的距离。在生物传感器中，德拜长度与目标分析物-生物受体吸附所产生的电荷累积和损耗关联。穿透一维纳米材料主体结构的德拜长度表示为

$$\lambda_D = \left(\frac{\varepsilon_r \varepsilon_0 k_B T}{pe^2} \right)^{1/2} \tag{6-10}$$

式中，ε_r 为一维纳米材料介电常数（F/m）；ε_0 为自由空间介电常数；k_B 为玻尔兹曼常数（eV/K）；T 为温度（K）；p 为载流子浓度（m^{-3}）；e 为元电荷（约为 1.6×10^{-19} C）。

根据式（6-10），在构建基于一维纳米材料的高灵敏度 chemiresistive/chem FET 传感器时，一维纳米材料尺寸应尽可能接近 λ_D。原则上，假如 λ_D 与纳米材料尺寸相等，肖特基势垒高度（SBH）则能完全阻塞导电通路。并且，由于 λ_D 与 $(1/p)^{1/2}$ 呈正比关系，所以较低的载流子浓度可以保证生物分子与材料表面作用时载流子的进一步累积或损耗。此外，一维纳米材料电导率必须显著大于溶液电导率，以避免漏电现象。

2. 生物分子传感应用

过去二十年，已涌现出大量基于一维纳米材料的生物分子传感研究。采用的一维纳米材料涉及无机非金属及其氧化物（如硅纳米线、单壁碳纳米管、氧化石墨烯纳米）、金属氧化物（如 In_2O_3、SnO_2、ZnO 等）、有机高分子（如聚乙烯二氧噻吩、聚吡咯、聚苯胺）等。检测生物分子包括抗生素、三磷酸腺苷（ATP）、DNA、葡萄糖、蛋白质、尿酸、多巴胺、细菌等。

近年来一维纳米材料用于生物分子检测传感的一些代表性研究可见表 6-2。例如，Wang 等人研究发现基于一维碳纳米管电化学传感器显示出超高灵敏度，可检测 160 zmol 蛋白质分子和 1.3 zmol DNA 分子。Cui 等人在 2001 年就设计出硼掺杂的硅纳米线 FET 生物传感器，可实现对链霉亲和素皮摩尔级变化的检测。之后，研究者采用功能化碳纳米管构建的传感器可将葡萄糖和蛋白质检测限推至分子水平。Gao 等人采用硅纳米线构建 FET 生物传感器，将 DNA 探针固定在纳米线表面，利用滚环扩增技术可实现特定 DNA 分子无标记快速检测，该技术

极大地减少了 DNA 非特异性连接，显著提高了信噪比，最终可以实现飞摩尔甚至埃摩尔级别 DNA 样品的检测。

表 6-2　基于一维纳米材料的生物传感器及性能

材料	分析物	受体	检测范围	检测限
Si	m-抗生素	生物素	4~12nmol/L	4nmol/L
	ATP	AbI		100pmol/L
	ssDNA	胺	10pmol/L~500nmol/L	10pmol/L
	DNA	DNA 探针	0.1fmol/L~10nmol/L	0.1fmol/L
	DNA	DNA 探针	1fmol/L~100pmol/L	1fmol/L
	多巴胺	APTMS	1fmol/L~1nmol/L	1fmol/L
	MMP-2	DNA	100fmol/L~10nmol/L	100fmol/L
SWCNT	葡萄糖	GO_x		0.1mmol/L
	ssDNA	ssDNA		100nmol/L
	大肠杆菌	适配体		3.1E3 CFU/mL
	葡萄糖	刀豆蛋白 A	1pmol/L~1nmol/L	1pmol/L
	PA 毒素	适配体	1~800nmol/L	1nmol/L
	凝血酶	适配体	2.6fmol/L~2.6nmol/L	2.6fmol/L
	抗生物素蛋白	生物素	100pmol/L~10μmol/L	100pmol/L
	Ab-cTnI	cTnI	10pg/mL~10ng/mL	10pg/mL
In_2O_3	PSA 抗原	PSA 抗体		0.14nmol/L
	N 蛋白	抗体模拟蛋白	2~10nmol/L	2nmol/L
SnO_2	葡萄糖	GO_x	50~300mg/dL	50mg/dl
ZnO	生物素	链霉亲和素	2.5~250nmol/L	2.5nmol/L
	维生素 B_2	适配体	1pmol/L~0.1mmol/L	1pmol/L
	IgG	Anti-IgG		0.1μg/mL
	尿酸	Cy5-尿酸酶	1pmol/L~1μmol/L	1pmol/L
PPy	CA 125	抗体	1~100U/mL	1U/mL
	MUC1	适配体	2.66~66.5nmol/L	2.66nmol/L
	CMV	抗体	10ng/mL~100μg/mL	10ng/mL
PEDOT	抗体	M13	20~100nmol/L	20nmol/L
	PSMA	M13	20~120nmol/L	56nmol/L

（续）

材料	分析物	受体	检测范围	检测限
PANI	IgG	抗体	5ng/mL~2.8μg/mL	5ng/mL
	葡萄糖	GO_x	0.01~8mmol/L	0.7μmol/L
GO	DNA	ssDNA	1pmol/L~100nmol/L	1pmol/L
	DNA	肽核酸	10fmol/L~1nmol/L	10fmol/L

注：SWCNT：单壁碳纳米管；PEDOT：聚乙烯二氧噻吩；PPy：聚吡咯；PANI：聚苯胺；CMV：黄瓜花叶病毒；GO：氧化石墨烯；MMP-2：基质金属蛋白酶-2，APTMS：3-氨基丙基三甲氧基硅烷；PSMA：前列腺特异性膜抗原；IgG：免疫球蛋白；PSA：前列腺特异抗原；GO_x：葡萄糖氧化酶；ATP：三磷酸腺苷；cTnI：心肌肌钙蛋白；Ab-cTnI：心肌肌钙蛋白-I 抗体。

6.4 本章总结

本章介绍了一维纳米材料在传感检测中的应用，主要包括一维纳米材料的合成制备、一维纳米材料的性质，以及一维纳米材料在气体传感和生物分子传感领域的应用。相比目前成熟商用传感技术，基于一维纳米材料的生物传感技术尚处于发展阶段，虽然该技术在实验研究中展现出很大潜力，然而在传感器构建成本、检测灵敏度以及便携方面仍需与现有的成熟传感技术竞争。

参 考 文 献

[1] XIA Y, YANG P, SUN Y, et al. One-dimensional nanostructures: Synthesis, characterization, and applications [J]. Adv Mater, 2003, 15 (5): 353-389.

[2] YU L, LV Y, ZHANG X, et al. Vapor-liquid-solid growth route to AlN nanowires on Au-coated Si substrate by direct nitridation of Al powder [J]. J Cryst Growth, 2011, 334 (1): 57-61.

[3] DEVAN R S, LIN J H, HO W D, et al. Investigation of high-temperature phase transformation in one-dimensional Ta2O5 nanorods [J]. J Appl Crystallogr, 2010, 43: 1062-1067.

[4] TRENTLER T J, HICKMAN K M, GOEL S C, et al. Solution-Liquid-Solid Growth of Crystalline Iii-V Semiconductors-an Analogy to Vapor-Liquid-Solid Growth [J]. Science, 1995, 270 (5243): 1791-1794.

[5] HOLMES J D, JOHNSTON K P, DOTY R C, et al. Control of thickness and orientation of solution-grown silicon nanowires [J]. Science, 2000, 287 (5457): 1471-1473.

[6] DEVAN R S, PATIL R A, LIN J H, et al. One-Dimensional Metal-Oxide Nanostructures: Recent Developments in Synthesis, Characterization, and Applications [J]. Adv Funct Mater, 2012, 22 (16): 3326-3370.

[7] WANG Z L. Transmission electron microscopy of shape-controlled nanocrystals and their assem-

blies [J]. J Phys Chem B, 2000, 104 (6): 1153-1175.

[8] PENG X G, MANNA L, YANG W D, et al. Shape control of CdSe nanocrystals [J]. Nature, 2000, 404 (6773): 59-61.

[9] VAYSSIERES L. Growth of arrayed nanorods and nanowires of ZnO from aqueous solutions [J]. Adv Mater, 2003, 15 (5): 464-466.

[10] GAO Y Q, WANG Z G, WAN J X, et al. A facile route to synthesize uniform single-crystalline alpha-MnO2 nanowires [J]. J Cryst Growth, 2005, 279 (3-4): 415-419.

[11] WANG Q Q, XU G, HAN G R. Solvothermal synthesis and characterization of uniform CdS nanowires in high yield [J]. J Solid State Chem, 2005, 178 (9): 2680-2685.

[12] P. O S J, C. W G. The morphology and mechanism of formation of porous anodic films on aluminium [J]. Proceedings of the Royal Society of London A Mathematical and Physical Sciences, 1970, 317 (1531): 511-543.

[13] TONUCCI R J, PEARSON D H, KATZER D S, et al. Nanoscale patterning using nanochannel glass replica films [J]. Superlattice Microst, 1996, 20 (4): 627-632.

[14] THURN-ALBRECHT T, SCHOTTER J, KASTLE C A, et al. Ultrahigh-density nanowire arrays grown in self-assembled diblock copolymer templates [J]. Science, 2000, 290 (5499): 2126-2129.

[15] CHOI Y C, KIM J, BU S D. Template-directed formation of functional complex metal-oxide nanostructures by combination of sol-gel processing and spin coating [J]. Mat Sci Eng B-Solid, 2006, 133 (1-3): 245-249.

[16] LI C, ZHANG D H, LIU X L, et al. In2O3 nanowires as chemical sensors [J]. Appl Phys Lett, 2003, 82 (10): 1613-1615.

[17] KOLMAKOV A, MOSKOVITS M. Chemical sensing and catalysis by one-dimensional metal-oxide nanostructures [J]. Annu Rev Mater Res, 2004, 34: 151-180.

[18] KIM H J, LEE J H. Highly sensitive and selective gas sensors using p-type oxide semiconductors: Overview [J]. Sensor Actuat B-Chem, 2014, 192: 607-627.

[19] KAUR N, SINGH M, COMINI E. One-Dimensional Nanostructured Oxide Chemoresistive Sensors [J]. Langmuir, 2020, 36 (23): 6326-6344.

[20] BARSAN N, SIMION C, HEINE T, et al. Modeling of sensing and transduction for p-type semiconducting metal oxide based gas sensors [J]. J Electroceram, 2010, 25 (1): 11-19.

[21] HUBNER M, SIMION C E, TOMESCU-STANOIU A, et al. Influence of humidity on CO sensing with p-type CuO thick film gas sensors [J]. Sensor Actuat B-Chem, 2011, 153 (2): 347-353.

[22] CHOI K J, JANG H W. One-Dimensional Oxide Nanostructures as Gas-Sensing Materials: Review and Issues [J]. Sensors-Basel, 2010, 10 (4): 4083-4099.

[23] LAW M, KIND H, MESSER B, et al. Photochemical sensing of NO2 with SnO2 nanoribbon nanosensors at room temperature [J]. Angew Chem Int Edit, 2002, 41 (13): 2405-2408.

［24］ZHANG D H, LIU Z Q, LI C, et al. Detection of NO$_2$ down to ppb levels using individual and multiple In$_2$O$_3$ nanowire devices［J］. Nano Lett, 2004, 4（10）: 1919-1924.

［25］CHENG Y, XIONG P, FIELDS L, et al. Intrinsic characteristics of semiconducting oxide nanobelt field-effect transistors［J］. Appl Phys Lett, 2006, 89（9）.

［26］HERNANDEZ-RAMIREZ F, TARANCON A, CASALS O, et al. High response and stability in CO and humidity measures using a single SnO$_2$ nanowire［J］. Sensor Actuat B-Chem, 2007, 121（1）: 3-17.

［27］PRADES J D, JIMENEZ-DIAZ R, HERNANDEZ-RAMIREZ F, et al. Ultralow power consumption gas sensors based on self-heated individual nanowires［J］. Appl Phys Lett, 2008, 93（12）.

［28］ROUT C S, KULKARNI G U, RAO C N R. Room temperature hydrogen and hydrocarbon sensors based on single nanowires of metal oxides［J］. J Phys D Appl Phys, 2007, 40（9）: 2777-2782.

［29］FENG P, XUE X Y, LIU Y G, et al. Achieving fast oxygen response in individual beta-Ga$_2$O$_3$ nanowires by ultraviolet illumination［J］. Appl Phys Lett, 2006, 89（11）.

［30］TRESBACK J S, PADTURE N P. Low-temperature gas sensing in individual metal-oxide-metal heterojunction nanowires［J］. J Mater Res, 2008, 23（8）: 2047-2052.

［31］PRAKASH J, SAMRITI, KUMAR A, et al. Novel rare earth metal-doped one-dimensional TiO$_2$ nanostructures: Fundamentals and multifunctional applications［J］. Materials Today Sustainability, 2021, 13.

［32］KOLMAKOV A, KLENOV D O, LILACH Y, et al. Enhanced gas sensing by individual SnO$_2$ nanowires and nanobelts functionalized with Pd catalyst particles［J］. Nano Lett, 2005, 5（4）: 667-673.

［33］LIAO L, LU H B, LI J C, et al. The sensitivity of gas sensor based on single ZnO nanowire modulated by helium ion radiation［J］. Appl Phys Lett, 2007, 91（17）.

［34］BAIK J M, KIM M H, LARSON C, et al. Pd-Sensitized Single Vanadium Oxide Nanowires: Highly Responsive Hydrogen Sensing Based on the Metal-insulator Transition［J］. Nano Lett, 2009, 9（12）: 3980-3984.

［35］PRADES J D, JIMENEZ-DIAZ R, HERNANDEZ-RAMIREZ F, et al. Equivalence between thermal and room temperature UV light-modulated responses of gas sensors based on individual SnO$_2$ nanowires［J］. Sensor Actuat B-Chem, 2009, 140（2）: 337-341.

［36］LUPAN O, CHAI G, CHOW L. Novel hydrogen gas sensor based on single ZnO nanorod［J］. Microelectron Eng, 2008, 85（11）: 2220-2225.

［37］QIAN L H, WANG K, LI Y, et al. CO sensor based on Au-decorated SnO2 nanobelt［J］. Mater Chem Phys, 2006, 100（1）: 82-84.

［38］KUANG Q, LAO C S, LI Z, et al. Enhancing the photon- and gas-sensing properties of a single SnO$_2$ nanowire based nanodevice by nanoparticle surface functionalization［J］. J Phys Chem C,

2008, 112 (30): 11539-11544.

[39] WEI T Y, YEH P H, LU S Y, et al. Gigantic Enhancement in Sensitivity Using Schottky Contacted Nanowire Nanosensor [J]. J Am Chem Soc, 2009, 131 (48): 17690-17695.

[40] LIAO L, MAI H X, YUAN Q, et al. Single CeO2 nanowire gas sensor supported with Pt nanocrystals: Gas sensitivity, surface bond states, and chemical mechanism [J]. J Phys Chem C, 2008, 112 (24): 9061-9065.

[41] KUMAR V, SEN S, MUTHE K P, et al. Copper doped SnO2 nanowires as highly sensitive H2S gas sensor [J]. Sensor Actuat B-Chem, 2009, 138 (2): 587-590.

[42] ZENG Z M, WANG K, ZHANG Z X, et al. The detection of H2S at room temperature by using individual indium oxide nanowire transistors [J]. Nanotechnology, 2009, 20 (4).

[43] ZHAO S K, SHEN Y B, YAN X X, et al. Complex-surfactant-assisted hydrothermal synthesis of one-dimensional ZnO nanorods for high-performance ethanol gas sensor [J]. Sensor Actuat B-Chem, 2019, 286: 501-511.

[44] BUITRAGO E, FERNANDEZ-BOLANOS M, RIGANTE S, et al. The top-down fabrication of a 3D-integrated, fully CMOS-compatible FET biosensor based on vertically stacked SiNWs and FinFETs [J]. Sensor Actuat B-Chem, 2014, 193: 400-412.

[45] KULKARNI G S, ZHONG Z H. Detection beyond the Debye Screening Length in a High-Frequency Nanoelectronic Biosensor [J]. Nano Lett, 2012, 12 (2): 719-723.

[46] NAIR P R, ALAM M A. Design considerations of silicon nanowire biosensors [J]. Ieee T Electron Dev, 2007, 54 (12): 3400-3408.

[47] WANG J, LIU G D, JAN M R. Ultrasensitive electrical biosensing of proteins and DNA: Carbon-nanotube derived amplification of the recognition and transduction events [J]. J Am Chem Soc, 2004, 126 (10): 3010-3011.

[48] CUI Y, WEI Q Q, PARK H K, et al. Nanowire nanosensors for highly sensitive and selective detection of biological and chemical species [J]. Science, 2001, 293 (5533): 1289-1292.

[49] GAO A R, ZOU N L, DAI P F, et al. Signal-to-Noise Ratio Enhancement of Silicon Nanowires Biosensor with Rolling Circle Amplification [J]. Nano Lett, 2013, 13 (9): 4123-4130.

[50] GAO A R, LU N, WANG Y C, et al. Enhanced Sensing of Nucleic Acids with Silicon Nanowire Field Effect Transistor Biosensors [J]. Nano Lett, 2012, 12 (10): 5262-5268.

[51] CUI Y, LAUHON L J, GUDIKSEN M S, et al. Diameter-controlled synthesis of single-crystal silicon nanowires [J]. Appl Phys Lett, 2001, 78 (15): 2214-2216.

[52] WANG W U, CHEN C, LIN K H, et al. Label-free detection of small-molecule-protein interactions by using nanowire nanosensors [J]. P Natl Acad Sci USA, 2005, 102 (9): 3208-3212.

[53] BUNIMOVICH Y L, SHIN Y S, YEO W S, et al. Quantitative real-time measurements of DNA hybridization with alkylated nonoxidized silicon nanowires in electrolyte solution [J]. J Am Chem Soc, 2006, 128 (50): 16323-16331.

[54] LI B R, CHEN C W, YANG W L, et al. Biomolecular recognition with a sensitivity-enhanced

nanowire transistor biosensor [J]. Biosens Bioelectron, 2013, 45: 252-259.

[55] LI B R, HSIEH Y J, CHEN Y X, et al. An Ultrasensitive Nanowire-Transistor Biosensor for Detecting Dopamine Release from Living PC12 Cells under Hypoxic Stimulation [J]. J Am Chem Soc, 2013, 135 (43): 16034-16037.

[56] CHOI J H, KIM H, CHOI J H, et al. Signal Enhancement of Silicon Nanowire-Based Biosensor for Detection of Matrix Metalloproteinase-2 Using DNA-Au Nanoparticle Complexes [J]. Acs Appl Mater Inter, 2013, 5 (22): 12023-12028.

[57] BESTEMAN K, LEE J O, WIERTZ F G M, et al. Enzyme-coated carbon nanotubes as single-molecule biosensors [J]. Nano Lett, 2003, 3 (6): 727-730.

[58] TANG X W, BANSARUNTIP S, NAKAYAMA N, et al. Carbon nanotube DNA sensor and sensing mechanism [J]. Nano Lett, 2006, 6 (8): 1632-1636.

[59] SO H M, PARK D W, JEON E K, et al. Detection and titer estimation of Escherichia coli using aptamer-functionalized single-walled carbon-nanotube field-effect transistors [J]. Small, 2008, 4 (2): 197-201.

[60] CELLA L N, CHEN W, MYUNG N V, et al. Single-Walled Carbon Nanotube-Based Chemiresistive Affinity Biosensors for Small Molecules: Ultrasensitive Glucose Detection [J]. J Am Chem Soc, 2010, 132 (14): 5024.

[61] CELLA L N, SANCHEZ P, ZHONG W W, et al. Nano Aptasensor for Protective Antigen Toxin of Anthrax [J]. Anal Chem, 2010, 82 (5): 2042-2047.

[62] LIU S, ZHANG X Y, LUO W X, et al. Single-Molecule Detection of Proteins Using Aptamer-Functionalized Molecular Electronic Devices [J]. Angew Chem Int Edit, 2011, 50 (11): 2496-2502.

[63] CHANG J B, MAO S, ZHANG Y, et al. Single-walled carbon nanotube field-effect transistors with graphene oxide passivation for fast, sensitive, and selective protein detection [J]. Biosens Bioelectron, 2013, 42: 186-192.

[64] RAJESH, SHARMA V, PURI N K, et al. Label-free detection of cardiac troponin-I using gold nanoparticles functionalized single-walled carbon nanotubes based chemiresistive biosensor [J]. Appl Phys Lett, 2013, 103 (20).

[65] LI C, CURRELI M, LIN H, et al. Complementary detection of prostate-specific antigen using ln(2)O(3) nanowires and carbon nanotubes [J]. J Am Chem Soc, 2005, 127 (36): 12484-12485.

[66] ISHIKAWA F N, CHANG H K, CURRELI M, et al. Label-Free, Electrical Detection of the SARS Virus N-Protein with Nanowire Biosensors Utilizing Antibody Mimics as Capture Probes [J]. Acs Nano, 2009, 3 (5): 1219-1224.

[67] DHOBALE S, JOSHEE P, DEORE G, et al. Nanostructured glucose-oxidase immobilized SnO_2 thin films for glucose sensing [J]. Appl Phys Lett, 2011, 98 (7): 073704.

[68] CHOI A, KIM K, JUNG H I, et al. ZnO nanowire biosensors for detection of biomolecular in-

teractions in enhancement mode [J]. Sensor Actuat B-Chem, 2010, 148 (2): 577-582.

[69] HAGEN J A, KIM S N, BAYRAKTAROGLU B, et al. Biofunctionalized Zinc Oxide Field Effect Transistors for Selective Sensing of Riboflavin with Current Modulation [J]. Sensors-Basel, 2011, 11 (7): 6645-6655.

[70] YU R M, PAN C F, WANG Z L. High performance of ZnO nanowire protein sensors enhanced by the piezotronic effect [J]. Energ Environ Sci, 2013, 6 (2): 494-499.

[71] LIU X, LIN P, YAN X Q, et al. Enzyme-coated single ZnO nanowire FET biosensor for detection of uric acid [J]. Sensor Actuat B-Chem, 2013, 176: 22-27.

[72] BANGAR M A, HANGARTER C M, YOO B, et al. Magnetically Assembled Multisegmented Nanowires and Their Applications [J]. Electroanal, 2009, 21 (1): 61-67.

[73] HUANG J Y, LUO X L, LEE I, et al. Rapid real-time electrical detection of proteins using single conducting polymer nanowire-based microfluidic aptasensor [J]. Biosens Bioelectron, 2011, 30 (1): 306-309.

[74] CHARTUPRAYOON N, RHEEM Y, NG J C K, et al. Polypyrrole nanoribbon based chemiresistive immunosensors for viral plant pathogen detection [J]. Anal Methods-Uk, 2013, 5 (14): 3497-3502.

[75] ARTER J A, TAGGART D K, MCINTIRE T M, et al. Virus-PEDOT Nanowires for Biosensing [J]. Nano Lett, 2010, 10 (12): 4858-4862.

[76] ARTER J A, DIAZ J E, DONAVAN K C, et al. Virus-Polymer Hybrid Nanowires Tailored to Detect Prostate-Specific Membrane Antigen [J]. Anal Chem, 2012, 84 (6): 2776-2783.

[77] LEE H W, YOON Y, PARK S, et al. Selective dispersion of high purity semiconducting single-walled carbon nanotubes with regioregular poly (3-alkylthiophene) s [J]. Nat Commun, 2011, 2.

[78] ZHAI D Y, LIU B R, SHI Y, et al. Highly Sensitive Glucose Sensor Based on Pt Nanoparticle/Polyaniline Hydrogel Heterostructures [J]. Acs Nano, 2013, 7 (4): 3540-3546.

[79] CHEN T Y, PHAN T K L, HSU C L, et al. Label-free detection of DNA hybridization using transistors based on CVD grown graphene [J]. Biosens Bioelectron, 2013, 41: 103-109.

[80] CAI B J, WANG S T, HUANG L, et al. Ultrasensitive Label-Free Detection of PNA-DNA Hybridization by Reduced Graphene Oxide Field-Effect Transistor Biosensor [J]. Acs Nano, 2014, 8 (3): 2632-2638.

第 7 章 二维纳米材料与智能传感器件

2004 年，二维（Two-Dimensional, 2D）材料石墨烯纳米片通过机械剥离法成功从高度取向的热解石墨中分离制备，引发了二维材料研究的热潮。近年来，随着二维材料合成工艺的不断发展，涌现出多种新兴的二维材料，如金属-有机框架（MOF）、过渡金属二硫化物（TMD）、六方氮化硼（h-BN）、黑磷（BP）、层状金属氧化物和共价有机框架（COF）等。由于它们独特的微观结构以及物理和化学特性，它们在电子器件、光子器件、能量转换、信息存储以及智能传感等领域展现出了重要应用潜力。

与其他材料相比，2D 材料具有多种独特的性能：①具有较大的比表面积，高比表面积将使 2D 材料与外界物质间具有更高的相互作用面积，如在传感领域中，这将使得二维材料与分析物之间的接触面积变大，从而可以提高低浓度分析物的高灵敏检测；②2D 材料的电导率具有较宽区间，从绝缘到近似金属，通过在 2D 材料结构中引入缺陷、掺杂或功能化，以及改变原子层数等，可调控 2D 材料的带隙，从而调控其电导率；③部分 2D 材料表现出优异的机械强度和显著的光学透明度，如氧化石墨烯具有出色的机械强度和柔韧性，其光学透明度可以达到 90%；④2D 材料丰富的表面化学性质和对外界响应的导电特性，使其非常适合健康和环境监测的传感检测、生物医学诊疗等应用。

7.1 二维传感材料的种类

本节将介绍在传感器件领域应用的各种 2D 材料的分类、材料结构和物理化学特性。

7.1.1 石墨烯家族

2004 年，Andre Geim 和 Konstatin Novoselov 通过机械剥离法从高度取向的石墨中制备出了单层石墨烯。石墨烯纳米片具有六方晶格结构，与石墨（3D）、碳纳米管（1D）和富勒烯（0D）一起都是其碳基同素异形体。石墨烯因其优异的物理和化学性质，在许多领域中都有重要应用。石墨烯是 sp^2 碳原子杂化结构，2s、2px 和 2py 三个电子杂化轨道形成共价键合，剩余的 2pz 轨道上的 π 电子垂直于石墨烯平面方向形成大 π 键，π 电子可在晶体平面内自由运动，使石墨烯具有优异的电学性能。研究表明，在室温下石墨烯片层中载流子的迁移率可高达 $1\times10^5\,cm^2/(V\cdot s)$，其空穴和电子的迁移率几乎相等。石墨烯超强的导电性源于其特殊的量子隧道效应。研究表明，在石墨烯吸附不同气体分子的过程中，可以通过改变掺杂状态来调节电导率。由于其原子级厚度，通过石墨烯的电荷传输对其周围环境具有高度响应性。此外，石墨烯具有优异的光透过性能，单层石墨烯的可见光吸收率只有 2.3%，随着层数的增加，石墨烯的可见光透过率会急剧衰减。研究表明，单层和双层石墨烯的带间光转换和光跃迁与其原子片层的层数密切相关。除了在可见光范围内具有高透过率，石墨烯在近红外和中红外光区也具有高透过率。

石墨烯是目前已知材料中硬度和强度最高的晶体结构。石墨烯的强度是同等厚度钢膜的 100 倍，抗应力能力也比其他 2D 纳米材料强。单层石墨烯的抗拉强度和杨氏模量分别为 $42\,N/m^2$ 和 1.0 TPa。由于石墨烯具有优异的机械强度和柔韧性，因此可用于可穿戴柔性电子设备的制备和构建。单层石墨烯的比表面积能够达到 $2630\,m^2/g$，是碳纳米管的两倍，利用 BET 方法检测少层石墨烯的比表面积范围可达 $270\sim1550\,m^2/g$。利用石墨烯高比表面积的特性，可以制备出能够实现对单个分子实现精确探测的化学传感器，从而实现对微量物质的快速检测。

7.1.2 过渡金属硫族化合物

过渡金属硫族化合物（Transition Metal Dichalcogenides，TMD）属于 MX_2 型无机层状化合物，中间的过渡金属层（M）与两个硫族元素（X）原子层形成三明治结构，层间通过范德华力结合，层内原子由强共价键连接。其中 M 为Ⅳ、V 或Ⅵ族过渡金属元素，如 Ti、Zr、Hf、V、Nb、Ta、Mo、W、Tc、Re 等，X 为硫族元素，包括 S、Se、Te 等。根据原子排列情况，TMD 材料可分为不同晶体结构类型，包括三角棱柱（六方，H），八面体（四方，T）以及它们的变形结构（T'）。以 MoS_2 为例，如图 7-1 所示，根据 Mo 和 S 原子间的配位关系及层间的堆积顺序，其晶型主要包括 1H、1T、2H 和 3R 四种，其中 $2H\text{-}MoS_2$ 具有热力学稳定结构，在目前的研究中被证明最具应用前景。

2D TMD 材料具有独特的电学和光学特性，这些特性主要得益于 2D TMD 由块体材料转换为单层或多层的二维材料时，其带隙由间接带隙转变为直接带隙过程中出现的量子限制效应，以及尺度减小带来的表面效应。多数半导体 TMD 材料在块体状态时为间接带隙，而单层时则为直接带隙。如 MoS_2 由几个 S-Mo-S 层组成，这些层通过弱范德华力相互连接。块状 MoS_2 是间接能隙半导体（1.2eV），单层是直接能隙半导体（1.8eV）。此外，多数 TMD 同时具有金属相

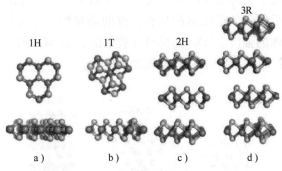

图7-1　MoS$_2$ 的不同晶型结构（见彩插）

a）1H　b）1T　c）2H　d）3R

和半导体相。在室温时，MX$_2$ 的稳定相为 2H 相，通过 Li 插层或电子束辐射可得到 1T 相。TMD 中的这种可调带隙伴随着强光致发光（PL）和大激子结合能，使其在光电器件构建中极具潜力。

由于 2D TMD 材料的层状结构，其每个相邻片层之间的范德华间隙和较大的比表面积使其在传感应用领域中具有极大的优势。高表面体积比使基于 2D TMD 的传感器具有更高的灵敏度、更多的选择性和更低的功耗。已有研究表明，MoS$_2$、WSe、ReS$_2$ 等二维材料在气体传感中具有重要的应用潜力。此外，弱键合的 2D TMD 原子层易于与其他 TMD 隔离和堆叠。例如，可以通过将原子级厚度的不同 2D TMD 片层进行堆叠构建异质结构，它们具有独特的功能性质和优异的物理化学性能。

7.1.3　过渡金属碳氮化合物

过渡金属碳氮化合物（MXene）也是一种新兴的二维材料，主要为过渡金属碳化物、氮化物、碳氮化物等，其结构式为 M$_{n+1}$X$_n$（n=1，2，3），M 是过渡金属，即 Sc、Ti、Zr、Hf、V、Ta、Nb、Cr、Mo 等，X 对应碳和/或氮，目前已报道的 MXene 材料超过 70 种。MXene 的制备通常是对层状块体金属碳化物、氮化物或碳氮化物的 3D MAX 相进行选择性腐蚀剥离层状结构。如图 7-2 所示，MAX 相化合物，即 M$_{n+1}$AX$_n$，A 主要位于元素周期表的 IIIA 和 IVA 族，通过腐蚀性液体的选择性刻蚀 A 层，即可获得由 M 和 X 元素构成的 2D MXene。MXene 的公式变为 M$_{n+1}$X$_n$T$_x$，T$_x$ 对应表面功能基团，其表面的功能基团主要由于处理过程中的酸性或碱性溶液（主要为氢氟酸 HF），以及裸露的 M 原子本身的高活性，而使表面附着-OH、-F、-O 或-Cl 等基团。制备过程中引入的表面基团对 MXene 的物理及表面化学性质具有极大影响。表面的亲水功能基团使 MXene 具有良好的亲水性。此外，单层 Ti$_3$C$_2$(OH)$_2$ 的弹性模量约为 300GPa，比石墨烯的弹性模量小，但高于大部分 2D 氧化物和层状黏土。通过湿法刻蚀技术制备的 MXene 与水混合后制备的柔性薄膜具有良好的柔韧性，可进行折叠并实现支撑自身质量几倍物体的强度。MXene 材料家族中的 M 还可同时为两种或多种过渡金属元素，极大扩展了 MXene 材料家族的多样性。

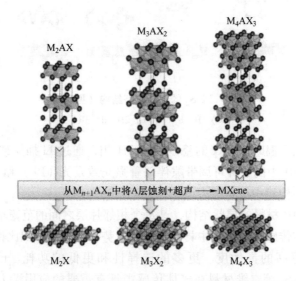

图 7-2　MAX 相及相应的 MXene 的结构图（见彩插）

MXene 的电子性质取决于 M、X 的性质以及其表面功能基团。半导体类 MXene 可以在某些刺激下（例如光激发）产生活性电子和空位，对这些电子或空位施加氧化应激，它们会与环境发生反应，这是催化和反应性氧产生的必要过程。MXene 的带隙可以通过多个因素进行调节，使得该材料可以对各种不同类型的刺激产生智能化反应。在传感应用方面，包括电化学传感、压电传感、生物传感等，MXene 材料已获得了广泛应用。基于 MXene 制备的生物相容器件可实现快速、便捷、免标志检测等，如 MXene 基生物酶传感器可用于检测生物质分子、水污染物、气体分子等，这些器件具有高灵敏度和极低检测浓度下限的特点。

7.1.4　二维金属氧化物

通常来说，二维金属氧化物（Metallic Oxide，MOX）可分为层状和非层状两种结构形态。层状 MOX 包括传统的层状 MOX、新兴的六方 MOX 和二维层状双金属氢氧化物（Layered Double Hydroxide，LDH）。图 7-3 所示为不同结构的 2DMOX 示意图。其中图 7-3a 和 b 所示为传统层状 MOX，即 MoO_3 和 V_2O_5 晶体结构，MoO_3 具有层状结构，其中每一层主要由斜方晶体中扭曲的 MoO_6 八面体组成。而 2D V_2O_5 通常具有斜方晶体结构，包括由方形 VO_5 金字塔的锯齿形双链组成，与角共享桥氧原子键合在一起，层状 MOX 层内为强化学键，层间为范德华作用。近年来，一种具有独特平面六方配位的层状晶体结构在多种金属氧化物中被发现，包括 Ti、Mn、Fe、Co、Ni、Cu、Al、Gd、Ge 等，这与传统的常温非极化晶体结构有明显区别。图 7-3c 所示为从金属-气体界面衍生的单层和少层六方 TiO_2，与层状六边形 TMC 结构相似，每个原子层都由六边形环组成，其中包含氧与金属原子。图 7-3d 所示为 LDH 的典型晶体结构，金属阳离子占据八面体的中心，含有氢氧根的顶点共享离子形成二维层。而在层状 MOX 中，原子或离子通过微弱的静电力与氧化物层结合。如 Bi_2O_2Se 由平面共价键合氧化物层（Bi_2O_2）组成，中间夹着具有相对弱静电相互作用的 Se 方形阵列，如图 7-3e 所示。非层结构 MOX 通过三个维度的化学键合进行重组，其原子通过强化学键连接，因此在表面和边缘形成大量非饱和的悬空键，其表面具有高能量和高活性。如图 7-3f 所示，CeO_2 是非层状结构 MOX 的一个典型例子，其结构由占据八面体空间的阳离子和阴离子的面心立方晶胞形成。

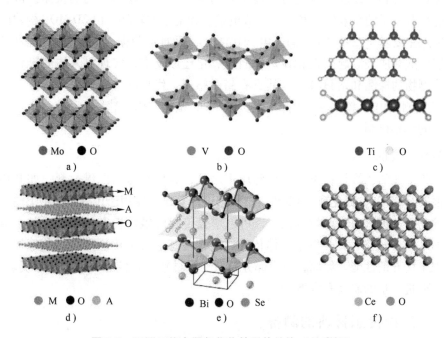

Mo ● O
a)

V ● O
b)

Ti ○ O
c)

● M ● O ● A
d)

● Bi ● O ● Se
e)

○ Ce ● O
f)

图 7-3　不同二位金属氧化物的晶体结构（见彩插）

a) MoO_3　b) V_2O_5　c) $h-TiO_2$　d) LDH　e) BiO_2Se　f) CeO_2

二维金属氧化物由于其独特的物理和化学性质，如高光热响应、温度超导性、光致发光、柔韧性、独特的催化能力和较低的等离子体调节能力等，在众多领域中引起极大关注。超薄 2D MOX 的电导率具有极宽区间，通过调节其能带结构和掺杂水平，可实现绝缘至导电的性质调控。与石墨烯相似，具有原子厚度的 2D MOX 具有较高的光学透明度和机械柔韧性，这些特性使其可广泛运用于柔性器件及光电器件中。

7.1.5　金属有机框架材料

金属有机框架（Metal-Organic Framework，MOF）是一系列由金属离子和有机配体组成的空间网状结构。迄今为止，碳材料、金属、过渡金属氧化物、过渡金属碳化物、过渡金属二硫属化物、过渡金属磷化物及其复合材料已由 MOF 前驱体成功制备。2D MOF 作为一种新型二维材料，兼具二维材料和多孔材料的优势。与其 3D 形式相比，2D MOF 具有优异的物理和化学性质，即超薄层厚、高比表面积、高径厚比、大量暴露的不饱和金属位点、可调节的化学成分和可识别的表面原子结构等。这些特性为 2D MOF 在化学气体传感和电化学生物传感等应用中提供了必要条件和独特优势。2D MOF 纳米片表面具有丰富的不饱和金属位点，有利于促进反应物与活性位点的接触、反应物和产物的快速扩散、光生电荷载流子的有效转移和分离，或电解质和电子的转移。由 2D MOF 构建的非酶传感主要基于二维 MOF 的高电催化活性，可对葡萄糖、过氧化氢、多巴胺、抗坏血酸和尿酸等起到催化作用，通过氧化还原反应，实现对人体健康状况相关待测物的探测和定量分析，其具有高敏感度，优异的选择性能等特点。由于 MOF 材料的电导率较差，因此，大多数 MOF 基的气体传感器为荧光、电容、阻抗类的传感机制。

7.1.6　其他

除上述的二维材料可用于传感应用之外，其他新型的二维材料，如共价有机框架（COF），氮化硼（BN），黑磷（BP）等也可应用于传感。如将黑磷与表面等离子共振（SPR）技术结合，可以增强传感的敏感度和稳定性。基于氮化硼纳米片，研究人员开发了气体传感、生物传感、力学传感等多种传感器，并展现出优异的性能。然而，对于部分新型二维材料，在传感方面的探索仍较少，还需要进一步的研究和发展。

7.2　二维传感材料的制备

二维纳米材料的合成路线是决定活性材料最终化学、结构和形态特性的一个重要因素。对于传感器件应用领域，材料性质的可控性是决定器件性能和稳定性的重要因素。目前，已经发展了许多有效的方法用于制备符合不同需求的二维传感纳米材料。通常，合成方法可分为自上而下和自下而上法。自上而下的方法主要是将层状块体材料剥离为单层或多层的二维晶体薄片，如液相剥离，机械剥离法等。而自下而上的方法，例如化学气相沉积、原子层沉积法、选择性提取和湿化学合成等，更常用于不具有典型层状结构的二维材料。本节将简要介绍一些典型的二维传感材料制备方法。

7.2.1 剥离法

剥离法主要依靠外部刺激，破坏层状块体材料层间的弱范德华力，剥离得到单层或多层的二维纳米材料。剥离过程可由不同的驱动力触发，如机械力、超声、电化学或微波等。

1. 机械剥离法

机械剥离法是利用机械力将层状块体材料进行剥离得到单层或多层纳米片，同时能够保留晶体结构和特性。该方法首先被 Novoselov 和 Geim 等人用于石墨烯的剥离，利用透明胶带从石墨表面黏附剥落得到石墨烯。除此之外，这种方法的多功能性和低成本使其在合成二维材料方面非常受欢迎，并且对于基础研究非常方便。研究人员通过将层状块体材料表面与基板界面摩擦，可以将晶体碟片转移到基底表面，得到具有良好结晶度的单层纳米片。虽然机械剥离法制备的纳米片具有高导电性和低缺陷等优势，但是尺寸和厚度均匀性受限，并且黏性聚合物容易对单层二维材料表面产生污染，因此大规模生产可行性较低。此外，该方法仅适用于层状范德华固体，无法获得层状离子固体和非层状材料的纳米片。

2. 超声波剥离法

超声波剥离是将范德华固体分层为单层或几层纳米片的有效策略，如图 7-4a 所示。与机械剥离相比，这种方法更加通用高效，可实现高产率和大批量生产。超声剥离过程中会产生声空化效应，即由于压力波动而导致液相中气泡或空隙的生长和破裂，从而使晶体层剥落而得到纳米片。超声处理时间和合适的溶剂在剥离过程中起关键作用，在良好的溶剂中，剥离的纳米片可稳定分散而避免再聚集。在最近的报道中，不同类型的有机溶剂已被用作二维纳米片层材料的分散介质。利用超声剥离，可实现多种纳米片的大批量生产，如石墨烯、BN、MoS_2 和 WS_2 等。例如，通过在水或有机溶剂中对膨胀氧化石墨进行超声处理，可简易地大批量制备氧化石墨烯纳米片。科尔曼等人成功地在多种溶剂中进行超声剥离得到层状化合物的纳米片，如 BN、MoS_2 和 WS_2（见图 7-4c ~ e）等。超声剥离后二维纳米片悬浮液可滴涂或涂覆在传感器基板上，进一步用于制备器件的传感层，可大批量生产并用于电子器件、气体传感、能源和催化等众多领域。但是该方法存在难以控制纳米片横向直径、厚度以及原子层数的缺陷，同时在剥离过程中可能使纳米片形成缺陷破裂。

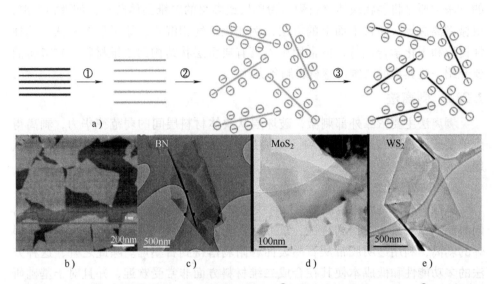

图7-4 a）超声剥离膨润石墨制备石墨烯示意图：①增大氧化石墨的层间距；②通过超声
剥离水中的氧化石墨以获得稳定的 GO 胶体；③通过肼还原使 GO 胶体变成石墨烯胶体
b）所得石墨烯纳米片的 AFM 图像，蓝色曲线为其沿红线拍摄的高度剖面（比例尺 1nm）
c）BN 纳米片的 TEM 图　d）MoS₂ 纳米片的 TEM 图　e）WS₂ 纳米片的 TEM 图（见彩插）

3. 电化学剥离

对于具有带电主体层的 2D 材料，如大多数层状金属氧化物（不包括 V_2O_5）
和金属氢氧化物，很难通过机械或超声波剥离。因此，采用电化学剥离更加有
效，即通过渗透膨胀进行化学反应以消弱或破坏层间的强相互作用力。电化学
剥离法也被广泛用于剥离层状结构材料以获得纳米片，如石墨烯、MoS_2 和 WS_2，
TiS_2、TaS_2 和 ZrS_2。式（7-1）与式（7-2）为锂（Li）插层工艺剥离 MoS_2 的反应
过程。该方法利用 Li^+ 离子插层来扩大 MoS_2 层间距离，以破坏其层间作用力而
进行纳米片层的剥离。在测试电池中，层状结构的块体材料作为阴极，Li 作为
阳极，处理过程中保持通电。完成 Li 插入后，将处理后的化合物用丙酮洗涤再
进行超声得到纳米片。

$$MoS_2 + xLi^+ + xe^- \rightarrow Li_xMoS_2 \tag{7-1}$$

$$Li_xMoS_2 + xH_2 \rightarrow MoS_2 + \frac{x}{2}H_2 + xLiOH \tag{7-2}$$

使用电化学剥离获得单层过渡金属二硫属化物的反应产率接近 100%，但仍
存在诸多挑战，如反应需在高温下长时间进行，且需精细控制 Li 的嵌入以获得
单层纳米片，同时还需防止金属纳米颗粒的形成和 Li_2S 的沉淀。此外，BN 和金

属硒化物或碲化物的纳米片也已通过该方法获得。

4. 离子交换剥离法

上述方法能够将范德华固体剥离获得超薄纳米材料，但用于剥离层状离子固体时存在一定困难，如 $LiCoO_2$ 或 LDH 等。因为离子固体的层间具有强离子键，离子交换剥离是获得其二维材料的常用方法。例如，对于层状金属氧化物 $LiCoO_2$，通过在 HCl 溶液中进行质子交换反应，然后用四丁基铵插层反应，再使用超声进一步提高剥离效果。

7.2.2　气相沉积法

气相沉积法（Chemical Vapor Deposition，CVD）是一种高温化学合成工艺，通过该工艺将所需材料沉积在基板上，已被用于生长各种二维纳米材料，如石墨烯、金属二卤化物共化物（MoS_2 等）、氮化硼（BN）等。与机械或超声波剥离相比，CVD 技术可合成具有可扩展尺寸、可控厚度和优异电子特性的纳米片。CVD 合成工艺的主要优势在于可以获得具有性能可调控的高质量、高纯度二维纳米材料。这使得人们可以通过调整合成工艺参数来控制二维纳米结构的形态、层数、结晶度和缺陷。多晶和单晶石墨烯纳米片均可通过 CVD 合成。并且，二维材料的层数也可以通过调整 CVD 参数来控制。如图 7-5 所示，用氧等离子体工艺处理 SiO_2 衬底表面，实现了大面积 MoS_2 薄膜层数的精确控制。通过 CVD 生长的二维纳米材料，如 MoS_2 和石墨烯，已显示出用于气体传感器的巨大潜力。此外，CVD 还能够直接在传感器基板上生长高质量的 2D 纳米结构，以简化器件制造流程。

7.2.3　湿化学合成法

湿化学法具有高产、低成本和可大批量生产的优点，可用于制备各类二维材料。湿化学策略包括多种方法，如水/溶剂热合成、模板合成、溶剂蒸发和自组装方法。其中水/溶剂热法是用于合成无机材料的常用方法，与其他晶体生长方法相比，水/溶剂热法具有反应温度低和调整反应条件便利等优点。超薄纳米结构的合成中影响因素很多，包括温度、反应时间、反应物配比等。通过该策略可实现多种化合物的制备，如 MoS_2、TiO_2、ZnO、Co_3O_4、MnO_2 等。比如通过溶剂热法合成超薄 Rh 纳米片，其主要步骤为首先将 Rh（acac）$_3$ 和 PVP 溶解在苯甲醇和甲醛混合的溶剂中，剧烈搅拌 1h，然后转移到聚四氟乙烯衬里的反应釜中，于 180℃保持 8h，然后冷却至室温。所得黑色产物用丙酮（10mL）沉淀，在离心机中分离并用乙醇（10mL）洗涤三次，最后进行真空干燥。

湿化学合成可用于制备二维非层状金属氧化物。图 7-6a 所示为一种通用的

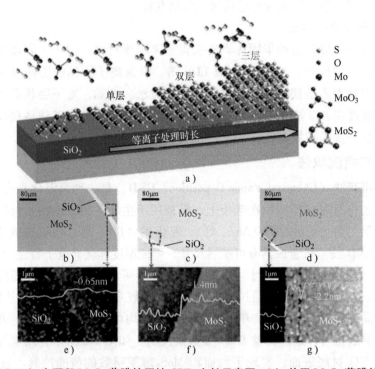

图 7-5　a）大面积 MoS_2 薄膜的层控 CVD 生长示意图　b）单层 MoS_2 薄膜的光学
显微镜图像　c）双层 MoS_2 薄膜的光学显微镜图像　d）三层 MoS_2 薄膜的光学
显微镜图像　e）单层 MoS_2 薄膜的标记区域的相应原子力显微镜（AFM）图像
f）双层 MoS_2 薄膜的标记区域的相应原子力显微镜（AFM）图像　g）三层 MoS_2
薄膜的标记区域的相应原子力显微镜（AFM）图像（见彩插）

溶剂（乙醇/水/乙二醇）热合成法制备过渡金属氧化物纳米片。使用表面活性
剂组装反层状胶束，将水合无机低聚物限制在反层状胶束内，然后促使形成层
状无机低聚物团聚体。溶剂热合成过程中会产生缩合和结晶，移除表面活性剂
模板后可得到结晶良好的超薄二维过渡金属氧化物纳米片。

表面活性剂导向的溶剂热合成法的优势在于并不受限于有限层数的层状主
体材料，对于金属氧化物纳米片的合成是通用的。它为合成各种二维金属氧
化物（见图 7-6b~e），如 TiO_2、ZnO、Co_3O_4 和 WO_3 提供了灵活通用的方法，
同时可实现大批量生产。研究表明，许多类型的二维纳米结构，如 SnO_2、
ZnO、CuO、NiO、In_2O_3 等均可通过简单、低成本的湿化学方法制备。与上述
剥离法、CVD 方法相比，湿化学合成方法具有成本更低和尺寸可控性更好的
优点。

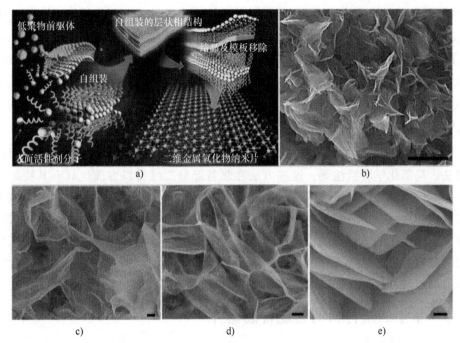

图 7-6　a）二维金属氧化物纳米片自组装示意图　b）TiO_2 纳米片的 SEM 图像
c）ZnO 纳米片的 SEM 图像　d）Co_3O_4 纳米片的 SEM 图像　e）WO_3 纳米片的 SEM 图像

7.2.4　原子层沉积法

原子层沉积（Atomic Layer Desition，ALD）允许通过交替金属和氧前体暴露实现的自限生长循环来精确控制超薄金属氧化物的厚度。由于前体反应化学已经确立，所以初始成核步骤（需要与基材反应）是获得均匀和均质薄膜的关键。厚度精确可控使得 ALD 能够制造具有接近半导体德拜长度的传感层，以最大限度地提高传感器灵敏度。通过原子层沉积法可合成二维金属二硫化物，WS_2 和 $MoSe_2$ 等。如 Kim 等人实现了精确控制层数的大面积 WS_2 纳米片的合成，其控制层数分别为 1、2 和 4，且纳米片尺寸超过 4in$^\ominus$。此外，ALD 也是通过石墨烯表面功能化生产混合二维纳米材料的有效策略。

7.2.5　选择性提取法

选择性提取法是主要用于新型二维材料 MXene 制备的方法。在 7.1.3 节中对 MXene 的结构和特性已做介绍，MXene 的制备通常是对层状块体金属碳化物、氮化物或碳氮化物的 3D MAX 相进行选择性腐蚀完成。最早报道用于刻蚀制备

$\ominus$　1in＝0.0254m。

MXene 的方法是采用氢氟酸。由于氢氟酸具有强腐蚀性、生物毒性和环境危害性，故研究人员开发了新的无氟体系，采用 HCl、NaOH 或路易斯酸性（Lewis-acidic）熔融盐等进行选择性蚀刻以获得 MXene。由于选择性蚀刻采用强酸或强碱，以及 M 层本身的高活性，在制备的过程中会引入各种功能团，因此通过制备过程中反应的调控可实现 MXene 物化性能的控制，以满足不同领域的各种需求。

7.2.6 其他方法

除了上述合成二维材料的方法外，还存在其他方法，如微波法、电子束蒸镀法、局部化学转换法等，这些方法在制备部分二维材料方面也具有其特定优势。如采用微波法应用于热还原氧化石墨烯（GO）制得微石墨烯纳米片，整个过程仅需数秒。微波剥离方法也可用于生产仅数层的 N 型掺杂的石墨烯纳米片。有人提出在氨基钠存在的条件下，微波辐射下的介电加热引起的高能态可直接将石墨转换为 N 型掺杂的石墨烯。与上面提到的其他剥离方法相比，微波剥离具有简单易行且生产快速等优点。

7.3 基于二维材料的智能传感器件

7.3.1 力学传感

二维材料的机械-电转换性能与其几何尺寸相关，因为在不同的尺度下其传感机制不同。在微观尺度，二维材料受到应力或者发生应变时，其晶格、层间距和电子能带结构会发生变化，通过其晶体学行为的变化实现电学和光学性能的调节，从而实现对机械信息的响应。在宏观尺度，除了微观层面的晶体学行为影响，材料的机械-电耦合性能还会受到宏观结构、化学修饰、层间滑动界面、基底作用、二维原子层的尺寸、基底形态等诸多因素的影响。因此基于各种新兴二维材料、不同的传感机制，以及涌现的先进制备方法，二维材料基力学传感技术得到了迅速发展。由二维材料构成的机械传感器具有不同的传感机制，包括压阻、电容、压电和摩擦等。

1. 压阻传感

多数二维纳米材料，如石墨烯、MoS_2、WSe_2、$MoSe_2$ 等，都具有压阻特性，有助于应变或压力传感的设计应用。对于不同结构设计的压阻传感，其传感机制不同。目前，结构设计主要包括基于纳米片的面内横向设计、纳米片的堆叠和异质材料复合。面内横向设计则不涉及晶面间的作用和信号传递，晶面内为强键合，当纳米片受到外加应力时，晶面会发生应变或剪切，导致电阻变化。在 7.2 节中，介绍了多种二维纳米材料的制备方法，可知在材料的制备过程中，不可避免地会引入结构缺陷，因此会影响其物化性质。由于缺陷的不可控，因此即使对于同种二维材料，其压阻特性也不尽相同。主要原因是缺陷或晶界的存在导致的物化性质变化，所以基于二维材料的横向面内传感设计很难实现传感性能的一致性。

二维材料的堆叠设计，即将二维材料晶体层进行垂直堆叠，晶体层之间多为范德华弱键合。因此，对于堆叠设计的传感器件，不仅存在晶面内的感应变化，还存在晶体层间的感应变化。对于晶面内的载荷，因晶体层的应变或剪切而导致电阻变化；对于晶面间的载荷，晶体层的层间距发生变化而导致电阻变化。垂直堆叠结构的压阻特性还取决于每层的机械性能和层间的范德华力。当二维材料承受大于 1% 的应变水平时，可能会发生 2D 层之间的界面滑动而不是晶格变形。因此通过相邻晶体层之间的滑动控制电导率，可制备具有高灵敏度的机械传感器件。此外，二维材料中含有孤岛或者贯穿的裂缝时，其压阻特性主要由隧道效应决定，因此具有极高的灵敏度。通常来说，上述传感机制并非单独存在，而是会由于不同的刺激而触发不同机制协同作用。

将其他功能组分形成的异质复合材料引入并用于制备二维材料传感器，或者利用不同功能材料的协同效应，也可构建更多的具有刺激响应的智能材料。目前，研究人员已经实现了将 2D 材料与不同形态的材料进行复合形成异质结构，并用于构建机械传感器件，包括二元材料体系和三元材料体系等。如图 7-7 所示，基于珍珠贝壳层状结构的启发，研究人员构建了 $Ti_3C_2T_x$-AgNW-PDA/Ni^{2+} 应变传感器，其具备"砖-砂浆"架构。利用不同材料的功能协同，2D MXene/1D AgNW 作为"砖"，PDA 作为"砂浆"，两者复合可控制裂纹的产生，从而提高其灵敏度。此外，将具有导电性的金属二维材料复合掺入以柔性材料为框架的体系中，可获得具有导电型的柔性材料。与一维导电填料相比，二维填料具有更大的接触面积，因此具有更高的应变和压力敏感性。基于压阻效应的传感器通常具有易于制造、成本低廉的优点，被广泛用于高性价比的可穿戴电子产品中。

2. 电容性原理传感

二维材料巨大的比表面积、丰富的孔隙结构和灵活的表面化学修饰使其非常适合作为离子传感电极。在电容传感的构建中，二维材料可作为电极或者介电层集成到传感器件中。通过利用弹性介质/电极界面上电双层的超级电容特性，构建的基于二维材料的界面超电容传感器件可实现微小机械形变的检测，并具有卓越的性能，包括超大的单位面积电容，超高的敏感度，优异的抗干扰能力以及器件的轻薄和柔性结构。例如，使用 MXene（$Ti_3C_2T_x$）构建的电容电极，当其受到外加压力时，MXene 的可及表面积（accessible surface aera）增加且离子传输路径缩短，传感器展现出超高的灵敏度和超宽的传感范围，分别为

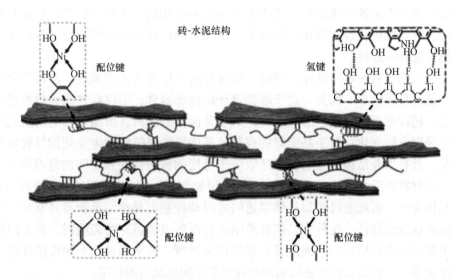

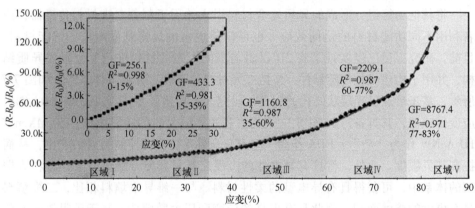

图 7-7   基于二维晶体的异质复合结构 $Ti_3C_2T_x$-AgNW-PDA/Ni^{2+} 传感器，以及不同应变下的相应电学性能响应

$46730kPa^{-1}$ 和 1.4MPa。基于二维材料的电容传感在机器人智能、电子皮肤、可穿戴健康监测等领域展现出良好的应用前景。

3. 压电和摩擦电原理传感

与压阻式和电容式原理不同，压电式和摩擦电式传感是不需要外部提供能量来源的自供电传感器。采用具有压电效应的材料，当材料在一定方向上受到外力变形时，在其相对的两个表面上会出现正电荷和负电荷。理论和实验研究表明，MoS_2、$MoSe_2$、WS_2、WSe_2 等一系列二维材料为压电或铁电材料。由于二维纳米材料具备高强度、柔性和超薄特性，故在传感设计方面具有极大优势。通常来说，二维压电材料传感主要包括两种机制，即面内压电模式（d_{11} 和 d_{22}）

和垂直压电模式（d_{33}）。在 d_{11} 和 d_{22} 工作模式下，压电材料在面内方向受到拉应力或压应力。材料极化和产生的电场与施加应力方向相同。当采用 d_{33} 工作模式时，压电材料受力为面外方向（即垂直方向），其产生的电场也沿垂直方向。最近的研究表明，含有奇数个原子层的 MoS_2 显示出平面内压电效应，并产生振荡的压电电压和电流输出。

二维材料的原子层厚度优势可以在很大程度上使应变或压力传感器实现小型化，甚至不会干扰被测物体的表面形状和力信号的分布。基于二维材料的可穿戴机械传感器具有较好的柔韧性和强度，因此可实现高应变和弯曲，甚至折叠，可应用于需要形变的场景。因此，将解决与生物医学表皮设备和机器人操作相关的许多挑战。如图 7-8a 和 b 所示，基于二维材料设计的可穿戴机械传感器可以贴附在人体的不同部位，以检测大量的人体运动过程，例如肌肉运动、脉搏、呼吸、面部表情和步态等。

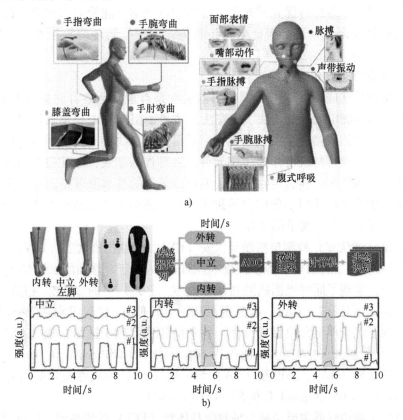

图 7-8　可穿戴应用和机器学习辅助的智能传感器

a）用于人体运动检测的石墨烯纺织应变传感器　b）用于各种步态检测的石墨烯压力传感器

近年来，可穿戴机械传感器在医学检测领域的应用也得到迅速发展。例如，将基于石墨烯的可穿戴应变或压力传感器佩戴在手腕上，可实现脉搏波形的清晰记录与特征峰区分，可用于诊断测试者的某些疾病，如高血压等。此外，它还可模仿医生对脉搏的触觉，并提供实时脉搏波形记录，为中医在实践中提供更多的定量分析数据。因此，基于二维材料的可穿戴应变/压力传感器在家庭便携式诊疗器件中具有广阔的应用前景。

7.3.2 生物传感

二维生物传感器通常是利用二维材料作为信号转换元件来传递生物信号的器件。得益于二维材料的优异特性，相较于传统的生物传感器，基于二维材料制备的传感器在电子转移效率、比表面积和掺杂灵敏度方面都具有卓越性能。随着新兴二维材料的引入、传感器构建方法的不断发展，使得基于二维材料的传感性能进一步提升，可检测的生物分子也进一步拓宽，目前已经超过传统的生物传感器。二维材料优异的光学、电学和电化学性能使它们作为平台或用于开发灵敏的电化学和光学探针生物传感器，用于检测环境污染物和生物活性分子。

1. 电化学生物传感器

在生物传感应用中，电化学传感器通常是首选，是最有前景的分析设备，它主要通过检测电流（安培法、伏安法）或界面阻抗（电化学阻抗谱）的变化进行传感。它们依赖于生物识别元素，对目标分析物具有高选择性。在传感器的设计中，二维材料既可作为传感元件，又可作为基底，在其面上修饰金属及其氧化物、碳纳米材料、生物酶等。生物传感器的基本原理是固定的生物分子和目标分析物之间的识别作用会导致传感材料或溶液的电特性发生变化，例如电流、电导、电势和离子强度等。

电流（或伏安）检测包括循环伏安（CV）、线性扫描伏安（LSV）、差分脉冲伏安（DPV）、计时电流等多种技术。Sun 等人基于金修饰的二维 MoS_2 的纳米复合电极，实现了同时检测磷酸盐缓冲盐水（PBS）中的多巴胺（DA）、抗坏血酸（AA）和尿酸（UA）。通过电沉积的方式使 Au 颗粒沉积在 MoS_2 纳米片上，实现了优于单组分电极的性能。制备的传感器对于抗坏血酸（AA）、多巴胺（DA）和尿酸（UA）的检测限为 $50\mu mol/L$、$0.05\mu mol/L$ 和 $50\mu mol/L$，其中对抗坏血酸（AA）、多巴胺（DA）和尿酸（UA）的线性检测范围为 $50\sim1\times10^5\mu mol/L$、$0.05\sim30\mu mol/L$ 和 $50\sim4\times10^4\mu mol/L$。

电位生物传感器主要是基于场效应晶体管（FET）的传感器，通过测定沟道电阻变化进行传感。目前，电位生物传感已实现多种目标物的选择性检测，包括离子、目标 DNA 双螺旋、蛋白和病原体等。如图 7-9a 所示，Lee 等人基于

MoS₂ 开发的传感器可实现对杂化 DNA 的检测。与单链 DNA 相比，杂化 DNA 对 MoS₂ 的亲和力降低。由于 DNA 的带电特性，MoS₂ 吸附 DNA 的数量变化导致阈值电压变化，实现传感。其检测限为 10fmol/L，检测动态范围高达六个数量级。此外，Lee 等人还研究了用于检测前列腺特异性抗原（PSA）的传感器。通过非特异性的方式将 Anti-PSA 直接吸附在基于 MoS₂ 的传感器，实现了 PSA 的高灵敏度检测，如图 7-9b 所示。以截止电流作为衡量标准，该器件可实现 1pg/mL 的灵敏度和 10ng/mL 选择性检测。

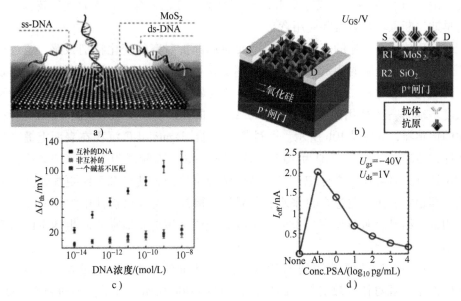

图 7-9　**a）基于 MoS₂ 用于检测杂化 DNA 的传感器　b）基于 MoS₂ 用于检测 PSA 的传感器　c）互补、非互补和杂化 DNA 浓度与器件的响应性关系　d）截止电流与 PSA 浓度的关系**

2. 光学传感器

与传统的电子传感相比，光学生物传感具有无电磁干扰、抗腐蚀和灵敏度高等特点，其敏感性甚至可以检测单个分子。常见的光传感技术包括荧光共振能量转移（FRET）、表面等离子共振（SPR）、和 SERS 光谱。基于荧光猝灭或增强的传感器，如 FRET，可检测荧光的变化对目标分析物进行传感。FRET 是两个荧光团之间通过偶极-偶极耦合的非辐射能量转移机制，性能主要取决于三个因素，即荧光供体、荧光受体，以及供体和受体之间的距离。FRET 对荧光团之间的距离极为敏感。为了产生荧光，受体的激发带必须与供体的发射带重叠。同时，供体的激发带和发射带之间距离必须在纳米尺度的典型范围内。Kong、

Deng 和 Huang 等人分别使用 MoS_2 猝灭剂灵敏检测前列腺特异性抗原、DNA 甲基转移酶活性和通过杂交链式反应（HCR）检测 DNA。通过设计对 MoS_2 具有亲和力的底物 DNA，实现了 DNA 甲基转移酶（MTase）活性的检测。它由 ssDNA 和 dsDNA 组成，其中 ssDNA 允许底物 DNA 通过范德华力相互作用吸附在 MoS_2 纳米片上。因此，附着在 dsDNA 末端的荧光团会发生荧光猝灭。Kong 等人构建了表面吸附荧光修饰的单链（ss）DNA 探针，可实现前列腺特异性抗原（PSA）的检测，如图 7-10a 所示。当没有 PSA 时，荧光淬灭，当加入 PSA 时，荧光恢复。由于当 PSA 值大于或等于 4ng/ml 可认为存在前列腺癌，因此这项技术在疾病早期诊断领域具有实际应用意义。

SPR 传感器产生的表面等离子激元对局部折射率的变化特别敏感，通过检测目标分析物吸附时引起的局部折射率变化可以实现传感，该技术目前已实现了商用化。通过将二维材料集成在 SPR 传感器中，可用于提高 SPR 传感器的灵敏度。Zhou 等人使用涂有 rGO/AgNP/AuNP 的光纤探针开发了用于检测大肠杆菌的传感器，如图 7-10b 所示。通过将抗菌肽 MagaininI-C 沉积在表面上提高选择性，传感器的线性范围为 $10^3 \sim 5 \times 10^7 CFU/mL$，检测限为 $5 \times 10^2 CFU/mL$。该 SPR 检测策略可在没有标记或者二抗的情况下完成，使检测系统更加快速、低成本和稳定。作者通过在自来水、苹果汁、橙汁、混合果蔬汁中添加检测物进行测试，结果表明回收率在 88%～110%，证明了该传感器在实际生活中的潜在应用。

SERS 技术可检测吸附到 SERS 基底材料表面的分析物，通过表面等离子激元的作用实现对拉曼散射信号的增强。如图 7-10c 所示，Li 等人通过将石墨烯/银复合材料沉积在丝网印刷的电极上，开发了用于检测极性抗生素的 SERS 传感器。四种不同的抗生素［甲氨蝶呤（MT）、氨苄西林三水合物（AT）、6-氨基青霉酸（6-AA）和青霉素 G、Na（PG）］被首先电离，其中 MT 和 6-AA 被正离子化，而 AT 和 PG 被负离子化。用该传感器对添加了 100nmol/L 抗生素的河水样本进行测试，结果表明可区分对应于四种不同抗生素的拉曼峰。

7.3.3 气体传感

2D 材料表现出优异的传感器相关特性，包括可调节的高比表面积、丰富的表面活性位点和功能团、原子级厚度和优异的电子特性。二维材料为吸附气体分子提供了大量的活性位点和充分的相互作用面积，因此即使在目标分析物浓度极低的情况下，也能够实现有效检测，说明其具有极高灵敏度和下检测限。此外，丰富表面官能团可对目标分析物实现特异性识别，将进一步提高其灵敏度并赋予传感器件选择性。用于化学气体传感的二维材料的主要限制因素包括：

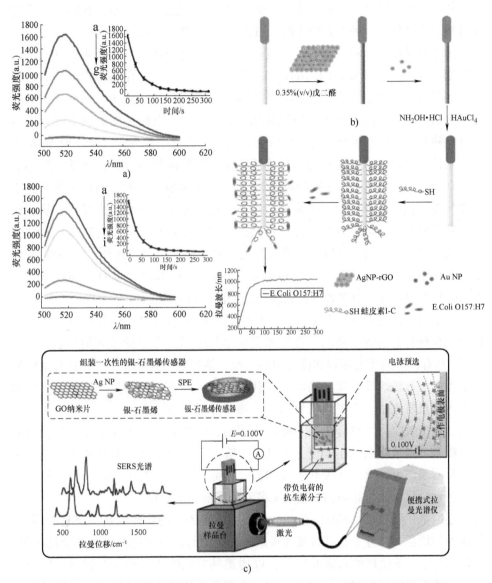

图 7-10　a） 对于给定浓度的 PSA 适配体（PA）（50nm），添加更多的 MoS₂ 纳米片
（0～40μg/ml）会淬灭荧光强度，增加 PSA 浓度（此处显示 0～300ng/ml）后荧光恢复

b） rGO/AgNP/AuNP 传感器制备示意图

c） 基于 WS₂ 纳米片与 AuNP 相的异质结构 SERS 示意图

①缺乏环境稳定性和选择性；②缺乏用于商业传感器制造的大规模生产的有效
方法。由于二维材料的稳定性难以保证，因此单层二维材料的表面积将显著降

低，从而降低其活性位点和气体分子的吸附能力。使用 PVD 直接在基底上垂直制备纳米片是其中一种有效的策略，可以从一定程度上解决该问题。

由于金属氧化物和石墨烯作为气体传感的高灵敏性和易于合成的优点，它们是用于气体传感最常见的二维材料。近年来，金属二硫化物、磷烯、氮化硼（BN）和 MXene 也被证明在气体传感领域具有重大的应用潜力。然而，它们的传感机制却不尽相同。对于金属氧化物，其气体传感器的传感机制主要是由金属氧化物表面发生的氧化或还原反应引起的电荷载流子的变化。以 n 型 SnO_2 为例，其传感机制的简要过程为：氧分子吸附在半导体材料表面，化学吸附形成 O_2^-、O^- 和 O^{2-} 表面物质，这些物质从 SnO_2 表面提取电子密度。当传感器暴露于还原气体（例如乙醇）时，吸附的氧物质和还原分子之间会发生反应，从而导致传感器的电导或电阻发生变化。然而，它们仍然存在寿命短、选择性差和工作温度高等缺点，而且灵敏度不足以满足精密测量的需求。此外，众多其他 2D 金属氧化物也已被用于化学气体传感器，例如 ZnO、SnO_2、CuO、NiO、In_2O_3、WO_3，和 Co_3O_4 等，对多种分析物表现出了良好的传感特性。

与金属氧化物不同，石墨烯基气体传感是基于直接电荷转移机制，源于气体分子在材料上的物理吸附。理论和实验结果表明，石墨烯及其衍生物（GO，rGO）具有较大的比表面积和优良的导电性，易吸附气体分子，因此具有良好的气敏性能。石墨烯具有优异的电子迁移率和较大的比表面积，在化学气体传感器中占据重要地位。石墨烯材料作为 p 型半导体含有许多空穴，在气体气氛中具有拉电子效应。气体分子被石墨烯吸附后，气体分子发生弱杂化，与表面的电子耦合，费米能级以小幅度上下移动。吸附气体分子会改变其费米能级，从而导致石墨烯电导率发生变化实现传感。因此，石墨烯对吸附的小分子气体的检测特别敏感，能以超高的灵敏度来监测周围的化学环境。

还原氧化石墨烯（rGO）存在一些表面氧基团，例如环氧基、羟基和羰基，被认为能增强气体分子在其表面的吸附能力。同时，通过这些官能基团的作用，rGO 可与金属氧化物纳米颗粒结合，以构建具有功能协同的复合材料。研究人员通过将石墨烯衍生材料与各种金属、金属氧化物纳米颗粒结合，获得了多种用于气体传感的新型材料。研究表明，将纳米粒子与石墨烯进行复合，引入的缺陷和功能团可有效增强材料对气体的吸附能力。所得复合材料既保留了石墨烯高导电率特性，又有金属纳米粒子的高敏感性。此外，石墨烯和金属氧化物之间形成的肖特基结也会增强气体传感性能，其肖特基势垒会受到吸附的化学物质的强烈影响。基于该特性，Xia 等人构建了基于 rGO/ZnO 肖特基结用于检测 NO_2 的高灵敏度气体传感器，如图 7-11a 所示。该传感器通过将 ZnO 纳米棒负载在 rGO 纳米片表面构建，在 rGO 与 ZnO 界面会形成肖特基结，其中零带隙的 rGO 为类金属作用，在界面处则会形成肖特基势垒高度和耗散层（depletion layer）。与纯的 rGO 相比，该复合材料与 NO_2 具有更强的相互作用，因此具有更强的吸附检测响应性，如图 7-11b 和 c 所示。

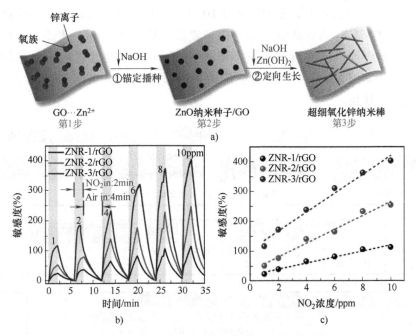

图 7-11　a）超薄氧化锌纳米棒/还原氧化石墨烯纳米复合材料的制备原理图
b）基于三种 ZnO 纳米棒/rGO 纳米复合材料的传感器在室温下对 1~10ppm NO_2 的
动态响应曲线　c）灵敏度曲线（见彩插）

7.3.4　光电探测器

光电探测器是基于将光子转换为可测电信号，以检测光信号的传感器。由于二维材料独特的电子和光电性能，在光电探测器领域的设计与应用中极具优势。经过多年发展，二维材料在该领域展现出优异的性能，包括覆盖从可见光到太赫兹频率（THz，10^{12}Hz）的超宽波段、超高光响应性、偏振敏感光检测、高速光响应、高空间分辨成像等。二维材料晶体层为原子级超薄厚度，但与光具有较强的相互作用，包括石墨烯、过渡金属二硫属化物（TMD）和黑磷（BP）等。例如单层石墨烯（厚度约 0.335nm）可见光的吸收是 2.3%，单层 MoS_2（厚度约 0.615nm）在可见光区的最大吸收量超过 20%。然而，若要设计光电探测器，则需进一步提高其光吸收率，通用方法为构建异质结构。

将二维材料与其他材料，如柔性材料、硅及其化合物等进行复合形成异质结构，实现性能协同，从而提高其吸光性能。如利用石墨烯和 WS_2 构建的 Graphene-WS_2-Graphene 三明治异质结构，其高光伏外量子效率高达 30%，Graphene-MoS_2 的超高光响应度高达约 10^{10} A/W，Graphene-MoS_2 的超高光增益高达约 10^8，具有超高灵敏度 D^* 约为 10^{15} Jones（归一化探测率），异质结构 WSe_2-石墨烯-MoS_2 具有低暗电流，检测波长延长至 2.4μm。此外，二维材料可实现宽响应范围的波谱，如图 7-12a 和 b 所示，带隙范围从石墨烯的零带隙、TMD 中等带隙的 b-P 窄带隙到绝缘 h-BN 的宽带隙，其波谱可响应范围为可见光至太赫兹。

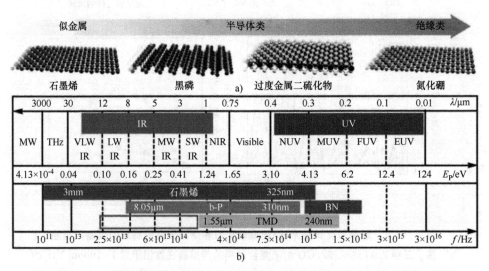

图 7-12　a）二维层状材料的带隙，从似金属的石墨烯到半导体 b-P 和 TMD，再到
绝缘体 h-BN　b）基于二维材料的光电探测器覆盖了从太赫兹到紫外范围的广电磁光谱

　　基于二维材料的高灵敏度光电探测器有望用于人类电子眼（Human E-Eye）、高质量成像等应用。人类眼睛通过视网膜将光信号转化为电信号，然后通过神经将信号传输至大脑。如果光信号转化为电信号的过程受阻，那么人眼将无法实现视觉功能。使用光电探测器可将光信号转换为电信号，然后利用电极阵列传输至大脑或可实现人眼视觉功能。Choi 等人开发了基于 MoS_2/石墨烯异质结构的半球形光电探测器阵列（见图 7-13a），用于将光信号转换为电信号，然后通过开发的超薄神经接口电极（见图 7-13b）传输到视神经。研究人员通过白鼠活体实验，评估了该软光电器件对视网膜的刺激。图 7-13c 所示为体内动物实验装置的示意图，联合了光电器件和神经记录系统。当对设备施加脉冲信号时，引发的尖峰和局部场电位（见图 7-13d）表明电脉冲将被传输至白鼠视觉神经。作

者首次展示了基于二维材料的电子眼技术，可有效刺激神经，但是要实现真正的视觉功能，依然任重道远。

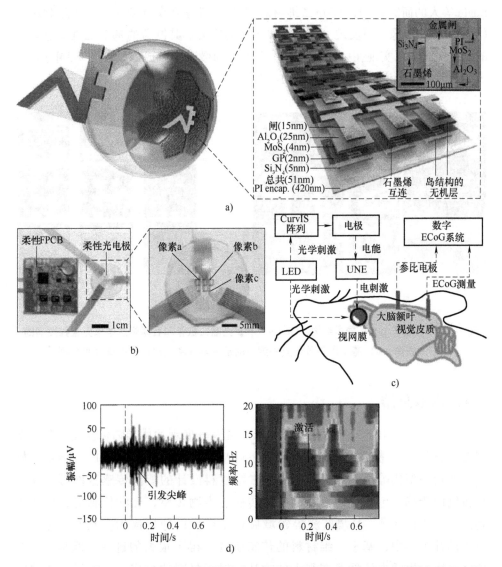

图 7-13　a）基于 MoS_2-石墨烯异质结构的曲面图像传感器阵列示意图和相应的架构示意图

b）用于光信号处理的柔性电子器件、CurvIS 阵列和超薄神经接口电极的图像

c）白鼠视网膜刺激实验装置示意图　d）通过检测诱发的尖峰（左）和局部场电位

变化（右）验证白鼠皮层刺激

此外，光电探测器有望用于高质量成像。W. D. Hu 等人制备了多种基于 2D

材料的成像传感器，包括 p-g-n 异质结构、石墨烯热电单元素探测器和 GaTe-Si p-n 光电二极管，通过这些传感器获得了高空间分辨率的图像，如图 7-14a 所示。Engle 等人的研究表明，部分二维材料可产生高分辨率（亚 μm）和高对比度（$V>0.9$）的成像，可实现 μm 级金属图案的区分。其制造的基于二维多层黑磷的光电探测器可实现在可见光和红外光谱内的微观图案成像，如图 7-14b 所示，表明黑磷在多光谱成像领域具有广阔潜力。

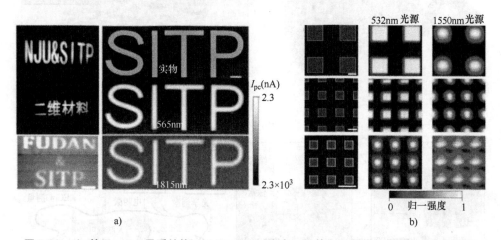

图 7-14　a）基于 p-g-n 异质结构、GaTe-Si p-n 光电二极管和石墨烯热电单元素探测器的光电流图像　b）基于黑磷单元素探测器的高分辨率和高对比度图像（见彩插）

7.4　本章总结

综上所述，由于二维材料的原子级厚度及其展现的优异物化性能，基于新兴二维材料的传感器件具有灵敏度高、响应速度快、感应范围广、稳定性好和可实现小型化等优势。目前，基于二维材料设计的智能传感器件可实现多种机制的传感，包括力学传感、气体传感、生物传感、光学传感等，已在生物医疗、柔性穿戴、环境监测等领域展现了巨大的应用潜力。然而，尽管在过去的几十年中，基于二维材料的传感研究取得了很大的进展，但是，若要应用于实际生活中依然存在很大的挑战。对于材料的合成，二维材料的缺陷控制和晶圆级大面积的可控层数二维材料的制备依然存在较大的困难。对于器件构建工艺，二维材料与器件的集成，实现器件的多功能协同依然存在挑战。对于制备的传感器，大多数仍处于原型概念验证阶段，距离实际应用依然存在差距。但是，随着材料合成工艺和集成技术的发展，二维材料在传感领域的应用将获得进一步发展，将为多功能的智能传感应用带来无限可能。

它们将是下一代智能传感技术极其重要的候选者之一，在多种应用场景发挥重要的作用。

参 考 文 献

［1］ ZHENG L, WANG X, JIANG H, et al. Recent progress of flexible electronics by 2D transition metal dichalcogenides ［J］. Nano Research, 2021, 15 （3）: 2413-2432.

［2］ LIU X, MA T, PINNA N, et al. Two-Dimensional Nanostructured Materials for Gas Sensing ［J］. Advanced Functional Materials, 2017, 27 （37）: 1702168.

［3］ CHOI W, CHOUDHARY N, HAN G H, et al. Recent development of two-dimensional transition metal dichalcogenides and their applications ［J］. Materials Today, 2017, 20 （3）: 116-130.

［4］ PEI Y, CHEN R, XU H, et al. Recent progress about 2D metal dichalcogenides: Synthesis and application in photodetectors ［J］. Nano Research, 2020, 14 （6）: 1819-1839.

［5］ YANG T, JIANG X, HUANG Y, et al. Mechanical sensors based on two-dimensional materials: Sensing mechanisms, structural designs and wearable applications ［J］. iScience, 2022, 25 （1）: 103728.

［6］ JIANG H, ZHENG L, LIU Z, et al. Two-dimensional materials: From mechanical properties to flexible mechanical sensors ［J］. InfoMat, 2019, 2 （6）: 1077-1094.

［7］ BOLOTSKY A, BUTLER D, DONG C, et al. Two-Dimensional Materials in Biosensing and Healthcare: From In Vitro Diagnostics to Optogenetics and Beyond ［J］. ACS Nano, 2019, 13 （9）: 9781-9810.

［8］ LEE C W, SUH J M, JANG H W. Chemical Sensors Based on Two-Dimensional （2D） Materials for Selective Detection of Ions and Molecules in Liquid ［J］. Frontiers in Chemistry, 2019, 7 （708）: 1-21.

［9］ LEI Z L, GUO B. 2D Material-Based Optical Biosensor: Status and Prospect ［J］. Advanced Science, 2022, 9 （4）: e2102924.

［10］ MUNTEANU R E, MORENO P S, BRAMINI M, et al. 2D materials in electrochemical sensors for in vitro or in vivo use ［J］. Analytical and Bioanalytical Chemistry, 2021, 413 （3）: 701-725.

［11］ TYAGI D, WANG H, HUANG W, et al. Recent advances in two-dimensional-material-based sensing technology toward health and environmental monitoring applications ［J］. Nanoscale, 2020, 12 （6）: 3535-3559.

［12］ ZHANG L, KHAN K, ZOU J, et al. Recent Advances in Emerging 2D Material-Based Gas Sensors: Potential in Disease Diagnosis ［J］. Advanced Materials Interfaces, 2019, 6 （22）: 1-27.

［13］ CHEN W Y. 2D Materials for gas-sensing application ［D］. 2022, Thesis, Purdue University.

［14］LONG M, WANG P, FANG H, et al. Progress, Challenges, and Opportunities for 2D Material Based Photodetectors ［J］. Advanced Functional Materials, 2018, 29 (19): 1803807.

［15］NAGUIB M, BARSOUM M W., GOGOTSI Y, Ten Years of Progress in the Synthesis and Development of MXenes. Adv. Mater. 2021, 33, 2103393.

［16］SHI X, WANG H, XIE X, XUE Q, ZHANG J, KANG S, WANG C, LIANG J, CHEN Y. Bioinspired Ultrasensitive and Stretchable MXene-Based Strain Sensor via Nacre-Mimetic Microscale "Brick-and-Mortar" Architecture. ACS Nano. 2019, 13 (1): 649-659.

［17］KONG R M, DING L, WANG Z, et al. A novel aptamer-functionalized MoS2 nanosheet fluorescent biosensor for sensitive detection of prostate specific antigen. Anal Bioanal Chem, 2015, 407, 369-377.

［18］XIE H, LI Z, CHENG L, et al. Recent advances in the fabrication of 2D metal oxides ［J］. Iscience, 2021: 103598.

［19］YANG Z, PANG Y, HAN X, et al. Graphene textile strain sensor with negative resistance variation for human motion detection ［J］. ACS nano, 2018, 12 (9): 9134-9141.

［20］PANG Y, ZHANG K, YANG Z, et al. Epidermis microstructure inspired graphene pressure sensor with random distributed spinosum for high sensitivity and large linearity ［J］. ACS nano, 2018, 12 (3): 2346-2354.

［21］LI Y T, QU L L, LI D W, et al. Rapid and sensitive in-situ detection of polar antibiotics in water using a disposable Ag-graphene sensor based on electrophoretic preconcentration and surface-enhanced Raman spectroscopy. Biosensors and Bioelectronics. 2013 May 15; 43: 94-100.

［22］SUN H, CHAO J, ZUO X, et al. Gold nanoparticle-decorated MoS 2 nanosheets for simultaneous detection of ascorbic acid, dopamine and uric acid. Rsc Advances. 2014; 4 (52): 27625-27629.

［23］LEE J, DAK P, LEE Y, et al. Two-dimensional layered MoS2 biosensors enable highly sensitive detection of biomolecules. Scientific reports. 2014, 17; 4 (1): 1-7.

［24］LEE D W, LEE J, SOHN I Y, et al. Field-effect transistor with a chemically synthesized MoS2 sensing channel for label-free and highly sensitive electrical detection of DNA hybridization. Nano Research. 2015, 8 (7): 2340-2350.

［25］ZHOU C, ZOU H, LI M, et al. Fiber optic surface plasmon resonance sensor for detection of E. coli O157: H7 based on antimicrobial peptides and AgNPs-rGO. Biosensors and Bioelectronics. 2018 Oct 15; 117: 347-353.

［26］DONG T, SIMÕES J, YANG Z. Flexible Photodetector Based on 2D Materials: Processing, Architectures, and Applications. Adv. Mater. Interfaces 2020, 7, 1901657.

［27］LONG M, LIU E, WANG P, et al. Broadband photovoltaic detectors based on an atomically thin heterostructure. Nano Letters. 2016 Apr 13; 16 (4): 2254-2259.

［28］GUO N, HU W, JIANG T, et al. High-quality infrared imaging with graphene photodetectors at room temperature. Nanoscale. 2016；8（35）：16065-16072.

[29] YUAN X，TANG L，WANG P，et al. Wafer-scale arrayed pn junctions based on few-layer epitaxial GaTe. Nano Research. 2015 Oct；8（10）：3332-3341.

[30] ENGEL M，STEINER M，AVOURIS P. Black phosphorus photodetector for multispectral，high-resolution imaging. Nano letters. 2014 Nov 12；14（11）：641.

第8章 液态金属微纳米加工与柔性电子传感器件

8.1 液态金属的基本性质

液态金属（Liquid Metal，LM）是一大类具有熔点低、导电和导热性高、沸点高、毒性低等独特物理化学性质的新兴功能材料。近年来随着柔性电子及可穿戴传感技术的发展，LM应用于柔性可穿戴器件监测生理信号已成为前沿研究热点，其中镓（Ga）基合金是应用最为广泛的液态金属。本章主要归纳介绍Ga基液态金属的基本物理性质，如毒性、氧化性、润湿性、电导率和热导率等。还将介绍基于液态金属柔性电子器件的三种材料形式，即原始状态的液态金属、液态金属纳米颗粒、液态金属硅基复合材料，以及基于这三种液态金属材料形式制备柔性电子器件的加工工艺。Ga基液态金属的柔性电子器件能够监测多种形式的生理信号，例如，基于Ga基液态金属的电容/电阻式压力传感器可以监测脉搏信号、柔性可拉伸应变传感器可以监测肢体动作、液态金属电极可以监测血糖等。目前液态金属柔性可穿戴监测器件仍处于初步研究阶段，包括液态金属材料的合成、加工制备方法、功能柔性电子器件等仍具有很大的发展空间。

8.1.1 镓基液态金属

Hg、Fr和Cs等金属在室温环境下也处于液态，但由于其放射性、毒性等原因，在应用上受到极大限制，尤其不能应用于生物信号监测等领域。与上述几种液态金属不同，Ga及Ga基合金是目前柔性电子制造应用最广泛的液态金属，这主要归因于它们具有低熔点、高电导率和热导率、低黏度、几乎无毒、饱和蒸汽低等物理特性。纯Ga和Ga基液态金属和Hg合金的物理特性总结见表8-1，熔点为29.8℃的纯Ga合金在室温下通常是固体，通过合金化添加In和Sn等合金化元素可以进一步降低熔点（如添加24.5wt.%In元素的EGaIn合金，其熔点为15.8℃；添加20.5wt.%In元素和12.5wt.%Sn元素的镓铟锡合金，其熔点降至-19℃）。Ga 基液态金属具有极高的沸点，能够在高达 2000℃的温度下仍保持液态，这保证了 Ga 基液态金属在室温环境下不易挥发，从而具有更高的安全性。此外，Ga 基液态金属具备显著的过冷特性，其凝固温度通常远低于其熔点，这能够使合金在远低于熔点的温度条件下能够继续保持液体状态，对于提高 Ga 基液态金属柔性电子在室温或远低于室温的环境温度条件下服役，并保持物理状态的稳定性具有重要意义。但是液态金属的过冷特性是不稳定的，它容易受合金的热历史、降温速度，以及材料纯度等影响而变化。实验发现因具有较高的熔点，纯 Ga 液态金属可能会在 0℃以上温度凝固，从而导致基于纯 Ga 制备的柔性器件失去柔性而失效。相比之下，EGaIn 和镓铟锡合金具备更低的凝固点（<-10℃）温度。此外，Ga 基液态金属优异的金属导电性和导热性在可穿戴柔性电子产品的散热和电力传输中也发挥着重要作用。Ga 基液态金属的黏度受氧化膜的影响很大，在没有氧化膜的情况下液态金属的黏度会降低，大约是水的两倍左右。并且液态金属的黏度可以通过添加其他合金化元素调节，例如 EGaIn 的黏度为 $1.99 \times 10^{-3} \mathrm{kg/m/s}$，低于液态纯 Ga 金属（$2.04 \times 10^{-3} \mathrm{kg/m/s}$），黏度降低可能是由于液态 In 合金的黏度较低（约 $1.69 \times 10^{-3} \mathrm{kg/m/s}$）。

表 8-1　纯 Ga、EGaIn、镓铟锡合金和 Hg 四种液态金属物理特性的对比

参数	纯 Ga	EGaIn	镓铟锡合金	Hg
熔点/℃	29.8	15.5	−19.0	−38.8
黏度/(kg/m/s)	2.04×10^{-3}	1.99×10^{-3}	2.40×10^{-3}	1.526×10^{-3}
电导率/(S/m)	3.4×10^{6}	3.3×10^{6}	3.1×10^{6}	1.04×10^{6}
热导率/(W/m/K)	28.7 at 77℃	26.4 at 37℃	25.4 at 37℃	8.5
蒸气压/Pa	1 at 1037℃	1.33×10^{-3} at 300℃	$<1.33 \times 10^{-6}$ at 500℃	1 at 42℃

8.1.2　毒性

Hg 在 42℃时的蒸气压为 1Pa，EGaIn 和镓铟锡合金蒸气压分别为 $1.33 \times 10^{-3} Pa$（300℃）和$< 1.33 \times 10^{-6} Pa$（500℃）。相比于汞金属较高的蒸气压以及在室温易挥发的属性，Ga 基液态金属的蒸气压极低并且生物相容性较好，这意味着在室温环境温度对 Ga 基液态金属进行操作无需担心吸入体内的情况。此外与绝大多数金属一样，金属镓并不能溶解于水，但是可以以 Ga^{2+} 的形式溶于血液并代谢，因而目前学界普遍认为 Ga 基液态金属的生物应用是相对安全的。液态金属可以直接印刷于人体皮肤并作为电场疗法电极，与传统电极相比，液态金属的流体属性增加了电极与皮肤的接触面积，从而增强了治疗效果并且没有明显的副作用。此外 EGaIn/海藻酸钙水凝胶可以作为血管内栓塞和肿瘤栓塞治疗的候选药物。基于 Ga 的液态金属电极对人工培养神经元的生长没有不利影响，培养神经元能够实现有效地模拟目标神经元的功能。对于可穿戴柔性电子产品，液态金属通常封装在 PDMS 和 Ecoflex 等生物相容较好的弹性硅胶内部，与皮肤的间接接触进一步确保了可穿戴液态金属柔性电子的安全性。然而目前关于液态金属毒性的研究是不系统的，需要更严格的毒性研究来了解液态金属对人类健康的影响，液态金属柔性器件通常需要使用大块的液态金属，需要严格控制封装精度以免液态金属进入体内。

8.1.3　氧化性和润湿性

与铝、镁和铜等其他金属类似，当氧浓度大于 ppm 水平时液态金属表面会立即形成 Ga_2O_3 氧化物层，该氧化层的厚度与氧浓度相关（真空条件下约为 0.7nm，环境条件下约为 3nm）。表面氧化膜在临界屈服表面应力（0.5~0.6N/m）下具有一定的弹性和稳定性，如图 8-1a 所示，只有当应力高于屈服强度时，氧化层才会破裂并且内部的液态金属流出。此外氧化膜在制备柔性电子产品中起着重要作用，例如它可以将液态金属的液滴稳定为非球形，如图 8-1b 所示，并在撤销施加的压力后保持微通道中注入的液态金属的结构，如图 8-1c 所示。通过直接搅拌提高 Ga_2O_3 含量还可以增强液态金属在 PDMS 和 PVC 等各种柔性基底表面的润湿性。柔性基板的表面改性也是提高液态金属润湿性的常用方法。由于-OH 和 Ga_2O_3 层之间的相互作用，由具有许多羟基（-OH）的脂肪族烷基链组成的化学交联水凝胶可以促进液态金属在其表面的扩展润湿，如图 8-1d 所示。此外液态金属的润湿性还可以通过酸碱处理去除 Ga_2O_3 后，使液态金属与 Au/Cu 等金属反应提高其在基底的润湿性。

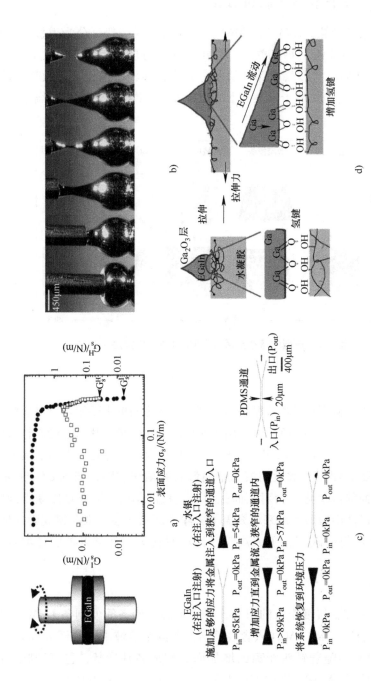

图 8-1　a) 液态金属表面 Ga_2O_3 氧化膜的屈服应力　b) 氧化膜力形成锥形液态金属液滴的一组图像　c) 与汞金属相比，由于表面氧化膜的作用液态金属可以被注入到通道内并维持形状　d) 由于 Ga_2O_3 和 -OH 基团的相互作用，液态金属可以与水凝胶拉伸后新产生的表面润湿

8.2　液态金属微纳米颗粒制备方法

　　液态金属微纳米颗粒（LMMP、LMNP）的制备方式一般可分为模板法、射流法、微流控法、切片法（剪切法）、超声法以及物理气相沉积法（Physical Vapor Deposition，PVD）等，如图 8-2 所示。其中模板法、射流法、微流控法、切片法（剪切法）、超声法属于自上而下的制备方法，物理气相沉积法属于自下而上的制备方法。

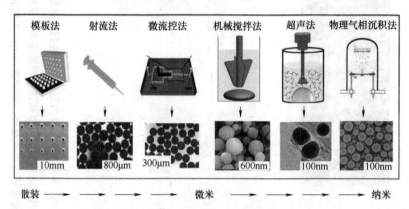

图 8-2　典型的液态金属微/纳米颗粒制备方法

8.2.1　模板法

　　模板法多用于制备直径范围在数百 μm 到几 mm 之间的 LMMP。以模版法制备 EGaIn 微球为例，如图 8-3 所示，使用激光切割机在丙烯酸片材上绘制柱状图案，然后将聚二甲基硅氧烷（PDMS）浇注并固化在丙烯酸片材上以形成具备许多空隙的盖子，随后使用分散后的液态金属散布并填充空隙，如图 8-3a 所示。由于液态金属表面的薄氧化层会对表面张力产生抵消作用，因此难以获得规则的球体颗粒，可以使用盐酸蒸汽来填充盖子去除表面氧化层，来获得规则球体，如图 8-3b 所示。模版法缺点在于大规模产出耗时耗力，且难以扩展各类直径 LMMP 的制备。

8.2.2　射流法

　　射流法采用注射器与培养皿的组合，可在室温下制备简便制备 LMMP，如图 8-4 所示。通过注射器将 LM 注入含表面活性剂的水溶液中（见图 8-4a），会出现连续细流，LM 会随着针头距离的增加而破碎成各种形状，包括颈状、梭状、不规则状和球形 LMMP，平均直径为 313±34μm，如图 8-4b 所示。

　　此外，可改变针头孔径和喷射速度来控制 LMMP 粒径，更小的针头与更

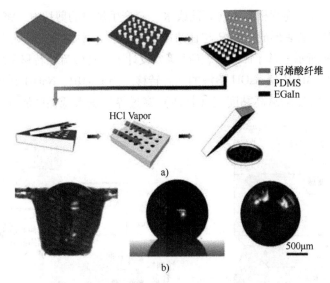

图 8-3　模版法制备液态金属

a）模版法制备流程　b）通过模版法制备微粒的形成过程

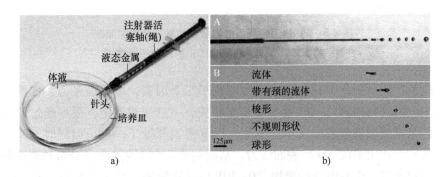

图 8-4　射流法制备液态金属

a）射流法的装置　b）高速摄影机下的液滴制造过程

高的喷射速度都有助于形成更加致密的 LMMP。若使用 60μm 的针头，则制造的平均粒径为 590±71μm；若针头直径减小为 41μm，则平均液滴直径可达 173±18μm。

射流法简便、高效，是当前 LM 微电机的主要制备方式，但其缺点在于大规模制备后，粒径的分散性较差。

8.2.3　微流控法

微流控法可以理解为更加复杂且精细的射流法，通过设计一种微流体流动聚焦装置，迫使 LM 和一种与 LM 互不相容的流体（甘油或水）通过微通道，当二者在微孔中相遇后，连续相流体（甘油或水）会产生足够的剪切力，将分散相的 LM 分解成 LMMP，最后形成 LMMP 与甘油或水的混合体系，并流出装置，具体步骤装置如图 8-5a 所示。基于此原理，Gol 等人设计了一种微流控转移系统，如图 8-5b 所示，实现了 LMMP 到 NaOH 溶液的动态转移，当 LMMP、NaOH 和甘油的汇合出现时，LMMP 将逐渐从高黏度流（甘油）穿过界面进入低黏度流（NaOH）。

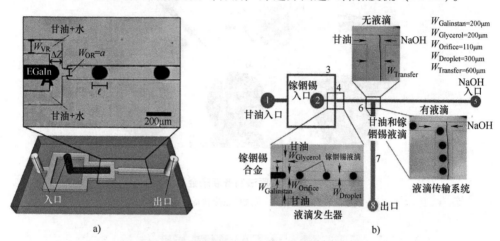

图 8-5　a）微流控制备液态金属的基本装置和原理
b）将 LMMP 转移至 NaOH 中的微流控示意图

微流控法所制备颗粒的大小通常取决于三个因素，即界面张力、惯性力和剪切力。但这些因素均与装置本身息息相关，一旦装置固定，很难通过改变实验条件来调整制备微滴的大小。为此，Tang 等人开发了一种可以同时利用电化学和电毛细作用来改变 LM 表面张力，从而调节 LM 微滴的直径分布和形成频率的微流控装置。随着电压的增加（0 ~ 10V），LM 液滴直径平滑减小（185μm 减至 85μm），同时液滴产量急剧增加。为了进一步获得纳米级的 LMNP，Tang 等人继续将微流控法与超声法（详见 8.2.5 节）相结合，利用超声波所引起的高剪切力进一步缩小所产生微粒的粒径，如图 8-6a ~ c 所示。该装置被设计为蛇形通道，出入口为 T 形接头（高 50μm、宽 500μm），颗粒的平均尺寸可以通过改变流道的宽度和长度来调整，例如当通道长度从 10mm 增加到 100mm 时，LMNP 平均粒径从 450nm 降低至 400nm，如图 8-6d 所示。

8.2.4　切片法

切片法又称剪切法，是一种直接合成软微纳米颗粒的方法，是传统乳化技术的延伸。在 LM 表面添加一层薄的惰性涂层，以抑制固化，随后将其置于搅拌机搅拌，如图 8-7a 所示。该方法所产生的剪切力有助于形成从 6.4nm 到大于 10μm 不

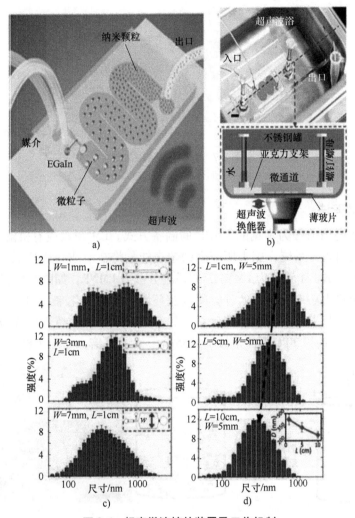

图 8-6　超声微流控的装置及工作机制

a) LMNP 生产平台的分解示意图　b) 将组装好的系统被放置在超声浴中

c) 整个系统的横截面示意图　d) 不同超声功率下生成液滴大小

等的 LMP。在搅拌过程中，液滴受到的力有剪切力（γ）、重力（F_g）、阻力（F_d）、离心力（F_c）和浮力（F_b）等作用力，其中以剪切力（γ）为主导。随着搅拌过程中转速的增加，初始静态的液滴会逐渐被拉伸成圆柱状，当达到 Rayleigh-Plateau 极限后（$r_{液滴} > 1.5 r_{圆柱}$），圆柱形 LM 分裂，形成 LMP，如图 8-7b 所示。

切片法（剪切法）利用流体剪切力提供了一种可调节、低成本、绿色和简便的方法来制造微/纳米颗粒。但剪切力的不对称性导致了切片法无法直接制备具有均匀尺寸分布的纳米粒子，限制了其在周期性结构领域的应用。

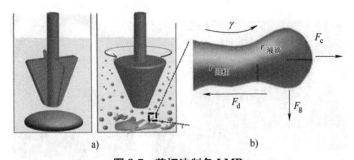

图 8-7 剪切法制备 LMP

a）剪切法流程示意图　b）剪切法制备 LMP 的结构示意图

8.2.5 超声法

超声法是当前最为常见的 LMNP 的制备方式。LM 与水或有机溶剂混合后，将超声探头引入该系统，探头所产生的超声能量将在水或有机溶剂中引起声空化，诱导大量的 LM 转化为 LMMP，并最终分散为 LMNP，如图 8-8a 所示。可通过控制超声输出功率、超声处理时间以及环境温度的变化来控制粒径，例如在较低温度下的超声通常会诱导产生粒径较小的颗粒，50℃超声合成粒子的平均粒径（60nm）约为 20℃下产生粒子（35nm）的 1.7 倍，如图 8-8b~d 所示。此

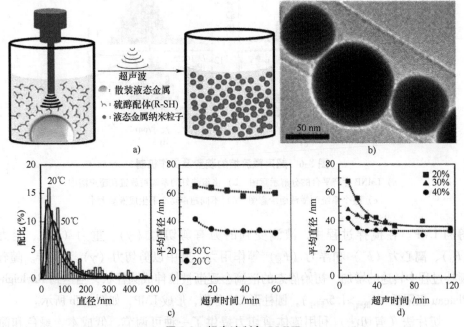

图 8-8 超声法制备 LMNP

a）超声处理示意图　b）EGaIn 纳米液滴的 SEM 图像　c）不同超声温度下超声
时间与平均粒径的关系　d）不同超声功率下超声时间与平均尺寸的关系

外，随着超声时间和输出功率的增加，所得粒子的平均直径及耗费时间均会减少。目前报道的通过超声法可以获得 LMNP 的最小粒径是 35nm。

值得注意的是，由于 LMNP 表面的氧化层会在超声能量的作用下逐渐脱落，伴随着粒径缩小，暴露出的 Ga 液滴表面又会被迅速氧化，形成新的 Ga_2O_3 层。这一过程的重复将会极大地促进 Ga 向 Ga_2O_3 的转变，从而形成纳米片状的 Ga 基氧化物，而不是微纳米颗粒。因此，控制氧化层与添加表面活性剂来确保颗粒的稳定分散就显得尤为重要。通常 LM 表面氧化层的强度足以应对由表面张力所驱动的颗粒聚集，保证 LMNP 在中性溶液中的稳定分散。但是，若氧化膜不断溶解或剥离，则分散颗粒之间的平衡就会被迅速打破，引起颗粒的聚结或融合。例如 pH 值的升高或降低、中性溶液中施加机械力都会使得这一现象发生，只有在表面活性剂的帮助下，粒子才能在酸性或碱性环境中长时间保持稳定。表面活性剂应在超声处理前添加到不溶于 LM 的液体环境中，酒精、1-十二硫醇、硫醇基表面活性剂、壳聚糖等均为可选项，不仅可以有效地稳定 LMNP，还可进一步提高纳米颗粒的产率。

8.2.6　物理气相沉积法

物理气相沉积法（PVD）是一种新兴的自下而上的 LMNP 制备方法。以 EGaIn 纳米粒子的制备为例，将块状 EGaIn 放置于钨舟中，并在电阻加热下蒸发成原子，这些原子向彼此扩散并相互碰撞，在冷靶基板（硅、玻璃或云母）上形成稳定的原子核，如图 8-9a 和 b 所示。沉积前 100s，平均粒径约为 25nm（几乎是最小的平均粒径），如图 8-9c 所示；沉积时间增加到 500s 后，EGaIn 颗粒发生融合，粒径增长到大于 100nm，如图 8-9d 所示，并发生明显的粒度分离。EGaIn 的高蒸气压和低沸腾温度导致在 PVD 过程中难以加入表面活性剂，所获微纳米颗粒的稳定性有待考究。

8.3　液态金属柔性器件制备方法

液态金属因自身为液体，故其延伸率理论上没有限制，且电导率较高，可以说是柔性电子器件最合适的选择。但是，其表面张力较大，与很多常见材料不润湿，这些都限制了它的图案化，为此，研究者们开发了很多新制备方法以解决这一问题，根据加工的形式，可以将这些制备方法分为四类，即注射法、光刻法、增材法和减材法。

8.3.1　注射法

注射法一般是将液态金属用注射器或泵注射进入预先制备好的通道中，如

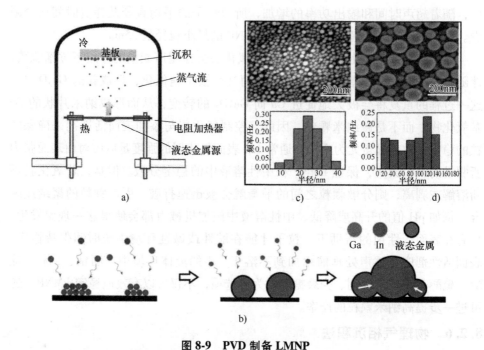

图 8-9 PVD 制备 LMNP

a）PVD 技术制备 EGaIn LMNP 的装置示意 b）PVD 制备 EGaIn LMNPs
产生过程 Ga 原子和 In 原子合金（左）生长（中）并最终合并成大颗粒（右）
c）沉积前 100s 的平均粒径 d）沉积 500s 后的平均粒径

图 8-10a 所示，预先设计好所需电路形状，将液态金属注射进入通道即可得到所需器件。其优势在于能直接利用做好的通道，注射操作简便，适合大规模生产。注射法的难点主要有两点：首先，液态金属表面张力高，且表面有一层自发形成的氧化膜，注射液态金属往往需要极高的压强，有研究表明，向 150nm 的石英管中注射液态金属就需要 10MPa 的压强，这对于仪器的要求很高，为此，大部分研究仅考虑将液态金属注射进入几百 μm 的通道；注射法的另一个难点在于制备合适的通道，液态金属流动性很好，当封装的柔性材料强度不够时，注射法很容易造成通道破坏，尤其是通道设计间距过小时，很容易发生液态金属泄露，导致器件制备失败，同时，注射时液态金属能否完全填充通道也需要对工艺参数进行调试。

早期液态金属器件很多都是由注射法制备的，典型的就是向中空纤维中注射液态金属，该类纤维通常由倒模法制备，材料可以选取各类柔性高分子，如 Etienne Palleau 等人就用 Reverlink 高分子制备了一条内径 500μm 的中空纤维，直接用注射器注射 EGaIn 构造可拉伸导电纤维。由于通道的内径较大，注射器即可提供足够的压力,但是,当需要更精密、更复杂的器件时,这种大尺寸通道就不再适用了。为此,研究者们开发了更多基于注射的制备方法,首先是针对盲孔及小通道的真空辅助通道填充方法,如图 8-10b 所示,当使用注射器直接灌注液态金属时,压力过大可能造成通道破损,通道中的盲孔也难以填充,真空辅助可以填充盲孔,在一定程度上也能保护通道。其次是针对模具的制备,在制备小尺寸通道时,可以在预先做好线路形状的模具中先灌注 PDMS(聚二甲基硅氧烷),在 PDMS 固化后脱模,再将另一张半固化的 PDMS 膜与它结合,完全固化后即可得到所需通道,如图 8-10c 所示。模具的制备工艺根据分辨率可以选择机加工、3D 打印或者光刻。需要注意的是,无论选择 PDMS 还是其他弹性高分子材料,在脱模过程中都可能出现高分子材料黏附模具,通道形状被破坏的情况,尤其是通道尺寸达到几十 μm 时。此外,未固化高分子因毛细作用向通道中的填充也需要特别注意。

以上方法制备的都是二维器件,目前,为了提高器件集成度,三维器件逐渐引起人们注意,通过 3D 打印制备三维通道,再注射液态金属构造三维电子器件也成了研究热点。得益于液态金属优异的流动性,注射法制备三维柔性电子器件更为快捷。

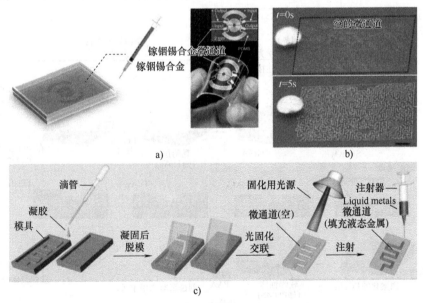

图 8-10　a)注射法制备压力传感器　b)真空辅助填充液态金属　c)光刻制备的模具

8.3.2　光刻法

光刻法,顾名思义是基于光刻做液态金属器件的方法。光刻是利用特定波长光改变基体上聚合物薄膜溶解度，再去除不需要的区域的方法。需要注意的是，光刻是一种间接制备液态金属器件的方法，因此许多方法都可以用光刻来制备所需模板，制备模板后的图案化方法很多。例如，结合丝网印刷和掩模制备图案；利用光刻制备掩模转印液态金属；用模板制备微通道，注射液态金属；通过光刻做出 PDMS 沟道，以压印法将液态金属转移至沟道中实现图案化。这里仅讨论利用光刻制备转印模具的方法。

光刻法的优势在于精度高，当所需器件精度要求达到几百 nm 级别时，其余方法基本无法满足要求，研究者只能依靠光刻机制备模板。液态金属特有的流体性质能通过模具压印的方法将特定图案转移到所需基底上。光刻法制备液态金属图案的基本步骤包括：①在硅片上旋涂 PAA（聚丙烯酸）牺牲层，再通过PVD 沉积一层聚对二甲苯-C 作为保护层以保护底部牺牲层；②利用电子束或光刻在这两层之上制备一层聚甲基丙烯酸甲酯（PMMA）的图案；③蒸镀一层 Ti/Au以提高基底对液态金属的润湿性，厚度约为 5/30nm，之后用一块 PDMS 印章将液态金属转移到表面，该按压过程可能需要 2~3 次以保证液态金属能填满表面；④用丙酮剥离 PMMA，仅留下所需液态金属图案；⑤用 PDMS 封装液态金属图案，用水溶解 PAA 层，最后用氧等离子体刻蚀去除保护层；⑥用 PDMS 将暴露区域进行封装，如图 8-11 所示。

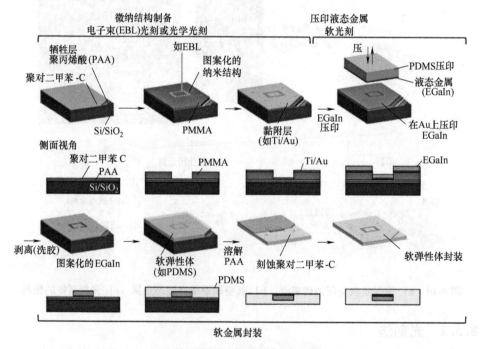

图 8-11 光刻法制备液态金属器件

　　以上所述方法所用聚合物材料也可用其他代替，其关键在于能用一类方法将其去除。同时，有研究者将液态金属颗粒和光刻胶混合制成特定墨水，再通过光刻进行图案化。主要步骤包括：①利用超声在光刻胶中将大块液态金属分散为纳米颗粒；②在硅片旋涂混合液态金属颗粒的光刻胶；③直接用光刻完成图案化；④显影后，用滚轮挤压使图案导电。由于氧化膜的存在，直接光刻出的线路是不导电的，需要通过机械挤压使氧化膜破裂，这个过程容易对图案造成破坏，也因此使得其精度不如前述方法那么高，特征线宽为 $10\mu m$。

　　用光刻法制备高精度和精准排列的液态金属图案基本是其他方法无法实现的，然而想得到一块精密准确的图案，其工艺繁琐、成本较高，对仪器要求也很高。以光刻中曝光图案化的过程举例，这里不仅要设计合理的图案，需要造价昂贵的掩模板，曝光的工艺参数也需要长时间反复调整，如果图案需要经常变更，那么也将会大幅提高成本。因此，使用光刻法最好是建立在已经设计好图案并且后续只要求批量生产的场景中。

8.3.3　增材法

　　增材法是将液态金属沉积在指定区域的图案化手段，研究者开发的相关方法很多，包括打印法、印章法、热蒸镀以及 3D 打印。这些方法都是从过去已经成熟的印刷手段发展而来的。镓基液态金属的独特之处在于外面的氧化膜与许多材料是润湿的，而内部液态金属则相反，为此，研究者们需要合理调控液态金属的氧化膜，以保证获得的液态金属线路与基底能稳定结合。

　　用打印法制备液态金属电子器件手段相对较多，它可以有效结合绘图软件与打印平台，定制化构造使用者所需电路，实现"所见即所得"，打印法的技术手段包括直写、机械打印、掩模印刷。直写法是直接用笔或者喷头将液态金属挤出到基底上的方法，液态金属表面的氧化膜能黏附基底材料，由于液态金属自身的流体性质，可以像使用墨水一样将它作为打印材料，如图 8-12a 所示。这个方法操作简便，但是精度较低，主要是因为液态金属挤出量过大，在基底上铺展难以控制线宽，如果降低喷头或笔头直径，则很难挤出液态金属。为了进一步提高打印精度，研究者们设计了很多液态金属打印仪器进行机械打印，如图 8-12b 所示，气泵加压、喷墨打印、电润湿打印等技术都可用于液态金属的图案化，主要通过施加压力或剪切力破坏氧化膜，强迫液态金属与基底黏附。由于液态金属自身高表面张力使其不易从喷嘴流出，研究者们还开发了各类液态金属墨水，墨水一般是将液态金属通过机械搅拌或超声分散至溶液中，成为液态金属微/纳米颗粒、分散剂和溶剂的混合物，根据仪器和打印电路的需求调控墨水比例，得到合适图案，用液态金属墨水实现打印的方法可参见图 8-12c。用该类方法制备的液态金属墨水可以很容易通过较小的孔径，克服了高表面张力带来的问题，由于分散的小颗粒上覆盖了大面积氧化膜，因此打印墨水获得的电路往往不导电，然而该氧化膜层很薄，可以通过机械挤压、拉伸、激光烧结和自烧结手段使其破碎，液态金属流出即可形成导电线路。一些研究者也基于掩模板印刷液态金属电路，一般是用 3D 打印、激光加工或光刻等手段获得模板，将其贴在打印基底上，用喷洒或涂覆手段得到液态金属图案，该方法操作较为简便，但实现高精度印刷要求实现模板上的高精度线路加工。

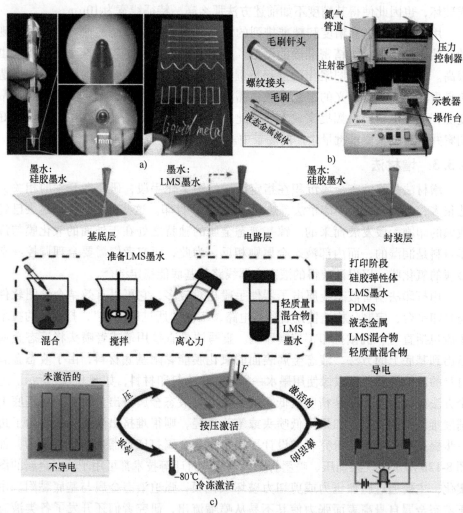

图 8-12 a）直写法制备的液态金属电路 b）直接打印液态金属
c）液态金属墨水制备、打印及机械烧结流程

除了上述基于打印开发的各类方法，其他方法也有各自的特点，需要结合使用场景合理选择。例如，在复杂表面上构筑液态金属图案时，可以在材料表面涂覆聚甲基丙烯酸酯（PMA）等胶黏剂以提高润湿性，使液态金属能黏附在指定位置，如图 8-13a 所示，当然，也可以通过水转印手段实现粗糙表面及曲面上的液态金属电子器件构造。印章法制备的液态金属图案方法可参见图 8-13b，图中是用一块印章将液态金属图案转印到指定的 PDMS 基体上。这种方法适用于一些精度要求不高，印刷电子器件图案量极大的场景，该方法的技术关键在于基底和印章的润湿性调控，理想情况下印章对液态金属的润湿性小于基底对液态金属的润湿性，该过程中液态金属很容易发生与印章或基底黏附不完全的情况。要解决这一情况可以对材料进行选择性润湿处理，如在印章上提前蒸镀 Au 构成的小图案，由于液态金属和 Au 润湿性较好，可以完整黏附在印章上，当然，也可以用其他化学改性或物理改性方法调节润湿性。热蒸镀法制备液态金属图案是用将液态金属通过热蒸发方式沉积在指定区域，为了获得所需的图案，往往也需要借助选择性润湿的方法，如通过丝网印刷在 PDMS 基底上提前印刷 Au 图案，这样能保证液态金属只留在 Au 的表面。

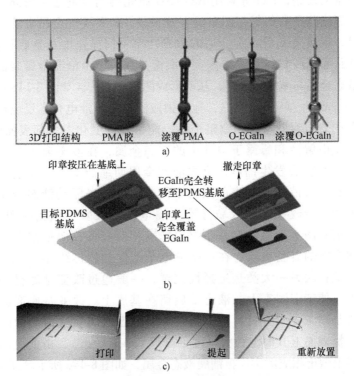

图 8-13　a）PMA 改性表面获得液态金属图案　b）印章法制备液态金属器件

c）3D 打印液态金属电路

液态金属的表面氧化膜能限制其流动，也提供了保持形状的基础，从而能直接用 3D 打印构造液态金属相关器件。Young-Geun Park 等人开发的 3D 打印液态金属线路方法，可以通过电机带动喷头移动可以变换液态金属线路的空间排布，如图 8-13c 所示，作者指出，喷头抬起的速度需要控制在 0.001~0.1mm/s 之间，保证液态金属黏附能小于氧化膜断裂能，这样 3D 打印过程中线路才不会断裂。液态金属 3D 打印在构造柔性天线、高灵敏传感器以及其他三维器件方面有广阔的前景，当然，液态金属自身的强度能支撑的三维结构往往不能过于复杂，这也使得三维结构不能像二维平面上的图案一样随心所欲地设计，如果需要 μm 级的线宽，则往往要依靠预先制备聚合物管道，用注射法构建复杂结构。

8.3.4 减材法

减材法是先将液态金属涂覆在指定区域，再通过某种方法将多余的液态金属去除，只留下预定图案的方法。目前常用的减材法包括激光烧蚀、电润湿和选择性润湿。激光烧蚀如图 8-14a 所示，通过激光局部高温促使多余液态金属挥发，获得极细的线路，Pan 等人用 Nd：YAG 激光得到线宽达 4.5μm。激光烧蚀制备液态金属线路是获得精密图案的有效手段，但需要配合昂贵的光源和配套设备，而且，应反复实验确定合适的激光功率、扫描速度及基底材料，否则，激光会对线路和基底材料造成损伤。电润湿是通过调节液态金属表面电位，使部分区域液态金属与基底不润湿，从而形成图案的方法，如图 8-14b 所示。电润湿理论由 Lippmann 基于 Hg 建立，他认为液滴与电解液电化学反应形成的双电层积累电荷引发电容效应，导致整个系统能量发生变化，引起表面张力变化。该原理适用于电解液和暴露于空气中的液态金属，在液态金属上施加正电压时液态金属会在基底发生铺展，反之液态金属回缩成球状。在电解液中，不均匀电场分布导致液滴两端表面张力不同，从而可以驱动液态金属。在实际操作时，利用电极改变不同区域液态金属电位，可以形成相应图案，当然，这一方法目前对图案边缘控制并不好，精度相对较低，但是作为一种动态调整液态金属图案的制备方法，在可变形电子器件和软体机器人方面有自身独特的优势。减材法另一大类是选择性润湿，一般通过改变基底材料对液态金属的润湿性，使特定图案上的液态金属留在基底上。改变基底润湿性的方法很多，首先是用激光改变材料表面粗糙度，液态金属在光滑表面的润湿性更好，而在粗糙表面上其润湿性大幅度下降（Cassie 状态），由此可以先用激光在基底材料上做出相应图案，再铺展液态金属，如图 8-14c 所示。其次是蒸镀其他金属，一般通过掩模在基底上喷金获得相应图案，如图 8-14d 所示，由于镓基液态金属与金润湿性更好，故只会留在喷金区域，这样可以制备所需的电子器件。除此之外，也可以用化学改性的手段调控基体或液态金属表面，增加羟基等润湿性更好的官能团。

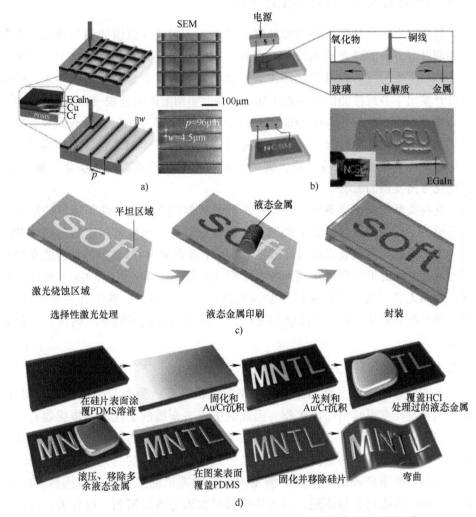

图 8-14　a）激光烧蚀构造液态金属图案　b）电润湿构造液态金属图案
c）激光对基底材料表面改性　d）表面镀金选择性润湿

　　减材法制备液态金属器件方法分类较多，其操作相对较简便，并且已经可以借助一些成熟的工艺和仪器来获得所需图案，如激光、蒸镀等，这也进一步降低了开发新仪器的成本。但是，除了激光烧蚀做线路外，其余方法都涉及对液态金属润湿性的调控，液态金属的流体性质，再加上材料表面复杂的物理化学状态，共同造成其与基底材料接触并不完全可控，即使在喷金表面上，也可能出现液态金属不完全黏附的情况。要解决这一问题，需要进一步探讨液态金属表面状态，在此基础上优化工艺参数。

8.4 液态金属柔性传感器的应用

目前以人类皮肤为灵感的可穿戴柔性电子，因其在健康监测与诊断、机器人和假肢等方面的潜在应用前景而引起了广泛的关注，并被认为是下一代智能电子产品重要分支。柔性传感器由柔性基底和导电材料组成，近些年来，研究人员开发出了各种性能优异的柔性基底材料，如铂金催化硅胶（Ecoflex 00-30）、聚二甲基硅氧烷（polydimethylsiloxane，PDMS）和聚氨酯（polyurethane，PU）等柔性材料。这些柔性材料由于其本身具有很好的可伸缩性和生物相容性，可以应用于各类柔性应变传感器，满足了人们对柔性传感器向微型化、集成化、智能化方向发展的需求。

这些类型的电子设备正常使用离不开传感器的支持，柔性传感器的出现与使用解决了传统传感器的诸多限制，如刚性材料在经历变形所引起的皱纹和断裂失效、佩戴时给人造成负担与不便等，其中液态金属（LM）因具有能在保持高导电性的同时可变形的优点而发挥了巨大作用。与 Hg 相比，Ga 基液态金属的低毒和无蒸气压是其在室温下制备和使用的关键因素，基于其独特的性质，本节将介绍并总结 LM 柔性传感器在压力、应变及其他不同领域的应用与最新进展。

8.4.1 液态金属压力传感器

柔性压力传感器主要的性能衡量指标是灵敏度、测力范围和响应时间等，其必须满足在变形时仍可以工作，因此基于液态金属的柔性压力传感器有很大应用前景和发展空间。LM 压力传感器在医疗应用、人机界面、实时监测生理信号等领域都具有重要的意义，并且已经得到了较为广泛的研究，可通过设计基于不同的转换原理或结构来生产满足人们各种需求的柔性压力传感器。目前，针对不同的应用场景与原理，压力传感器可大致分为压阻型、电容型、压电型等，如图 8-15 所示，在此基础上，根据不同原理，人们设计并开发了相应的 LM 柔性传感器。

1. 压电传感器

压电压力传感器是基于压电效应，因压电效应常用材料是压电聚合物和无机材料而并非 LM，如聚（偏二氟乙烯）（PVDF）、ZnO、GaN、InN、ZnS 和 CdS 等，故不在下文详细介绍，只在此介绍其机理。在外界压力刺激下，各向异性晶体材料中产生偶极矩，并在晶体中产生宏观电动势。因为压电传感器输出的电压是脉冲信号，所以适用于测量动态的压力而不适用于静态测量。压电系数是评估压电材料的能量转换率的物理量，其值越大，代表能量转换率越高。

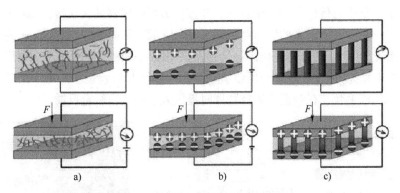

图 8-15　柔性压力传感器的分类及机理

a）压阻型　b）电容型　c）压电型

2. 压阻传感器

压阻传感器的原理是将压力信号转化为电阻的变化。压阻传感器的优点是制造容易、结构简单、低成本和信号易于收集，同时也是目前应用最为广泛的一种柔性触觉传感器，但其缺点也很明显，即信噪比低。导体电阻的表达式如下：

$$R = \frac{\rho l}{A} \qquad (8-1)$$

式中，ρ、l、A 分别是电阻率、长度和横截面积。体电阻的变化主要和两个因素有关，即几何变化和电阻率的变化，公式为

$$\frac{\Delta R}{R} = (1+2v)\varepsilon + \frac{\Delta \rho}{\rho} \qquad (8-2)$$

式中，v、ε 分别是泊松比和应变。接触电阻（R_c）是指电流通过接触点时在接触处产生的电阻，其大小随着施加力的大小变化而改变，R_c 和是施加力（F）之间的关系为

$$R_c \propto F^{-1/2} \qquad (8-3)$$

压阻传感器的电阻变化主要来源于两个方面：①材料本身体电阻的变化；②接触电阻的变化。Kim 等人制备了基于改变液态金属微通道形状从而改变液态金属本身电阻变化的力学传感器，其集成了弹性基质、液态金属和微通道，在循环负载下具有稳定的信号响应，并具有较高的的灵敏度（0.158kPa^{-1}），如图 8-16a 所示。在利用接触电阻变化方面，Peng 等人将液态金属与水凝胶复合，当施加外界压力时，复合材料中液态金属相互之间接触面积增大使接触电阻减小，从而引起电阻的变化。类似地，基于微结构的改变导致电极接触电阻改变的原理，结合活性材料如碳纳米管（CNT）、金等，并配合 PDMS 衬底微结构制备互锁结构的压力传感器，可以提高灵敏度与响应时间，如图 8-16b 所示。

为了丰富压力传感器的应用场景，并提高力学传感器的灵敏度，Gao 等人设计并展示了一种灵敏度极高的传感器如图 8-16c 所示，其能够以低于 90ms 的响应时间来解析低于 50Pa 的压力变化。该传感器采用嵌入式镓铟锡微通道，利用等效惠斯通电桥电路充分利用了切向和径向应变场，使其灵敏度高达 0.0835kPa^{-1}，可应用于柔性传感手套，在触摸或握持物体时提供人手的全面触觉反馈。

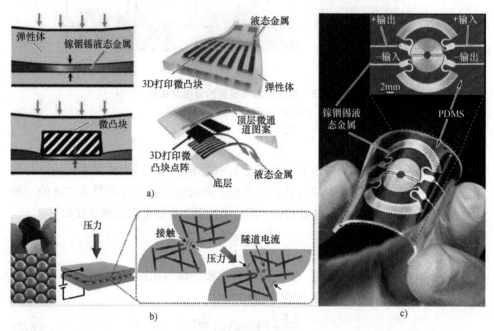

图 8-16 **a**）刚性微凸块对压力灵敏度的影响和 3D 打印刚性微凸块集成的基于 LM 的压力传感器示意图 **b**）利用微结构的改变导致电极接触电阻改变的压力传感器示意图 **c**）基于等效惠斯通电桥电路原理获得高灵敏度的压力传感器

3. 电容传感器

电容是表示电容器存储电荷容量的基本物理量。电容传感器基于平行板电容器原理，见图 8-15b 所示。主要由电极和介电层构成，其电容的方程式如下：

$$C = \varepsilon_0 \varepsilon_s A / d \qquad (8-4)$$

式中，ε_0，ε_s 分别为真空介电常数和介电层的介电常数；A 为上下电极之间的重叠面积；d 为两电极之间的垂直距离。

电容型压力传感器的变化原理是：当对电极施加垂直压力时，d、ε 改变，导致电容的变化，从而实现对力的测量。Ali 等人设计的电容式压力传感器示意图如图 8-17a 所示，当在传感器上施加压力时，由于介电层厚度的变化，顶部和底部电极之间的距离将减小，制造的压力传感器的电容在配置上类似于平行板电容器的电容，因此与施加的压力成比例变化。如果电容器中间的介电层存在空气间隙的结构，则当介电层受到压缩时，空气体积减小，因为空气的介电常数小于弹性体的介电常数，所以电容也会变大。在此基础上设计了 LM 可以作为电容式三轴力学传感器的电极，其示意图如图 8-17b 所示，这种三轴力传感器可以扫描表面以测量从 0~5N 的剪切力和反作用力，这在肿瘤检测应用中具有很大的前景。

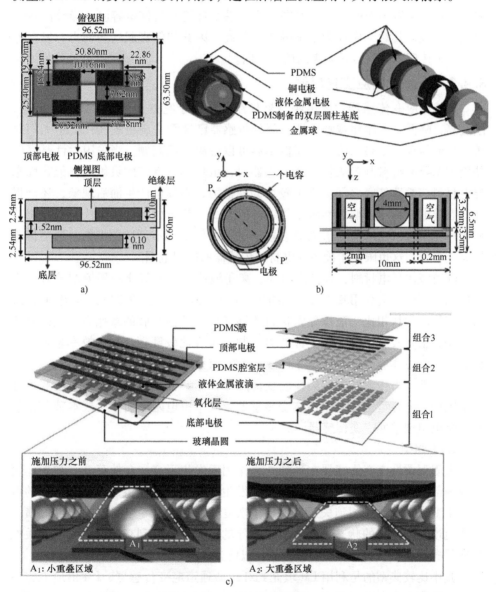

图 8-17　a）电容型压力传感器示意图　b）LM 作为电容型三轴力学传感器的电极示意图　c）截角金字塔形电容型压力传感器示意图

为进一步提高电容型压力传感器灵敏度（通常低于 10pF/N），Won 等人提出并设计了一种截角金字塔形的新型传感器，同时具有大动态范围、高灵敏度和相对较好的空间分辨率（见图 8-17c）。该传感器由 LM 液滴和平底电极之间的重叠区域引起的电容变化来提高其动态范围，并将灵敏度提高到 147pF/N。

总体来说，电容型压力传感器比其他类型压力传感灵敏度更高、响应速度更快，可用于微小力的测量，但同时也容易受环境干扰使电容波动导致测量结果出现误差，其对工作环境稳定的要求较高。因此如何克服这些弱点，发挥电容式压力传感器的优点是未来的研究方向。

8.4.2　液态金属应变传感器

传统的应变传感器主要由刚性器件组成，由于它的成本高、延展性较差、刚度高，降低了人体穿戴舒适性，部分传感器已经无法满足现代社会中人们对传感器的需求，新兴的柔性应变传感器可以解决上述问题。当采用柔性基底但使用固态导电材料制备柔性应变传感器时，虽然具备良好的灵敏度，但是固态导电材料与柔性基底之间会产生较大的摩擦力，不仅会产生滞后现象，还会损耗固态导电材料，影响柔性应变传感器的寿命。甚至如果该类柔性应变传感器发生过度变形，则可能会造成固态导电材料内部受到不可逆的损伤，致使传感器完全失效，这也限制了固态导电材料传感器的应用范围。

随着液体导电材料，如液态金属、离子液体、还原氧化石墨烯溶液等的广泛应用，研究人员利用其本身天然的延展性和流动性，以适应较大范围的形变，与固态导电材料相比，液体导电材料能够降低与柔性基底的摩擦力。但需要注意的是，很多液态型柔性应变传感器的制备过程比较繁琐，制备效率较低，不但需要制备液体通道，而且要将液态导电材料注入液体通道并进行密封。

与柔性压力传感器类似柔性应变传感器根据其传感信号的不同，主要可分为电阻型、电容型这两类柔性应变传感器，其中以电阻型居多，故本节关注的重点是电阻型柔性应变传感器。

1. 电阻型

电阻型柔性应变传感器在受到外力作用后发生形变，会使存在于弹性体表面或内部的导电材料的长度或横截面积发生改变，进而使柔性应变传感器的电阻发生变化。外力作用消失后，弹性体恢复初始状态，导电材料的长度或横截面积也恢复到原来的状态，最终使传感器的电阻也恢复到初始电阻。这类柔性应变传感器用电阻信号作为传感信号，以此达到传感的目的。

其中比较典型的是利用 LM 填充光纤或微通道应变传感器，LM 沿应变方向伸长，垂直于应变方向变窄，导致电阻增加，符合方程

$$R = R_0(1+\varepsilon)^2 \tag{8-5}$$

式中，R_0 为初始电阻；ε 为应变；R 为施加应变 ε 下的电阻。Wu 等人受血管器官感知温度变化能力的启发，设计了一种注入 LM 的高性能光纤应变传感器，其可通过控制管状通道的大小来调节灵敏度，并表现出接近无滞后（0.11%）、低检测限（0.3%应变）、超低电阻（0.344Ω）和超过 3500 次循环的良好重复性，LM 光纤横截面如图 8-18a 所示。因其具有良好的生物相容性，故在可植入生物医学纤维形传感器的开发具有较高的应用价值。

电阻型的应变传感器在柔性穿戴电子设备中的主要应用之一是捕捉矢状面上关节角度的变化，其可集成到有线/无线手套中，如图 8-18b 所示，通过实时监测输出电压或电阻变化来检测关节的运动进而判断手势的变化。与此类似，Jeong 等人开发了一种具有先进无线近场通信（Near Field Communication，NFC）的 LM 应变传感器，如图 8-18c 所示，该传感器可以直接安装在关节上，实时监测人体运动。在此传感器中电阻的变化与应变的关系满足

$$\frac{\Delta R}{R_0} = \frac{R}{R_0} - 1 = \left(\frac{l}{l_0}\right)^2 - 1 = \varepsilon^2 + 2\varepsilon \tag{8-6}$$

式中，R_0 为初始电阻；ε 为应变；ΔR 为受应变影响变化的电阻；l_0 为初始长度；l 为施加应变后的长度。

显然，上述 LM 应变传感器不能同时感知多点的运动，包括局部应变和全局变形，为此，Oh 等人开发了一种集成十个传感器和三个振动器的传感手套，实现测量手指运动并提供振动触觉反馈，如图 8-18d 所示，未来可以应用于人机交互的虚拟现实（Virtual Reality，VR）传感应用中。除了集成多个传感器外，设计具有多个截面的 LM 应变传感器还可以实现短距离、多点的应变测量。

LM 应变传感器相比于传统应变传感器或固态导电材料传感器的突出优点是其在数千次循环后，电阻仍不会发生显著变化，这意味着 LM 应变传感器具有高稳定性和耐用性。但需要注意的是，通常利用微通道注入 LM 实现应变传感功能的传感器灵敏度，即应变系数（GF）非常低，见表 8-2。

$$GF = \frac{1}{\varepsilon}\left[\lambda \cdot (1+\varepsilon)^2 - 1\right] \tag{8-7}$$

式中，λ 为微通道的变形因子。其平均应变系数 GF 不能满足 GF 大于 100 的商用可穿戴应变传感器的要求。为了提高 LM 应变传感器的灵敏度，Kramer 等人介绍了一种具有中空结构的曲率传感器，如图 8-18e 所示，传感器既可以伸长，又可以在弯曲过程中对嵌入的微通道施加压力，从而导致电阻变化增强。低灵敏度的 LM 应变传感器在传感精度和传感小应变方面受到很大限制，若想进一步提高 LM 应变传感器的灵敏度，则可以考虑采用通道结构设计或弹性体弹性调节的应变再分布来提高灵敏度。

表 8-2　以微通道变形产生电阻变化为原理的各传感器特性比较

导电材料	灵敏度	检测限（%）	滞后程度（%）	工作区间（%）
石墨烯	>500			$0<\varepsilon<10$
GF	>10			$0<\varepsilon<35$
Au	1.09	0.5		$0<\varepsilon<60$
Ag NP	2.05	0.8	21	$0<\varepsilon<25$
Ag NW	2	2	38	$0<\varepsilon<100$
GWF	1	2.3	5	$0<\varepsilon<10$
EGaAu	1			$0<\varepsilon<4$
EGaIn	0.66	2.9		$0<\varepsilon<100$
EGaInSn	2.2	0.3	0.11	$0<\varepsilon<140$

　　进一步，考虑到一般柔性应变传感器的基底透气性较差，人们难以长时间在同一位置进行佩戴，Yuan 等人开发了一种新式水凝胶基底 GelMA，LM 可以很好地密封在微通道内而不会泄漏。结合 LM 和 GelMA 水凝胶的优点，LMGE 具有良好的生物相容性、优异的空气和离子渗透性以及对应变的稳定电响应，如图 8-18f 所示。除此之外，得益于 GelMA 水凝胶的特点，它可以监测人们在空气或水中的行为变化，甚至还可以评估分泌物的产生，并在运动过程中通过 LMGE 实时监测人体汗液分泌，具有广阔的应用前景。

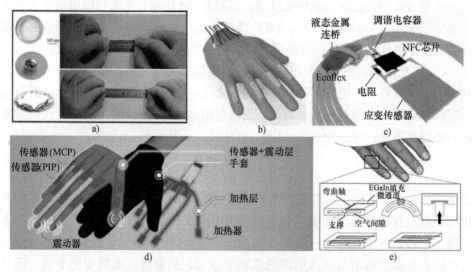

图 8-18　a）LM 光纤横截面　b）柔性应变传感器集成的手套示意图　c）无线近场通信（NFC）的 LM 应变传感器示意图　d）人机交互的虚拟现实（VR）传感手套示意图 e）以 GelMA 水凝胶为基底的柔性应变传感器

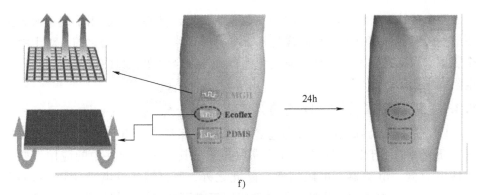

f)

图 8-18　f）具有中空结构的曲率柔性应变传感器示意图（续）

在量产方面，Kim 等人利用了直接墨水书写（Direct Ink Writing，DIW）技术，在强调效率性的前提下使微通道具有相对的一致性，保证了相同制造条件下生产的多个传感器具有相似的行为。

2. 电容型

电容型柔性应变传感器是通过改变电容来达到传感的目的，当外界发生变化时，柔性应变传感器中平行板的介电常数、距离或正对面积会随之变化，电容就会产生相应的变化。Lu 等人利用可以防止泄漏的柔性各向异性导体密封液态金属（LM）电路的方法，提出并设计了基于观察电容变化获得应变量的传感器。该传感器由两个重叠的 EGaIn 薄膜组成，这些薄膜用作电容电极，由一层薄薄的 PDMS 绝缘。当放在手腕上时，关节运动会导致电极和电介质变形并改变电容，如图 8-19a 所示。Cooper 等人将液态金属注入中空且高度可拉伸的弹性则纤维的内芯中，将所得纤维缠绕成螺旋状，制造出了可以感应扭转、应变和触摸的电容传感器，如图 8-19b 所示，其最高能测量高达 800rad/m 的扭矩，相互缠绕的纤维可以感应应变，拉伸长度和电容呈线性关系，并且具有良好的循环重复性。

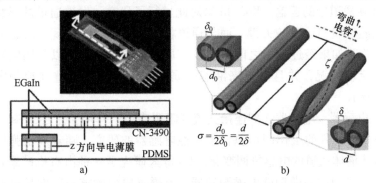

a)

b)

图 8-19　a）电容型柔性应变传感器实物图与示意图

b）LM 填充螺旋状柔性应变传感器示意图

除上述外，块状 LM、LMNP 墨水以及 LM 复合材料都可以用于制备液态金属应变传感器，其中大多数同样是基于电阻原理来测量应变变化的，对于液态金属墨水和液态金属复合材料应变传感器，外力会改变材料的微观结构并导致电阻发生变化。

8.4.3 液态金属柔性传感器的其他应用

以液态金属为基础的柔性传感器不仅在可穿戴柔性电子产品领域大放异彩，研究者们基于其优异导电特性成功开发了其在电器元件中的应用，如全柔性电容器、电感器、电阻器等。除此之外，摩擦纳米发电机（Triboelectric Nanogenerator，TENG）、天线以及辅助线路等方面的应用，都说明以 Ga 基液态金属为代表的 LM 制备的柔性传感器具备适用性广、实用性强等特点。随着人们对 Ga 基液态金属物理特性的深入了解，制备出的柔性传感器将会给人们的生活带来无限的可能。

1. 电器元件中的应用

（1）电容器 电容器连接交流电（AC）并在施加直流电（DC）时充当断路，广泛应用于耦合、隔直、旁路、滤波、调谐、能量转换、自动控制等领域。与传统（刚性）电子设备相比，柔性电路元件即使在拉伸到其自然长度几倍时也能保持电子功能，如图 8-20a 所示，由 Fassler 等人开发的由嵌入软硅弹性体中的液相镓铟锡合金（Galinstan）微通道组成的柔性电容器，随着周围弹性体的伸展，嵌入式液体通道的电容单调变化。在此基础上，Kim 等人进一步开发了包含平行板电容器的基于 EGaIn 的全柔性电子无源元件，如图 8-20b 所示。可以通过调整平行板的面积、平行板之间的距离以及柔性材料的介电常数来改变电容，同样，这也可以应用于叉指型电容器中，如图 8-20c 所示。

需要注意的是，目前制备的 LM 柔性电器传感器大多数是通过 LM 注入微通道内实现的，然而，大气中的 Ga 基 LM 氧化皮会黏附在微通道表面，进而阻碍 Ga 基 LM 在通道中的运输。Konishi 等对此进行了研究，发现通道的形状是使镓铟锡合金能够顺利运输的关键，而与通道材料无关。同时发现，液态金属在微通道内传输时如果经过电极之间就会改变局部电容，因此可以使用电容检测液态金属的流动情况，并且反过来液态金属的运输也可以调整并控制电容，如图 8-20d 所示。

（2）电感器 电感器起到连接交流和阻碍直流的作用。上述 Fassler 等人所做的柔性电器元件的工作同样包含了柔性电感器的研究，随着周围弹性体的伸展，嵌入式液体通道的电感单调变化。Do 等人研究了一种由有机硅聚合物、液态金属和磁粉制成的微型软电磁制动器，电磁感应器的核心部件是填充液态金属的 3D 螺旋线圈导体，如图 8-21a 所示，可提供高导热性和高电流。根据最

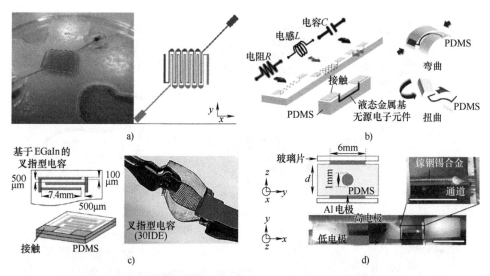

图 8-20　a）柔性电容器实物图与示意图　b）基于 EGaIn 的全柔性电子无源元件示意图
c）叉指型柔性电容器示意图与实物图　d）基于 LM 的串联电容设备

近的一项研究显示，电感与螺线管的直径、长度和匝数有关。在轴向拉伸电感时，电感会随着螺线管长度的增加而增加，而在弯曲时电感随着曲率半径的增加而减小。这种螺旋结构的电感器已成功应用于蛇形软机器人的姿态检测，如图 8-21b 所示。此外，由于可穿戴集成电子设备在应用中可能会发生严重变形，因此需要对电感器进行精心设计，以确保电子设备的正常工作。

（3）电阻器　与由铜镍合金制成的刚性电阻器相比，其他柔性导电材料如离子液体和水凝胶，Ga 基液态金属具有较高的导电性。根据电阻的定义公式

$$R = \rho \cdot \frac{l}{S} \tag{8-8}$$

式中，R 为电阻；ρ 为电阻率；l 为电阻长度；S 为电阻截面积。Ga 基液态金属电阻可以通过控制通道的长度和截面积来调节。Jin 等人改变通道宽度并保持其他几何参数不变，以探索柔性热致变色弹性体的电阻、温度、焦耳热和颜色变化之间的关系。而液态金属变形的能力将几何变化与焦耳加热相结合，从而实现了对触摸和应变的可调控热机械变色传感。在更复杂的电路中，金属的变形可以将电能重新分配到网络的远端部分，从而将模拟触觉"输入"转换为数字色度"输出"，施加压力使通道内部液态金属变形，从而更改局部电阻，结合柔性热致变色弹性体可以将模拟触觉"输入"转换为数字色度"输出"，这为压力的"可视化"提供了可能。液态金属通道在受到外力作用时会

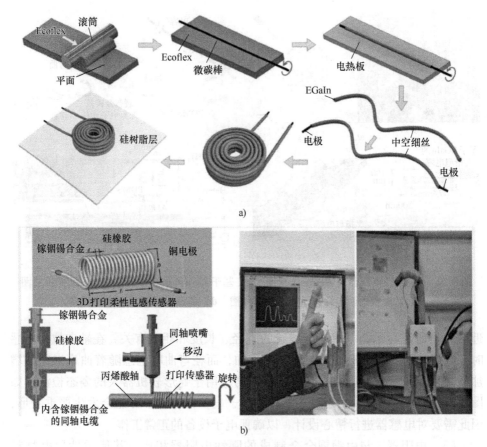

图 8-21 a）柔性 3D 螺旋线圈电感器制造工艺示意图
b）基于 LM 的可拉伸电感器示意图与实物图

发生尺寸变化，从而引起电阻变化，这同样也是大多数液态金属力/应变传感器利用的原理。

2. 摩擦纳米发电机中的应用

无需外部电源的无线可穿戴柔性电子设备对于提高佩戴的便利性和舒适性非常重要，最为关键的是要实现集成电子本身的能量自供应。摩擦纳米发电机（TENG）可以将机械能转换为电能来为可穿戴电子设备提供动力。

在 TENG 的应用中，LM 具有诸多优势，如其可以增加电极之间的接触面积，受表面粗糙度影响，以固体材料制备的摩擦纳米发电机两层之间的接触面积无法达到 100%，这大大降低了可转移的总电荷密度，从而降低了总能量转换效率。为了解决这一问题，Tang 等人开发了一种基于汞的摩擦纳米发电机，它允许金属和电介质之间完全接触。其研究的摩擦纳米发电机具有

70.6% 的瞬时能量转换效率和 $430C/m^2$ 的高输出电荷密度，这是使用固体薄膜电极电荷密度的 4~5 倍，如图 8-22a 所示。类似地，Yang 等人设计了新型可拉伸 LM 基 TENG，该传感器可以拉伸到其初始尺寸的 300% 而不会发生失效，如图 8-22b 所示。

Dong 等人则充分发挥了 LM 柔性的特点并将其应用到了新型纺丝中，使用热拉伸工艺制造了微结构可拉伸的摩擦弹性体电纤维，如图 8-22c 所示，将微纹理表面与多个液态金属电极相结合，其效率与平面 TENG 系统相当。即使在大变形的情况下，这种纤维都表现出高电输出，其最大可以承受高达 560% 的应变而不失效，并能用于编织成可机洗的可变形纺织品。

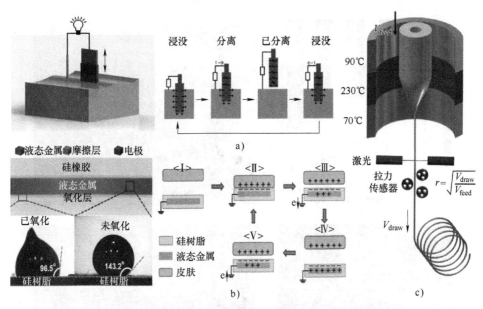

图 8-22　a）LM 基 TENG 的工作原理示意图　b）TENG 横截面图与发电机制示意图　c）长纤维热拉伸工艺生产示意图

Ga 基 TENG 的电荷密度约为 $68.4~84.5C/m^2$，低于汞基 TENG，这与 Ga 基合金表面瞬间形成 Ga_2O_3 氧化物层有关。未来如果要进一步提高 Ga 基 TENG 的性能，那么如何处理 Ga 基 LM 的表面氧化是亟待解决的问题。

3. 天线中的应用

随着可穿戴智能终端设备的增多，具有灵活顺应特性的天线设计越来越受到关注，诸如碳纳米管、铜、Ga 基液态金属等材料被应用于柔性天线的制造。特别是对于 Ga 基 LM，由于其良好的导电性和可变形性，故被认为是柔性天线的候选材料之一。

　　天线的频谱特性是其形状的函数，因此，物理变形和操纵液态金属形状的能力为可调谐和可重构天线提供了独特的可能性。注入微通道的液态金属已被用于制造多种类型的天线，包括偶极子（见图 8-23a）、柔性环（见图 8-23b）、贴片天线（见图 8-23c）、射频天线（见图 8-23d），以及可重构天线等，还有更多利用汞的例子。

　　柔性偶极子可以通过机械伸长改变形状，从而改变光谱特性（如谐振频率，见图 8-23a），此特性可用于无线感应应变，其中天线本身就是传感器。但在某些情况下，变形过程中频率的变化是不可取的，可以通过将天线的重要部分垂直于应变方向对齐来解决这个问题。

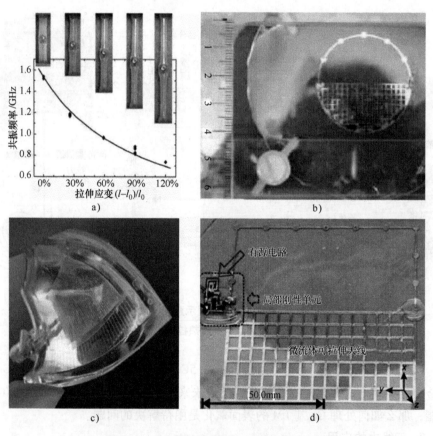

图 8-23　LM 柔性传感器在天线领域的应用
a）偶极子　b）柔性环　c）贴片天线　d）射频天线

　　需要注意的是，镓基液态金属的电导率低于铜，铜是一种应用较广的天线材料。对于某些天线几何形状，如偶极子、镓基 LM 和铜制备的天线相比的辐射效率不会降低，并且效率可能超过 90%。然而，在某些几何形状中，镓基 LM 的效率低于铜的辐射效率，例如，贴片天线的辐射效率为 60%。虽然这种效率仍然可以接受，但它说明若想发挥镓基 LM 传感器可形变的优势，则应重点关注天线在可拉伸性、可重构性或以新方式对其进行图案化等方面。

4. 辅助线路中的应用

除了上述所讲的基于液态金属制备的各种柔性传感器外，若利用其良好的导电性及可塑性，则液态金属作为辅助线路同样可以在各种柔性传感器中发挥重要作用。此时 LM 不再作为信息的采集器件，而是起到"信号传递"的导线或是"载体"作用，如接下来将要介绍的辅助电路、仿生电子眼、心率监测、呼吸监测等。

Pan 等人基于激光的微细加工技术来生产柔软、有弹性（应变极限 > 100%）的导电薄膜（薄层电阻 = $2.95\Omega/sq$；电阻率 = $1.77\times10^{-6}\Omega\cdot m$），其最大的特点是利用了视觉上难以察觉的极细液态金属导线实现了线路上的光学透明，如图 8-24a 所示。这些薄膜由透明弹性体上的网格状阵列组成，不仅具有高透光率（在 550nm 处 >85%），而且在典型的照明条件和读取距离下也是视觉不可见的，这归功于激光直写技术制造的 LM 线宽和间距分别小至 4.5μm 和 100μm。同时网格状布线具有足够的导电性以实现数字功能，未来可将其应用在透明显示器和传感电子产品中的新兴技术中。类似地，Zhang 等人采用投影微立体光刻 3D 打印技术结合液态金属填充法制造仿生复眼传感器，如图 8-24b 所示。

Takaya 等人利用了 LM 多次变形后电阻稳定性高的特点，开发了一种高度可变形的心电图仪用于诊断心脏疾病，如图 8-24c 所示。为了实现系统电极的大变形功能，采用由液态金属浆料和碳基导电橡胶组成的异质连接器，这些电极在大变形和多次拉伸的使用环境下表现出了相当高的电阻稳定性。所研制的装置在 100 次拉伸试验后，可实现 200% 的应变，而电阻变化仅为 6%。该设备同时兼顾了电阻稳定性和界面适配性，其为可拉伸医疗器械领域提供了重要的参考。

除了作为导线外，LM 同样可以作为其他传感器的"载体"，如 Huang 等人研究了一种基于液态金属的柔性电极与 SnS_2 纳米材料相结合，如图 8-24d 所示，作为一种可穿戴的气体传感设备。负载在 LM 柔性电极上的 SnS_2 纳米材料可以与 NO 及 H_2O 反应，利用该原理可判断人体呼吸模式，作者在此基础上增加了用于远程呼吸监测和诊断的蓝牙功能，实现了人体呼吸与运动模式的实时监测。

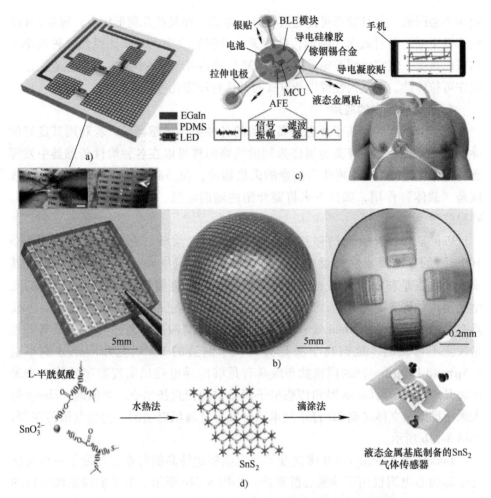

图8-24　a）光学透明导电薄膜示意图与实物图　b）仿生复眼传感器
c）高度可变形的心电图仪示意图　d）气体传感器制备原理图

8.5　本章总结

目前，液态金属已经在应变传感、压力传感、气体传感、生物电信号传感等领域广泛应用，得益于液态金属的高延伸率、高电导率和流动性，加入液态金属的柔性传感器力学性能和电学性能得到有效改善。但是，液态金属传感器仍面临许多挑战：

（1）液态金属氧化膜调控　液态金属外部包裹的氧化膜会影响液态金属和其他基底之间的润湿，去除氧化膜的手段包括酸处理、碱处理以及电润湿方法，但是酸碱可能损坏电子器件，电润湿方法需要电解质，且加电压时会产生大量气泡，这就要求寻找更多调控氧化膜的方法。

（2）液态金属与器件连接稳定性　液态金属和刚性器件连接时，线路的稳定性需要特别关注，尤其是与液态金属反应的金属，如铝。此外，变形时刚性器件与液态金属连接处容易失效，导致电信号出现波动，尽管研究者已经提出来一系列结构设计来解决这一问题，但设计一种新的材料界面仍是最好的解决方案。

（3）液态金属电路分辨率　结合光刻的制备手段，液态金属线路的分辨率可以达到500nm左右，但是这和传统的硅基电子器件仍有差距，未来柔性电子器件需要进一步减小尺寸以提高集成度，这对于精密设备、液态金属氧化膜生长以及成型过程中相转变研究都提出了新的要求。

（4）液态金属生物相容性　目前，许多文献都证明液态金属是生物相容的，但是液态金属应用于人体的安全用量仍需研究，其在人体上长期使用的实验也很少被报道，这些问题需要依靠更多的体内体外实验来解决。此外，作为常温下的液态材料，液态金属很容易流动甚至进入人体，这就要求将液态金属应用于生物传感器时找到合适的封装策略。

总之，液态金属已被证明是一种理想的柔性传感器制备材料，未来应当针对液态金属的掺杂、氧化膜调控、界面性质、相变过程以及生物相容性开展更多研究。

参 考 文 献

[1] DICKEY M D. Stretchable and Soft Electronics using Liquid Metals. Adv Mater [J]. 2017, 29 (27).

[2] ZRNIC D, SWATIK D S. In the resistivity and surface tension of the eutectic alloy of gallium and indium. Journal of the Less-Common Metals [J]. 1969, 18 (1): 67-68.

[3] DUGGIN M J The thermal conductivity of liquid metal. Physics Letters [J]. 1969, 29 (8): 470-471.

[4] YU S, KAVIANY M. Electrical, thermal, and species transport properties of liquid eutectic Ga-In and Ga-In-Sn from first principles. J Chem Phys [J]. 2014, 140 (6): 064303.

[5] KOSTER J N. Directional Solidification and Melting of Eutectic GaIn. Crystal Research and Technology [J]. 1999, 34 (9): 1129-1140.

[6] LU Y, HU Q, LIN Y, et al. Transformable liquid-metal nanomedicine. Nat Commun [J]. 2015, 6: 10066.

[7] CICCO A, DI F A. Local Correlations in Liquid and Supercooled Gallium Probed by X-Ray Absorption Spectroscopy. Europhysics Letters (EPL) [J]. 1994, 27 (5): 407-412.

［8］ Sostman H E. Melting point of gallium as a temperature calibration standard. Review of Scientific Instruments ［J］. 1977, 48 (2): 127-130.

［9］ Duggin M. The thermal conductivity of liquid gallium. Physics Letters A ［J］. 1969, 29 (8): 470-471.

［10］ Yu S, KAVIANY, MASSOUD. Electrical, thermal, and species transport properties of liquid eutectic Ga-In and Ga-In-Sn from first principles. The Journal of chemical physics ［J］. 2014, 140 (6): 064303.

［11］ CHEN Q L, WU K J, HE C H. Thermal conductivity of ionic liquids at atmospheric pressure: database, analysis, and prediction using a topological index method. Industrial & Engineering Chemistry Research ［J］. 2014, 53 (17): 7224-7232.

［12］ ZRNIC D, SWATIK, D S. On the resistivity and surface tension of the eutectic alloy of gallium and indium. Journal of the less common metals ［J］. 1969, 18 (1): 67-68.

［13］ ZECH, O S, ALEXANDER B, RICHARD, et al. The conductivity of imidazolium-based ionic liquids from (248 to 468) KB Variation of the anion. Journal of Chemical Engineering Data ［J］. 2010, 55 (5): 1774-1778.

［14］ CAHILL, J A, KIRSHENBAUM A D. The Density of liquid copper from its melting point (1356 k.) to 2500 k. and an estimate of its critical constants1, 2. The Journal of Physical Chemistry ［J］. 1962, 66 (6): 1080-1082.

［15］ HARRISON D A, YAN D, BLAIRS S. The surface tension of liquid copper. The Journal of Chemical Thermodynamics ［J］. 1977, 9 (12): 1111-1119.

［16］ HARDY, S C. The surface tension of liquid gallium. Journal of Crystal Growth ［J］. 1985, 71 (3): 602-606.

［17］ BRILLO J, EGRY, IVAN. Density determination of liquid copper, nickel, and their alloys. International Journal of Thermophysics ［J］. 2003, 24 (4): 1155-1170.

［18］ DICKEY M D, CHIECHI R C, LARSEN R J, et al. Eutectic gallium-indium (EGaIn): a liquid metal alloy for the formation of stable structures in microchannels at room temperature. Advanced Functional Materials ［J］. 2008, 18 (7): 1097-1104.

［19］ KOLBECK C, LEHMANN J, LOVELOCK K, et al. Density and surface tension of ionic liquids. The Journal of Physical Chemistry B ［J］. 2010, 114 (51): 17025-17036.

［20］ CHENTSOV V, SHEVCHENKO V, MOZGOVOI A, et al. Density and surface tension of heavy liquid-metal coolants: Gallium and indium. Inorganic Materials: Applied Research ［J］. 2011, 2 (5): 468-473.

［21］ LIU T, SEN P, KIM C J. Characterization of nontoxic liquid-metal alloy galinstan for applications in microdevices. Journal of Microelectromechanical Systems ［J］. 2011, 21 (2): 443-450.

［22］ GEDIK E, KURT H, RECEBLI Z. CFD simulation of magnetohydrodynamic flow of a liquid-metal galinstan fluid in circular pipes. Fluid Dynamics and Materials Processing ［J］. 2013, 9 (1): 23-33.

[23] XU Q, OUDALOV N, GUO Q T, et al. Effect of oxidation on the mechanical properties of liquid gallium and eutectic gallium-indium. Physics of fluids [J]. 2012, 24 (6): 063101.

[24] LIU S Q, SWEATMAN, K, MCDONALD S, et al. Ga-based alloys in microelectronic interconnects: a review. Materials [J]. 2018, 11 (8): 1384.

[25] LIU S Q, SWEATMAN K, MCDONALD S, et al. Ga-Based Alloys in Microelectronic Interconnects: A Review. Materials [J]. 2018, 11 (8).

[26] Li J, GUO C, WANG, Z S, et al. Electrical stimulation towards melanoma therapy via liquid metal printed electronics on skin. Clinical and Translational Medicine [J]. 2016, 5 (1).

[27] FAN L L, DUAN, M H, XIE, Z C, et al. Injectable and Radiopaque Liquid Metal/Calcium Alginate Hydrogels for Endovascular Embolization and Tumor Embolotherapy. Small [J]. 2019, 16 (2).

[28] HALLFORS N, KHAN A, DICKEY M D, et al. Integration of pre-aligned liquid metal electrodes for neural stimulation within a user-friendly microfluidic platform. Lab Chip [J]. 2013, 13 (4): 522-526.

[29] LIU S, SUN X, KEMME N, et al. Can liquid metal flow in microchannels made of its own oxide skin? Microfluidics and Nanofluidics [J]. 2016, 20 (1).

[30] REGAN M J, TOSTMANN H, PERSHAN P S, et al. X-ray study of the oxidation of liquid-gallium surfaces [J]. 1997, 55 (16): 10786-10790.

[31] CADEMARTIRI L, THUO M M, IJHUIS, C A., et al., Electrical Resistance of AgTS-(CH2) n-1CH3//Ga2O3/EGaIn Tunneling Junctions. The Journal of Physical Chemistry C [J]. 2012, 116 (20): 10848-10860.

[32] DICKEY M D, Emerging applications of liquid metals featuring surface oxides. ACS Appl Mater Interfaces [J]. 2014, 6 (21): 18369-18379.

[33] CHIECHI R C, WEISS E A, DICKEY M D, et al. Eutectic Gallium-Indium (EGaIn): A Moldable Liquid Metal for Electrical Characterization of Self-Assembled Monolayers. Angewandte Chemie International Edition [J]. 2008, 47 (1): 142-144.

[34] PARK J E, KANG H S, KOO M, et al. Autonomous Surface Reconciliation of a Liquid-Metal Conductor Micropatterned on a Deformable Hydrogel. Adv Mater [J]. 2020, 32 (37): e2002178.

[35] DICKEY M D, CHIECHI R C, LARSEN R J, et al. Eutectic Gallium-Indium (EGaIn): A Liquid Metal Alloy for the Formation of Stable Structures in Microchannels at Room Temperature. Advanced Functional Materials [J]. 2008, 18 (7): 1097-1104.

[36] MOHAMMED M G, XENAKIS A, DICKEY M D. Production of Liquid Metal Spheres by Molding. Metals [J]. 2014, 4 (4): 465-476.

[37] YU Y, WANG Q, YI L T, et al. Channelless Fabrication for Large-Scale Preparation of Room Temperature Liquid Metal Droplets. Advanced Engineering Materials [J]. 2014, 16 (2): 255-262.

[38] PAIBOON N, SURASSMO S, RUKTANONCHAI U R, et al. Hydrodynamic control of droplet

formation in narrowing jet and tip streaming regime using microfluidic flow-focusing. International Journal of Multiphase Flow [J]. 2022, 150: 104013.

[39] TEVIS I D, NEWCOMB L B, THUO M. Synthesis of Liquid Core-Shell Particles and Solid Patchy Multicomponent Particles by Shearing Liquids Into Complex Particles (SLICE). Langmuir [J]. 2014, 30 (47): 14308-14313.

[40] GAO Z F, Z L L, FU W L, et al. Feeding Alginate-Coated Liquid Metal Nanodroplets to Silkworms for Highly Stretchable Silk Fibers. Nanomaterials [J]. 2022, 12 (7): 1177.

[41] KUMAR R, GHAI V, SAHANI A K. A Surface Modification Approach to Overcome Wetting Behavior of Gallium-Based Liquid Metal Droplets. IEEE Transactions on Nanotechnology [J]. 2022, 21: 158-162.

[42] Sheng L, He Z Z, Yao, Y Y, et al. Transient State Machine Enabled from the Colliding and Coalescence of a Swarm of Autonomously Running Liquid Metal Motors. Small [J]. 2015, 11 (39): 5253-5261.

[43] YUAN B, TAN S C, ZHOU, Y X, et al. Self-powered macroscopic Brownian motion of spontaneously running liquid metal motors. Science Bulletin [J]. 2015, 60 (13): 1203-1210.

[44] THELEN J, DICKEY M D, WARD T. A study of the production and reversible stability of EGaIn liquid metal microspheres using flow focusing. Lab on a Chip [J]. 2012, 12 (20): 3961-3967.

[45] GOL B, TOVAR-LOPEZ F J, KURDZINSKI M E, et al. Continuous transfer of liquid metal droplets across a fluid-fluid interface within an integrated microfluidic chip. Lab on a Chip [J]. 2015, 15 (11): 2476-2485.

[46] TANG S Y, JOSHIPURA I D, LIN Y L, et al. Liquid-Metal Microdroplets Formed Dynamically with Electrical Control of Size and Rate. Advanced Materials [J]. 2016, 28 (4): 604-609.

[47] TANG S Y, QIAO R, YAN S, et al. Microfluidic Mass Production of Stabilized and Stealthy Liquid Metal Nanoparticles. Small [J]. 2018, 14 (21): e1800118.

[48] CHEESEMAN S, ELBOURNE A, GANGADOO S, et al. Interactions between Liquid Metal Droplets and Bacterial, Fungal, and Mammalian Cells. Advanced Materials Interfaces [J]. 2022, 9 (7).

[49] HUANG X M, XU T H, SHEN A, et al. Engineering Polymers via Understanding the Effect of Anchoring Groups for Highly Stable Liquid Metal Nanoparticles ACS Applied Nano Materials [J]. 2022.

[50] OLOYE O, RICHES J D, O' MULLANE A P. Liquid metal assisted sonocatalytic degradation of organic azo dyes to solid carbon particles. Chemical Communications [J]. 2021, 57 (73): 9296-9299.

[51] LIU Y, ZHANG W, WANG H. Synthesis and application of core-shell liquid metal particles: a perspective of surface engineering. Materials Horizons [J]. 2021, 8 (1): 56-77.

[52] REN L, ZHUANG J C, CASILLAS G, et al. Nanodroplets for Stretchable Superconducting Cir-

cuits. Advanced Functional Materials［J］. 2016, 26（44）: 8111-8118.

［53］YAMAGUCHI A, MASHIMA Y, IYODA T. Reversible Size Control of Liquid-Metal Nanoparticles under Ultrasonication. Angew Chem Int Ed Engl［J］. 2015, 54（43）: 12809-12813.

［54］WANG Q, YU Y, LIU J. Preparations, Characteristics and Applications of the Functional Liquid Metal Materials. Advanced Engineering Materials［J］. 2018, 20（5）.

［55］WANG D W, WANG X H, RAO W. Precise Regulation of Ga-Based Liquid Metal Oxidation. Accounts of Materials Research［J］. 2021, 2（11）: 1093-1103.

［56］KURTJAK M, VUKOMANOVIĆ M, KRAMER L, et al. Biocompatible nano-gallium/hydroxyapatite nanocomposite with antimicrobial activity. Journal of Materials Science: Materials in Medicine［J］. 2016, 27（11）: 170.

［57］HOHMAN J N, KIM M, WADSWORTH G A, et al. Directing Substrate Morphology via Self-Assembly: Ligand-Mediated Scission of Gallium-Indium Microspheres to the Nanoscale. Nano Letters［J］. 2011, 11（12）: 5104-5110.

［58］FINKENAUER L R, LU Q Y, HAKEM I F, et al. Analysis of the Efficiency of Surfactant-Mediated Stabilization Reactions of EGaIn Nanodroplets. Langmuir［J］. 2017, 33（38）: 9703-9710.

［59］MOU L, XIA Y, JIANG X. Liquid metal-polymer conductor-based wireless, battery-free epidermal patch. Biosens Bioelectron［J］. 2022, 197: 113765.

［60］ZHANG M K, YAO S Y, RAO W, et al. Transformable soft liquid metal micro/nanomaterials. Materials Science and Engineering: R: Reports［J］. 2019, 138: 1-35.

［61］ZHAO W, BISCHOF J L, HUTASOIT J, et al. Single-fluxon controlled resistance switching in centimeter-long superconducting gallium-indium eutectic nanowires. Nano Lett［J］. 2015, 15（1）: 153-158.

［62］PALLEAU E, REECE S, DESAI S C, et al. Self-healing stretchable wires for reconfigurable circuit wiring and 3D microfluidics. Adv Mater［J］. 2013, 25（11）: 1589-1592.

［63］GUO W T, ADRIAN J T, GAÑÁN-CALVO A M, et al. Pressure-Driven Filling of Closed-End Microchannel: Realization of Comb-Shaped Transducers for Acoustofluidics. Physical Review Applied［J］. 2018, 10（5）.

［64］LIN Y, GORDON O, KHAN M R, et al. Vacuum filling of complex microchannels with liquid metal. Lab Chip［J］. 2017, 17（18）: 3043-3050.

［65］GAO Y, OTA H, SCHALER E W, et al. Wearable Microfluidic Diaphragm Pressure Sensor for Health and Tactile Touch Monitoring. Adv Mater［J］. 2017, 29（39）.

［66］WANG J, YANG S, DING P, et al. Omnidirectional Printing of Soft Elastomer for Liquid-State Stretchable Electronics. ACS Appl Mater Interfaces［J］. 2019, 11（20）: 18590-18598.

［67］YUAN X, WU P, GAO Q, et al. Multifunctionally wearable monitoring with gelatin hydrogel electronics of liquid metals. Mater Horiz［J］. 2022, 9（3）: 961-972.

［68］LAZARUS N, BEDAIR S S, KIERZEWSKI I M. Ultrafine Pitch Stencil Printing of Liquid Metal Alloys. ACS Appl Mater Interfaces［J］. 2017, 9（2）: 1178-1182.

［69］ Park C W, Moon Y G, Seong H, et al. Photolithography-Based Patterning of Liquid Metal Interconnects for Monolithically Integrated Stretchable Circuits. ACS Appl Mater Interfaces ［J］. 2016, 8 （24）: 15459-15465.

［70］ JIN Y, LIN Y, KIANI A, et al. Materials tactile logic via innervated soft thermochromic elastomers. Nat Commun ［J］. 2019, 10 （1）: 4187.

［71］ KIM M G, BROWN D K, BRAND O. Nanofabrication for all-soft and high-density electronic devices based on liquid metal. Nat Commun ［J］. 2020, 11 （1）: 1002.

［72］ ABBASI R, MAYYAS M, GHASEMIAN M B, et al. Photolithography-enabled direct patterning of liquid metals. Journal of Materials Chemistry C ［J］. 2020, 8 （23）: 7805-7811.

［73］ Wang X, Liu J. Recent Advancements in Liquid Metal Flexible Printed Electronics: Properties, Technologies, and Applications. Micromachines （Basel） ［J］. 2016, 7 （12）.

［74］ ZHENG Y, ZHANG Q, LIU J. Pervasive liquid metal based direct writing electronics with roller-ball pen. AIP Advances ［J］. 2013, 3 （11）.

［75］ ZHENG Y, HE Z Z, GAO Y X, et al. Direct Desktop Printed-Circuits-on-Paper Flexible Electronics. Scientific Reports ［J］. 2013, 3 （1）.

［76］ KIM D, YOO J H, LEE Y, et al. In Gallium-based liquid metal inject printing, In Proceedings of the 2014 IEEE 27th International Conference on Micro Electro Mechanical Systems （MEMS） ［C］. San Francisco, San Francisco, 2014: 967-970.

［77］ WATSON A M, COOK A B, TABOR C E. Electrowetting-Assisted Selective Printing of Liquid Metal. Advanced Engineering Materials ［J］. 2019, 21 （10）.

［78］ NEUMANN T V, DICKEY M D. Liquid Metal Direct Write and 3D Printing: A Review. Advanced Materials Technologies ［J］. 2020, 5 （9）.

［79］ LI Y, FENG S, CAO S, et al. Printable Liquid Metal Microparticle Ink for Ultrastretchable Electronics. ACS Appl Mater Interfaces ［J］. 2020, 12 （45）: 50852-50859.

［80］ MOHAMMED M G, KRAMER R. All-Printed Flexible and Stretchable Electronics. Adv Mater ［J］. 2017, 29 （19）.

［81］ Zhou L Y, Fu J Z, Gao Q, et al. All-Printed Flexible and Stretchable Electronics with Pressing or Freezing Activatable Liquid-Metal-Silicone Inks. Advanced Functional Materials ［J］. 2019, 30 （3）.

［82］ LIU S, REED S N, HIGGINS M J, et al. Oxide rupture-induced conductivity in liquid metal nanoparticles by laser and thermal sintering. Nanoscale ［J］. 2019, 11 （38）: 17615-17629.

［83］ LIU S, KIM S Y, HENRY K E, et al. Printed and Laser-Activated Liquid Metal-Elastomer Conductors Enabled by Ethanol/PDMS/Liquid Metal Double Emulsions. ACS Appl Mater Interfaces ［J］. 2021, 13 （24）: 28729-28736.

［84］ WU P C, ZHOU L Y, LV S, et al. Self-sintering liquid metal ink with LAPONITE ® for flexible electronics. Journal of Materials Chemistry C ［J］. 2021, 9 （9）: 3070-3080.

［85］ WANG M, MA C, UZABAKIRIHO P C, et al. Stencil Printing of Liquid Metal upon Electrospun Nanofibers Enables High-Performance Flexible Electronics. ACS Nano [J]. 2021, 15 (12)：19364-19376.

[86] GUO R, ZHEN Y, HUANG X, et al. Spatially selective adhesion enabled transfer printing of liquid metal for 3D electronic circuits. Applied Materials Today [J]. 2021, 25.

[87] JIANG J, ZHANG S, WANG B, et al. Hydroprinted Liquid-Alloy-Based Morphing Electronics for Fast-Growing/Tender Plants：From Physiology Monitoring to Habit Manipulation. Small [J]. 2020, 16 (39)：e2003833.

[88] YALCINTAS E P, OZUTEMIZ K B, CETINKAYA T, et al. Soft Electronics Manufacturing Using Microcontact Printing. Advanced Functional Materials [J]. 2019, 29 (51).

[89] LI X, LI M, XU J, et al. Evaporation-induced sintering of liquid metal droplets with biological nanofibrils for flexible conductivity and responsive actuation. Nat Commun [J]. 2019, 10 (1)：3514.

[90] ZHU H Y, WANG S L, ZHANG M H, et al. Fully solution processed liquid metal features as highly conductive and ultrastretchable conductors. npj Flexible Electronics [J]. 2021, 5 (1).

[91] PARK Y G, AN H S, KIM J Y, et al. High-resolution, reconfigurable printing of liquid metals with three-dimensional structures. Sci Adv [J]. 2019, 5 (6)：eaaw2844.

[92] PAN C, KUMAR K, LI J, et al. Visually Imperceptible Liquid-Metal Circuits for Transparent, Stretchable Electronics with Direct Laser Writing. Adv Mater [J]. 2018, 30 (12)：e1706937.

[93] LIN Y L, LADD C, WANG S Y, et al. Drawing liquid metal wires at room temperature. Extreme Mechanics Letters [J]. 2016, 7：55-63.

[94] FU J H, LIU T Y, CUI Y T, et al. Interfacial Engineering of Room Temperature Liquid Metals. Advanced Materials Interfaces [J]. 2021, 8 (6).

[95] KHAN M R, TRLICA C, DICKEY M D. Recapillarity：Electrochemically Controlled Capillary Withdrawal of a Liquid Metal Alloy from Microchannels. Advanced Functional Materials [J]. 2015, 25 (5)：671-678.

[96] Yu Z W, Yun F F, Wang X L. A novel liquid metal patterning technique：voltage induced non-contact electrochemical lithography at room temperature. Materials Horizons [J]. 2018, 5 (1)：36-40.

[97] ZHANG J Z, YONG J L, ZHANG C J, et al. Liquid Metal-Based Reconfigurable and Repairable Electronics Designed by a Femtosecond Laser. ACS Applied Electronic Materials [J]. 2020, 2 (8)：2685-2691.

[98] LI G Y, WU X, LEE D W. Selectively plated stretchable liquid metal wires for transparent electronics. Sensors and Actuators B：Chemical [J]. 2015, 221：1114-1119.

[99] WU Y H, XING S T, ZHENG R M, et al. Interface design for enhancing the wettability of liquid metal to polyacrylate for intrinsically soft electronics. Journal of Materials Chemistry C [J]. 2018, 6 (25)：6755-6763.

[100] LIN W G, QIU W K, TUERSUN Y, et al. Ultrastrong Spontaneous Surface Wetting of Room

Temperature Liquid Metal on Treated Metal Surface. Advanced Materials Interfaces [J]. 2021, 8 (18).

[101] WANG Y, GONG S, WANG S J, et al. Volume-invariant ionic liquid microbands as highly durable wearable biomedical sensors. Materials Horizons [J]. 2016, 3 (3): 208-213.

[102] ALI M M, NARAKATHU B B, EMAMIAN S, et al. Eutectic Ga-In Liquid Metal Based Flexible Capacitive Pressure Sensor. 2016 Ieee Sensors [J]. 2016.

[103] YANG X F, WANG Y S, SUN H, et al. A flexible ionic liquid-polyurethane sponge capacitive pressure sensor. Sensors and Actuators a-Physical [J]. 2019, 285: 67-72.

[104] AMJADI M, KYUNG K U, PARK I, et al. Stretchable, Skin-Mountable, and Wearable Strain Sensors and Their Potential Applications: A Review. Advanced Functional Materials [J]. 2016, 26 (11): 1678-1698.

[105] WAN Y B, WANG Y, GUO C F. Recent progresses on flexible tactile sensors. Materials Today Physics [J]. 2017, 1: 61-73.

[106] ROLNICK H. Tension coefficient of resistance of metals. Physical Review [J]. 1930, 36 (3): 0506-0512.

[107] KIM K, CHOI J, JEONG Y, et al. Highly Sensitive and Wearable Liquid Metal-Based Pressure Sensor for Health Monitoring Applications: Integration of a 3D-Printed Microbump Array with the Microchannel. Advanced Healthcare Materials [J]. 2019, 8 (22).

[108] PENG H, XIN Y M, XU J, et al. Ultra-stretchable hydrogels with reactive liquid metals as asymmetric force-sensors. Materials Horizons [J]. 2019, 6 (3): 618-625.

[109] PARK J, LEE Y, HONG J, et al. Giant Tunneling Piezoresistance of Composite Elastomers with Interlocked Microdome Arrays for Ultrasensitive and Multimodal Electronic Skins. Acs Nano [J]. 2014, 8 (5): 4689-4697.

[110] SU B, GONG S, MA Z, et al. Mimosa-Inspired Design of a Flexible Pressure Sensor with Touch Sensitivity. Small [J]. 2015, 11 (16): 1886-1891.

[111] GAO Y J, OTA H, SCHALER E W, et al. Wearable Microfluidic Diaphragm Pressure Sensor for Health and Tactile Touch Monitoring. Advanced Materials [J]. 2017, 29 (39).

[112] ALI S, MADDIPATLA D, NARAKATHU B B, et al. Flexible Capacitive Pressure Sensor Based on PDMS Substrate and Ga-In Liquid Metal. Ieee Sensors Journal [J]. 2019, 19 (1): 97-104.

[113] NAGATOMO T, MIKI N. Three-dimensional Electrodes formation using liquid metal in micro channels for 3-axis Capacitive Force Sensor. 2017 39th Annual International Conference of the Ieee Engineering in Medicine and Biology Society (Embc) [J]. 2017: 1579-1582.

[114] NAKADEGAWA T, ISHIZUKA H, MIKI N. Three-axis scanning force sensor with liquid metal electrodes. Sensors and Actuators a-Physical [J]. 2017, 264: 260-267.

[115] WON D J, BAEK S, KIM H, et al. Arrayed-type touch sensor using micro liquid metal droplets with large dynamic range and high sensitivity. Sensors and Actuators a-Physical [J].

2015, 235: 151-157.

[116] AMJADI M, PICHITPAJONGKIT A, LEE S, et al. Highly Stretchable and Sensitive Strain Sensor Based on Silver Nanowire-Elastomer Nanocomposite. Acs Nano [J]. 2014, 8 (5): 5154-5163.

[117] LIU H, LI M X, OUYANG C, et al. Biofriendly, Stretchable, and Reusable Hydrogel Electronics as Wearable Force Sensors. Small [J]. 2018, 14 (36).

[118] LU T, WISSMAN J, RUTHIKA, et al. Soft Anisotropic Conductors as Electric Vias for Ga-Based Liquid Metal Circuits. Acs Applied Materials & Interfaces [J]. 2015, 7 (48): 26923-26929.

[119] MENGUC Y, PARK Y L, PEI H, et al. Wearable soft sensing suit for human gait measurement. International Journal of Robotics Research [J]. 2014, 33 (14): 1748-1764.

[120] YU Y R, GUO J H, SUN L Y, et al. Microfluidic Generation of Microsprings with Ionic Liquid Encapsulation for Flexible Electronics. Research [J]. 2019.

[121] XU M X, QI J J, LI F, et al. Highly stretchable strain sensors with reduced graphene oxide sensing liquids for wearable electronics. Nanoscale [J]. 2018, 10 (11): 5264-5271.

[122] RUSSO S, RANZANI T, LIU H B, et al. Soft and stretchable sensor using biocompatible electrodes and liquid for medical applications. Soft robotics [J]. 2015, 2 (4): 146-154.

[123] WU Y H, ZHEN R M, LIU H Z, et al. Liquid metal fiber composed of a tubular channel as a high-performance strain sensor. Journal of Materials Chemistry C [J]. 2017, 5 (47): 12483-12491.

[124] ZHOU L Y, FU J Z, GAO Q, et al. All-Printed Flexible and Stretchable Electronics with Pressing or Freezing Activatable Liquid-Metal-Silicone Inks. Advanced Functional Materials [J]. 2020, 30 (3).

[125] YOON Y, KIM S, KIM D, et al. Four Degrees-of-Freedom Direct Writing of Liquid Metal Patterns on Uneven Surfaces. Advanced Materials Technologies [J]. 2019, 4 (2).

[126] JEONG Y R, KIM J, XIE Z Q, et al. , A skin-attachable, stretchable integrated system based on liquid GaInSn for wireless human motion monitoring with multi-site sensing capabilities. Npg Asia Materials [J]. 2017, 9.

[127] OH J, KIM S, LEE S, et al. A Liquid Metal Based Multimodal Sensor and Haptic Feedback Device for Thermal and Tactile Sensation Generation in Virtual Reality. Advanced Functional Materials [J]. 2021, 31 (39).

[128] KRAMER R K, MAJIDI C, SAHAI R, et al. Soft Curvature Sensors for Joint Angle Proprioception. 2011 Ieee/Rsj International Conference on Intelligent Robots and Systems [J]. 2011.

[129] YUAN X, WU P, GAO Q, et al. Multifunctionally wearable monitoring with gelatin hydrogel electronics of liquid metals. Mater Horiz [J]. 2022.

[130] KIM S, OH J, JEONG D, et al. Consistent and Reproducible Direct Ink Writing of Eutectic Gallium-Indium for High-Quality Soft Sensors. Soft robotics [J]. 2018, 5 (5): 601-612.

[131] COOPER C B, ARUTSELVAN K, LIU Y, et al. Stretchable Capacitive Sensors of Torsion, Strain, and Touch Using Double Helix Liquid Metal Fibers. Advanced Functional Materials [J]. 2017, 27 (20).

[132] TANG L X, CHENG S Y, ZHANG L Y, et al. Printable Metal-Polymer Conductors for Highly Stretchable Bio-Devices. Iscience [J]. 2018, 4: 302.

[133] LI X K, LI M J, ZONG L, et al. Liquid Metal Droplets Wrapped with Polysaccharide Microgel as Biocompatible Aqueous Ink for Flexible Conductive Devices. Advanced Functional Materials [J]. 2018, 28 (39).

[134] YUN G L, TANG S Y, SUN S S, et al. Liquid metal-filled magnetorheological elastomer with positive piezoconductivity. Nature Communications [J]. 2019, 10.

[135] KONISHI S, KAKEHI Y, MORI F, et al. Smooth transportation of liquid metal droplets in a microchannel as detected by a serially arranged capacitive device. Sci Rep [J]. 2021, 11 (1): 7048.

[136] KIM M G, ALROWAIS H, PAVLIDIS S, et al. Size-Scalable and High-Density Liquid-Metal-Based Soft Electronic Passive Components and Circuits Using Soft Lithography. Advanced Functional Materials [J]. 2017, 27 (3).

[137] FASSLER A, MAJIDI C. Soft-matter capacitors and inductors for hyperelastic strain sensing and stretchable electronics. Smart Materials and Structures [J]. 2013, 22 (5).

[138] DO T N, PHAN H, NGUYEN T Q, et al. Miniature Soft Electromagnetic Actuators for Robotic Applications. Advanced Functional Materials [J]. 2018, 28 (18).

[139] ZHOU L Y, GAO Q, ZHAN J F, et al. Three-Dimensional Printed Wearable Sensors with Liquid Metals for Detecting the Pose of Snakelike Soft Robots. Acs Applied Materials & Interfaces [J]. 2018, 10 (27): 23208-23217.

[140] JIN Y, LIN Y L, KIANI A, et al. Materials tactile logic via innervated soft thermochromic elastomers. Nature Communications [J]. 2019, 10.

[141] Pu X J, Guo H Y, Chen J, et al. Eye motion triggered self-powered mechnosensational communication system using triboelectric nanogenerator. Science advances [J]. 2017, 3 (7): e1700694.

[142] TANG W, JIANG T, FAN F R, et al. Liquid-metal electrode for high-performance triboelectric nanogenerator at an instantaneous energy conversion efficiency of 70.6%. Advanced Functional Materials [J]. 2015, 25 (24): 3718-3725.

[143] YANG Y Q, SUN N, WEN Z, et al. Liquid-Metal-Based Super-Stretchable and Structure-Designable Triboelectric Nanogenerator for Wearable Electronics. Acs Nano [J]. 2018, 12 (2): 2027.

[144] DONG C Q, LEBER A, DAS G T, et al. High-efficiency super-elastic liquid metal based triboelectric fibers and textiles. Nature Communications [J]. 2020, 11 (1).

[145] ZHOU Y J, BAYRAM Y, DU F, et al. Polymer-Carbon Nanotube Sheets for Conformal Load

Bearing Antennas. Ieee Transactions on Antennas and Propagation [J]. 2010, 58 (7): 2169-2175.

[146] NIKOLAOU S, PONCHAK G E, PAPAPOLYMEROU J, et al. Conformal double exponentially tapered slot antenna (DETSA) on LCP for UWB applications. Ieee Transactions on Antennas and Propagation [J]. 2006, 54 (6): 1663-1669.

[147] COSKER M, LIZZI L, FERRERO F, et al. Realization of 3-D Flexible Antennas Using Liquid Metal and Additive Printing Technologies. Ieee Antennas and Wireless Propagation Letters [J]. 2017, 16: 971-974.

[148] KUBO M, LI X F, KIM C, et al. Stretchable Microfluidic Radiofrequency Antennas. Advanced Materials [J]. 2010, 22 (25): 2749.

[149] SO J H, THELEN J, QUSBA A, et al. Reversibly Deformable and Mechanically Tunable Fluidic Antennas. Advanced Functional Materials [J]. 2009, 19 (22): 3632-3637.

[150] CHENG S, RYDBERG A, HJORT K, et al. Liquid metal stretchable unbalanced loop antenna. Applied Physics Letters [J]. 2009, 94 (14).

[151] HAYES G J, SO J H, QUSBA A, et al. Flexible Liquid Metal Alloy (EGaIn) Microstrip Patch Antenna. Ieee Transactions on Antennas and Propagation [J]. 2012, 60 (5): 2151-2156.

[152] CHENG S, WU Z G. Microfluidic stretchable RF electronics. Lab on a Chip [J]. 2010, 10 (23): 3227-3234.

[153] HUANG Y A, WANG Y Z, XIAO L, et al. Microfluidic serpentine antennas with designed mechanical tunability. Lab on a Chip [J]. 2014, 14 (21): 4205-4212.

[154] PAN C F, KUMAR K, LI J Z, et al. Visually Imperceptible Liquid-Metal Circuits for Transparent, Stretchable Electronics with Direct Laser Writing. Advanced Materials [J]. 2018, 30 (12).

[155] ZHANG K P, LIAO Y F, QIU B, et al. 3D Printed Embedded Metamaterials. Small [J]. 2021, 17 (50): e2103262.

[156] TAKAYA M, MATSUDA R, INAMORI G, et al. Transformable Electrocardiograph Using Robust Liquid-Solid Heteroconnector. Acs Sensors [J]. 2021, 6 (1): 212-219.

[157] HUANG Y F, YANG F, LIU S H, et al. Liquid Metal-Based Epidermal Flexible Sensor for Wireless Breath Monitoring and Diagnosis Enabled by Highly Sensitive SnS2 Nanosheets. Research [J]. 2021, 2021: 1-13.

第9章 基于微纳米马达活性微纳探针的智能传感器件

9.1 微纳米马达

9.1.1 微纳米马达的背景介绍

20世纪70年代美国科幻电影《神奇旅程》讲述了五名医生被缩小至几百万分之一后注射进患者血管内进行手术的故事。从那时起，人们开始设想通过制备出微纳尺度的机器人进入人体内部，解决医疗领域里遇到的一些瓶颈问题。其实，自然界中存在着许多天然的微纳米马达。例如，细胞内的功能蛋白质通过消耗三磷酸腺苷（ATP），能够在微纳米尺度沿着细胞内的微管进行运动并搬运蛋白分子，保证细胞内各功能正常运转，这些具有运动能力的功能蛋白是天然的微纳米机器人；大肠杆菌通过鞭毛运动可以推动自身运动从而获取食物，避开不利因素；动物的精子细胞也可以通过鞭毛运动结合自生具备的趋化特性，实现与卵细胞结合。受到这些天然生物机器人的启示，科学家们通过研究并设计出能够转化利用周围环境能量，具有自主驱动能力并能够实现特定任务的微纳米结构，通常称之为微纳米马达（或者微纳米机器人）。微纳米马达具备在微纳米尺度下可控运动的能力，在药物递送、微创手术、活体取样、单细胞操作、环境治理、生物传感检测等领域都有着重要的应用，为医疗领域开拓新的微创、高特异性治疗手段。

9.1.2 微纳米马达的驱动机理

在微纳米尺度下，由于尺寸的急剧减小导致雷诺系数快速降低，黏滞阻力占主导地位，惯性力可以忽略不计。这导致宏观世界中（高雷诺系数）中机器的驱动方法及机制在微纳米尺度下不再适用。20世纪70年代，Purcell进行了一场名为"在低雷诺数环境下的生命"的演讲，提出了许多开创性的理论，开启了近半个世纪以来的微生物游动机制的研究。贝壳张开和闭拢的形态变化过程在时间上是对称的，如果在低雷诺系数的条件下，贝壳张开和闭拢并不会产生净运动。研究表明，要想在低雷诺数环境下游动，微生物需要打破运动在时间上的对称性，这便是常说的扇贝定理。同时这也是设计不同自驱动微纳米马达所遵守的准则。接下来简单介绍目前微纳米马达主要驱动机制，大致分为化学驱动、外场驱动和生物质驱动，如图 9-1 所示。

1. 化学驱动

（1）气泡驱动　气泡驱动的微纳米马达能够通过打破气泡释放方向的对称性实现自发的定向运动。具体是利用微纳米马达负载的催化材料与溶液中的底物（如双氧水）发生反应产生气泡，而气泡的分离或爆破产生反冲作用来驱动马达。由于稀有金属铂（Pt）在分解 H_2O_2 方面具有良好的的催化活性，故已成为最广泛使用的无机催化剂，用于制备各种结构的微纳米马达。考虑到 Pt 的稀缺性和高成本，研究人员还使用其他化学反应来替代 Pt 催化剂以实现微纳米马达的自主驱动。例如，基于金属与水或酸的反应产生氢气泡，已经制造出 Mg/Al基微纳米马达，这类微纳米马达被应用于胃酸存在的体内消化道中。此外，由于酶具有良好的催化性能和自身的生物相容性，所以过氧化氢酶也可以用于取代铂金实现双氧水催化的气泡驱动。

（2）自泳驱动　主要包括自电泳驱动和自扩散泳驱动。

1）自电泳驱动：氧化还原反应在空间上发生分离，电子在微纳米马达内部传递，质子在阳极产生并富集形成局部电场。例如，在 Au-Pt 双金属棒表面，Pt端发生双氧水的电化学氧化半反应，而 Au 端发生双氧水的电化学还原半反应，由于在金属棒表面发生不对称化学反应，使得在 Pt 端产生过剩的氢离子，而在Au 端消耗更多的氢离子，这就形成了氢离子从 Pt 端到 Au 端的浓度梯度。由于氢离子带正电荷，因而造成金属棒 Pt 端附近电势较高，而 Au 端电势较低，从而形成从 Pt 端指向 Au 端的电场。由于金属微米棒在水溶液中表面携带负电荷，故而在化学反应形成的电场中会向高电势方向运动。以水为参照系观察会发现，Au-Pt 双金属微米棒在 H_2O_2 中以 Pt 为前端自发运动。

2）自扩散泳驱动：当胶体颗粒表面发生化学反应而在颗粒附近产生浓度梯度时，所产生的颗粒运动称为自扩散泳。特别是当颗粒表面发生的反应产生带电的离子（电解质）时，如果离子的扩散系数不同，则会导致颗粒附近不同位置上不同离子的分布不同，因而可能产生电势的不均匀分布，进而产生电场驱动该颗粒及附近粒子的运动。由这类效应产生的颗粒运动称为电解质型自扩散泳。

（3）表面张力驱动　当液体的表面张力较大时则会对周围表面张力小的液体产生拉力，促使液体由表面张力低的区域向表面张力高的区域运动。因此，可以改变球体表面张力的分布，以此产生推动微纳米马达运动的动力。例如，通过施加电场，改变液态金属表面的电荷分布，造成表面张力分布不均，可以推

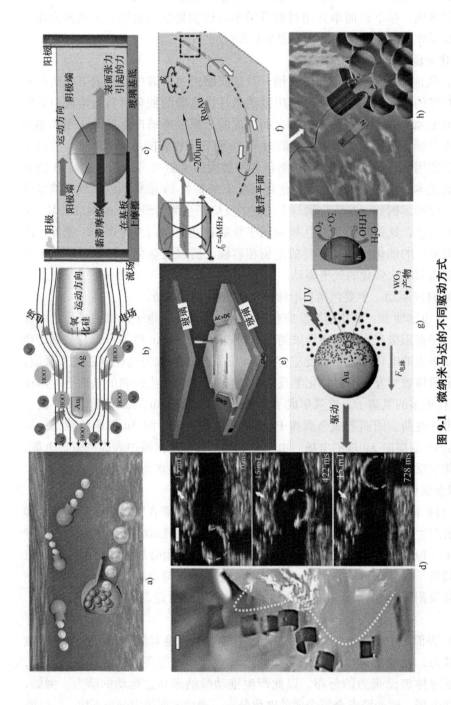

图 9-1 微纳米马达的不同驱动方式

a) 气泡驱动花瓶状微纳米马达 b) 自扩散泳微纳米马达驱动示意图 c) 在碱性溶液中镓铟合金液态金属态受力示意图 d) 柔性可变性磁性机器人在胃内进行爬行运动 e) 电驱动棒状微纳米马达在电场下实现三维运动 f) Au-Ru 金属链在超声场中进行沿轴向进行轴向逆向进行 g) 驱动微纳米马达运动示意图 h) 精子细胞杂化微纳米马达运动示意图

动该微马达运动；同样可以通过铝片-液态金属（镓铟合金）复合结构与 NaOH
发生氧化还原反应产生张力梯度，驱动微纳米马达运动。此外，微纳米马达形
貌对表面电荷分布存在重要的影响，可以通过改变表面电荷分布形成表面张力
梯度驱动微纳米马达运动；也有通过设计微流通道在液态金属两侧分别通入酸
碱液，实现两侧电荷分布不均，造成张力梯度的产生，进而驱动微纳米马达
运动。

2. 外场驱动

（1）磁场驱动　磁场驱动是外场供能微纳米马达最常见的驱动方式之一。
在自然界存在具有自驱动能力的生物，例如，细菌和精细胞都可以通过鞭毛运
动，研究发现这是一类高效的运动方式。因此，科研人员模仿这种鞭毛驱动方
式制备螺旋状磁性微纳米马达，外部施加可调旋转磁场，达到驱动微纳米马达
的目的。磁场驱动微纳米马达主要分为：①在梯度磁场下，磁性颗粒或棒状微
纳米马达受到磁场力并产生运动，可用于按需导航靶向目标位置等应用场景；
②通过旋转磁场，驱动螺旋状微纳米马达沿轴向前进，通过亥姆霍兹线圈产生
旋转磁场，细胞内的磁性微纳米马达在旋转磁场的作用下在细胞内进行可控运
动；③利用微纳米马达与基板相互作用产生的反作用力驱动微纳米马达运动。
花生状磁性微纳米马达在电磁线圈组产生的圆锥旋转磁场下，通过与表面基底
的相互作用，可以实现旋进运动。相对之前报道的二维运动，该运动优势在于
可以跨越障碍，提高了其在不同地形环境的适应性，更好地应用在复杂的体内
环境中。

（2）电场驱动　电场驱动是通过外加电场，利用电渗或电泳作用，实现对
微纳米马达的驱动。通过在 Z 轴添加导电玻璃及 X-Y 平面添加金属电极实现在
三维空间内形成可控电场。通过改变不同轴上的电场分布，实现对微纳米马达
运动方向的控制，并且通过电场的调节也可以实现对货物的运载和释放。

（3）超声驱动　当超声探头作用于液体时，在液体中会存在不同的压力节
点，进而形成压力差，这将驱使微纳米马达向压力节点处运动，并且不对称结
构将使微纳米马达受到的压力差增大，对应也会获得更快的运动速度。Wang 等
人使用 MHz 频率的超声波驱动棒状金属机器人，顶部发射的超声波与底部超声
波相互作用并叠加，在液面内形成驻波节面，微纳米马达可以在驻波节面内运
动，微纳米马达速度可以通过不同的超声频率实现调节。同样施加不同的超声
波，在液体中形成压力梯度，迫使微纳米马达向低压区聚集，当关闭超声后，
压力梯度消失，微纳米马达因布朗运动实现迅速分散，进而可以实现机器人的
聚集与分散。除此之外，可以利用超声波触发易气化物质形成气泡，间接推动
微纳米马达运动，并且通过超声波的打开和关闭来控制微纳米马达的运动。

（4）光驱动 光在自然界随处可见，因此光驱动微纳米马达应用场景广泛。光驱动微纳米马达的驱动机制主要分为三类，即光催化自扩散泳、光催化自电泳和光热效应自热泳。

1）自扩散泳：当光照在微纳米马达表面后，表面物质将会发生光催化反应或者光分解反应释放出产物离子，同时由于离子扩散速度不同，因此会在微纳米马达周围形成局部浓度梯度场，进而形成渗透流并推动微纳米马达运动。

2）自电泳：当光照射到具有光催化能力的微纳米马达（如 TiO_2-Au）时，就会产生空穴-电子对，并且空穴分布在半导体一面（TiO_2）与水发生氧化反应，而电子将迁移到金属一面（Au），同时还原 H^+ 为 H_2。但是由于还原速度小于氧化速度，因此就会有部分 H^+ 富裕，最终导致在机器人周围形成局部电场，带有电荷的微纳米马达在局部电场下将发生运动。

3）自热泳：当微纳米马达表面包覆光热材料（如 Au）时，经光照后，由于光热效应，微纳米马达周围将会形成局部温度梯度场进而形成局部对流，从而推动微纳米马达向相反的方向运动。

3. 生物质驱动

自然界中天然存在具有自驱动能力的微纳结构，例如精子细胞、细菌以及一些微生物，与具有运动功能的天然生物体结合可以制备生物质驱动的微纳米马达。由于天然存在的生物结构具有很好的生物相容性，因此，在药物载送及医疗检测领域具有良好的应用前景。但天然具有运动能力的细胞等运动控制性不佳，无法很好地完成靶向输运等预定目标。因此，需要通过与外部辅助结构相结合，进而提高其控制性能，从而更好地完成预定的任务。研究人员将精子细胞配合磁性纳米帽组成了生物质杂化微纳米马达，通过外部磁场控制其运动方向，利用精细胞的鞭毛运动为整体马达提供动力。还可以通过自卷曲方式制备磁性微米锥管，使精子细胞钻入管内形成生物杂化的微纳米马达。也可以通过光刻加工的方式制备出磁性花状结构，并且由于精细胞头部具有较大的比表面积，因此可以实现对药物的装载，然后到达靶点位置对药物进行可控释放。

9.1.3 微纳米马达的应用

1. 药物递送

药物治疗是临床医学中重要的治疗方式之一。传统的给药方式有两种：一种是口服肠道给药，另一种是注射血液给药。但是，这两种方式都属于药物在体内被动转运，可能会导致药物剂量过大和脱靶给药，对人体产生副作用。在肿瘤疾病诊疗中，靶向药物递送治疗被认为比传统的化疗和放疗的副作用更小。因疾病微环境不同于正常组织，例如炎症器官温度较高、癌组织周围 pH 值较低等，故智能可控给药系统能响应 pH、温度、光照、氧化剂等外部环境的刺激，有选择地将药物释放到靶点病症部位，从而提高给药效率。由于微纳米马达的生物相容性和可控的运动性能，其为生物医学应用带来了变革性技术创新的可能性。从靶向药物传递到光动力治疗等应用已经证明，微纳米马达介导的靶向药物传递可以有效地寻找特定的病变部位，并在避免不良副作用的情况下有效递送治疗药物。另一方面，给药系统需要克服多种生理和病理障碍，利用微纳米马达主动可控的运动来突破这些生物屏障，从而使药物递送效果进一步优化，如图 9-2a 所示。

2. 微创手术

精确定位切口位置是微创手术成功的关键，然而，用传统的手术刀等医疗器械进行微创手术非常具有挑战性。微纳米马达具备的自主运动能力以及微型化结构，被认为在各种生物医学应用上具有广阔的应用前景，尤其是微创手术。外部磁驱动方式具有能够穿透生物组织向微纳米马达提供向前推进力或旋转扭矩的天然优势。此外，某些微结构可能有助于在复杂受限的体内环境中执行精确导航或细胞搬运等精细化操作。通过改变材料的厚度和应力，可以很容易地制造出不同直径的微纳米器械，以满足不同的超微型手术要求。在微纳马达这种可操控的新型微工具的帮助下，微创手术的研究将会取得新的进展和突破，如图 9-2b 所示。

3. 活体取样

活体取样是通过手术从患者体内切取、钳取或穿刺取出活体组织样本或细胞样本，以供病理医生进行病理学检测。活检及病理检测通常是为了深入了解病变/肿块是否为癌症、确定癌症类型以及癌症的性质等，从而指导患者后续的整体治疗方案，包括手术、放疗和药物治疗。常规的活检具有侵入性和破坏性，对患者的影响较大。微纳米马达具有尺寸小，可执行任务等特点，在活体组织检验领域也有着广泛的应用潜力。微纳米马达可以捕获单个细胞，或者从健康或患病器官（包括乳房、肺、肝脏、皮肤、前列腺等）收集极其微量的组织样本，用于进一步的疾病诊断，并具有高特异性和选择性。微纳米马达在细胞操作方面的应用是指在不改变细胞正常生理特性的情况下，对细胞进行分离、捕获、传输和图形化等精细的机械操作。具有这些功能的磁性微型机器人也被称为微夹持器，可以在小尺寸条件下实现夹起和放下等类似于人手的功能，例如热响应的柔性磁控微型机器人等，如图 9-2c 所示。

4. 环境治理

自主驱动的微纳米马达在环境治理领域具有广泛的应用前景，如催化降解有机污染物、吸附重金属离子、杀灭病原菌、油水分离等。微纳米马达可以为处理这些有毒的和持久性污染物提供一条解决思路。被污染的废水中通常含有

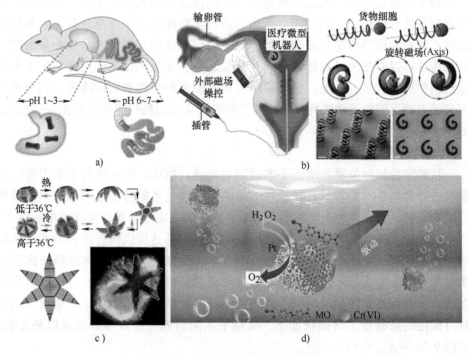

图 9-2　微纳米马达生物医药应用

a) 微纳米马达在消化道内运动及药物递送示意图　b) 旋转螺旋微纳米马达用于
体内微创手术　c) 温敏微纳米马达用于活体组织取样　d) 自组装有机框架微纳米
马达运动和污染物清除机制示意图

阳离子和阴离子、有机物和油脂，对生态系统具有毒性。吸附法是一种应用广泛、实用性高、成本低、操作简便的水体污染物净化方法，传统的吸附净化依赖于被吸附材料的被动扩散过程和吸附剂的物理化学性质，通常是一个耗时的过程。随着纳米科学和纳米技术的发展，研究人员设计出具有运动能力的微纳米马达清洁剂，以加速其在废水中吸附去除污染物。新开发的运动净化技术利用了吸附剂的自推进特性，突破了自然扩散过程对活性炭吸附净化的限制。加速溶液的混合对于提高包括吸附在内的许多物理化学过程的效率和速度是至关重要的。因此，活性微纳米马达去除污染物的效率更高，处理时间更短。此外，气泡推进的微纳米马达可以提供额外的搅拌剂，生成的气泡会漂浮在表面，增强流体对流。进一步，通过分解 H_2O_2 燃料产生高反应性的自由基，也可实现有机污染物的降解。Fenton 反应以亚铁离子为催化剂，过氧化氢为氧化剂，发生反应产生氧化自由基。由于上述微纳米马达在水净化中的优势，因此不同类型的污染物，如重金属、神经毒剂、生物化学毒素和染料都可以通过微纳米马达良好的吸附性能和主动运动特征实现高效快速的脱污或者降解处理。但是，微纳米马达制备成本高，污水样本处理的体积小，在面向实际应用中受到了许多限制，如图 9-2d 所示。

9.2　微纳米马达的传感原理及应用

9.2.1　基于微纳米马达运动行为分析的智能传感

自驱动运动是微纳米马达最重要的特性之一，自微纳米马达被发明以来，研究人员对其运动行为和运动机制进行了大量的研究。期间，研究人员发现不同的物质对于某些微纳米马达的运动存在抑制作用，并以此开发了基于微纳米马达运动行为变化的传感方法。在本节中，将根据微纳米马达不同的响应机制，分别介绍微纳米马达在金属离子、有机物或高分子以及微生物检测中的传感应用。

1. 离子响应

如图 9-3 所示，以双段金-铂纳米马达为例，由于铂和金对过氧化氢氧化还原催化反应的不同，故马达会沿轴向运动。研究人员发现，在银离子存在时，金-铂纳米马达会存在明显的加速现象，而在其他离子，例如铅、锰、镍、铜等存在的情况下，纳米马达速度反而会降低。这是因为银离子会在过氧化氢的作用下在纳米马达表面进行欠电位沉积，从而增强马达的催化活性；相反，对于上述某些重金属离子，其存在则会抑制马达表面金属原子的催化活性。根据微纳米马达对不同离子的响应加速或响应减速可以制备相应的离子传感器，通过对微纳米马达运动轨迹图像进行分析，通过纳米马达运动速率的增幅或降幅即可完成对这些待测离子的定量检测。

除了金属离子，微纳米马达的运动行为变化也可以应用于氢离子检测，即 pH 传感，如图 9-4 所示的子弹壳状微纳米马达，其外壳由明胶组成，内部负载了铂纳米颗粒，这种子弹壳状微纳米马达可以基于气泡推动的运动机制在过氧化氢溶液中发生自驱动运动。同时，研究还发现这种微纳米马达的运动会受到 pH 值影响，在 0~14 范围内随着 pH 值的不断升高，该类微纳米马达的运动速率也会不断提升，这是由于在不同 pH 值下明胶的结构有所不同，铂纳米颗粒的催化效果也有所不同共同造成的结果。随着 pH 值的不断增大，明胶壳的开口会不断增大，气泡产生的频率会不断加快，推动效果不断增强。此外，铂纳米颗粒在低 pH 值时会将过氧化氢分子直接催化裂解为两个羟基自由基，并在子弹壳马达两端形成浓度差，此时的驱动方式为自扩散泳；而在高 pH 值下，铂纳米颗粒才会将过氧化氢催化产生氧气，此时为驱动效果更好的气泡反冲驱动。因此，在明胶结构和铂纳米颗粒催化性能双重 pH 值响应下，微纳米马达可以实现对 pH 值的传感检测。

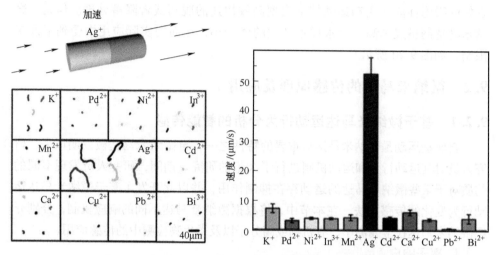

图9-3 基于运动变化的金属离子响应双段金-铂纳米马达

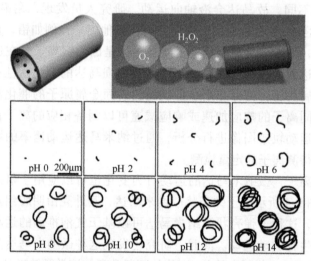

图9-4 基于运动变化的pH响应子弹壳状微纳米马达

近年来，酶驱动的微纳米马达由于具有优良的驱动能力和生物相容性逐渐成了微纳米马达研究的重要方向之一。一般的微纳米马达可以利用过氧化氢酶和脲酶，分别以过氧化氢和尿素为燃料，实现自驱动运动。常见的重金属离子污染物（例如汞离子、铜离子等），往往会使酶的活性受到影响。以过氧化氢酶为例，酶的巯基和氨基分别能与汞离子和铜离子发生结合，形成络合物，改变生物酶的结构，导致酶活性显著降低，从而引起微纳米马达运动速度的下降。因此，根据酶驱动微纳米马达速度的变化量就可以对溶液中重金属离子的含量进行定量检测。

　　除了上述通过影响微纳米马达化学反应活性从而改变其运动行为的传感方式以外，一些具有新颖结构和材料设计的微纳米马达同样可以用于传感检测。如图 9-5 所示，研究人员利用静电纺丝的方法制作了一种由聚己内酯和十二烷基磺酸钠（一种阴离子表面活性剂）组成的纺锤形纳米马达，这种马达在溶液中会缓慢释放表面活性剂，从而导致局部溶液表面张力的变化。由于马兰戈尼效应的存在，微纳米马达向着表面张力较高的一侧运动，这种运动高度依赖于液体的表面张力，因而液体环境会对其产生巨大影响。在此研究中，水的表面张力与 pH 值无关，但是表面活性剂溶液的表面张力会受到 pH 值的影响，随着 pH 值的升高，表面活性剂溶液与微纳米马达之间的表面张力会降低，也就是说随着 pH 值的升高，微纳米马达与液体的表面张力差会增大，马达的驱动力也就增大，最终导致马达运动速度提高，以此完成基于运动速度分析的 pH 值传感检测。

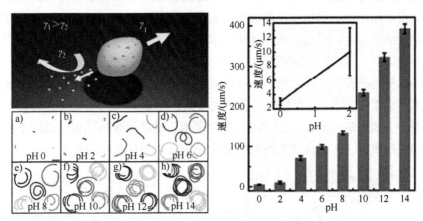

图 9-5　基于运动变化的 pH 值响应纺锤形微纳米马达

2. 有机物/大分子响应

　　微纳米马达由于其体积较小，且具有自驱动运动的特点，被认为在生物医学检测和靶向治疗领域拥有重要的应用前景，从而引发了众多学者的研究兴趣。在此期间，研究人员基于微纳米马达的运动行为特征，开发了针对某些有机物或高分子待测物的传感检测方法和装置。

　　尿酸是血液的主要代谢产物，也是生物医学检验中的重要标志物之一，研究人员发现尿酸的存在会抑制以过氧化氢为驱动燃料的微纳米马达的运动性能。这是由于微纳米马达在催化过氧化氢分解的过程中，不论是在气泡驱动机制还是自扩散泳驱动机制中，羟基自由基作为重要的中间产物都会被尿酸反应清除，使得微纳米马达无法产生足够的驱动能力。因而随着尿酸浓度的升高，微纳米马达的运动速度会逐渐降低，并且在某一浓度之上会丧失其运动特性。此外，在血液中存在着大量的血液蛋白，其同样会对微纳米马达的运动产生较大影响。这一现象在以铂为催化剂的微纳米马达中尤为明显，血液蛋白会通过其含有的巯基与铂纳米颗粒发生结合，直接吸附在微纳米马达的表面从而阻碍表面催化剂与驱动燃料的接触，减少了微纳米马达的活性位点，阻碍了微纳米马达的自驱动运动。基于微纳米马达对这些有机物或生物大分子的运动响应特征，便可以开发对应的智能传感器件。当然，其中还需要考虑不同分子测试之间的相互影响，通过特定的前处理或微纳米马达结构与材料的设计来提高检测的特异性和准确程度。

生物酶的催化活性强烈依赖于其特殊的蛋白构象结构，因而，酶的活性会随其构象结构的变化而改变。同时，温度、pH 值、无机分子和有机分子等因素都会使生物酶的空间构象结构发生变化，因而，以酶为驱动力的微纳米马达可以对环境变化以及特定物质实现应激响应，并最终通过微纳米马达运动行为的变化来体现。如图 9-6a 所示，研究人员制备了过氧化氢酶驱动的聚乙烯二氧噻吩/金颗粒复合管状微纳米马达，该微纳米马达可以检测气体环境中的二乙基磷酰氯（DCP，一种神经毒素），这种气态物质可以溶解于水中，并对过氧化氢酶造成破坏，从而使微纳米马达的运动速度降低。以这种微纳米马达为基础的神经毒素检测装置具有较低的检测限，同时选择性和灵敏度也较高，在军用和民用领域都具有良好的应用潜力。如图 9-6b 所示，同样的过氧化氢酶驱动的纳米马达也可以用于检测蔬菜中的农药残留，这在日常生活中的食品安全监测中具有应用前景。

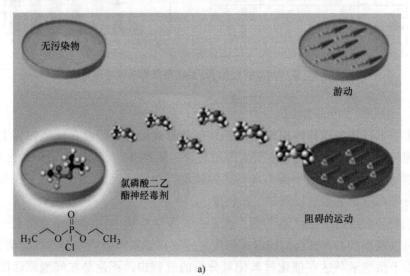

a)

图 9-6 基于运动变化的大分子检测纳米马达

a）氧化氢酶驱动的聚乙烯二氧噻吩/金颗粒复合管状微纳米马达对二乙基磷酰氯实现检测

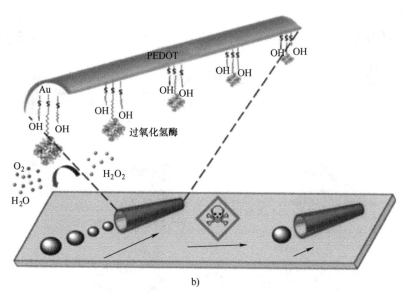

b)

图 9-6　基于运动变化的大分子检测纳米马达（续）

b）过氧化氢驱动马达对蔬菜中农药残留进行检测

此外，基于微纳米马达运动行为的变化还可以用于 DNA 的检测。如图 9-7 所示，与图 9-4 中的微纳米马达大体上相同，研究人员研制了氧化氢酶驱动的聚乙烯二氧噻吩/金颗粒复合管状微纳米马达，但是在此微纳米马达中，研究人员引入了经过设计的核酸链组，由于特定的核酸链之间存在一定的竞争关系，因此目标核酸链会导致修饰有过氧化氢酶的核酸链从微纳米马达内部脱落，从而导致微纳米马达驱动力降低，通过测试微纳米马达速度的降低程度就可以分析目标核酸链的含量。

综上所述，微纳米马达的运动速率变化可以用于某些特定离子、分子，甚至是生物分子的传感应用中，微纳米马达运动速度的调控原因大体上可以分为催化活性的改变（包括催化能力的增强或减弱）、催化位点数量的改变（主要是目标物会引起催化位点的减少）以及特定结构设计导致的速率改变。针对不同的目标检测物可以进行不同的微纳米马达设计。基于微纳米马达运动行为变化为基础的传感技术在环境检测、生物医学传感以及食品卫生安全等领域具有应用价值，但是其检测的准确性和信号重现性是未来进一步应用所面临的挑战。

9.2.2　基于光学检测方法的微纳米马达智能传感

光学检测方法是一种依靠光谱学的光谱波段、光强或者寿命时间等信息进行来对目标待测物进行定性或定量检测的传感方法。随着近些年光学仪器设备的不断发展，光学检测方法的特异性、准确度和灵敏度等都具有较大提升，在

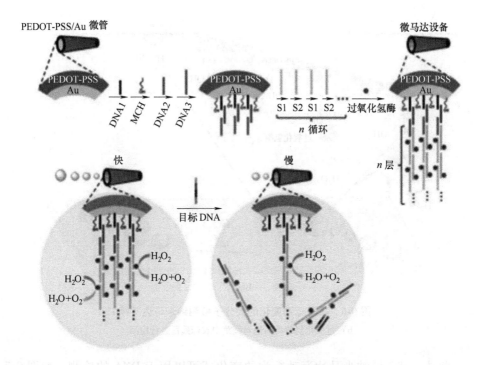

图 9-7　基于运动变化的 DNA 检测纳米马达

无机小分子、生物大分子以及微生物的检测上发挥了重要作用。接下来将从光学检测方法的具体原理出发，分别介绍微纳米马达在比色法和荧光淬灭法中的具体应用，此外还将介绍微纳米马达与电化学发光检测和 SERS 光谱检测相结合的传感应用。

1. 基于比色法的微纳米马达传感应用

比色法是一种通过比较溶液颜色或者测量溶液吸光度来确定待测物种类和浓度的一种检测方法。比色法一般可以通过测试紫外-可见吸收光谱、荧光光谱以及红外光谱实现。由于微纳米马达可以频繁地主动接触目标待测物，从而基于微纳米马达的比色法检测技术相较于传统的检测方式具有更高的灵敏度以及更短的检测时间。在基于比色法的微纳米马达传感应用中，使用的原理大都是荧光淬灭法，除此以外还有一些利用微纳米马达上光谱的偏移（量）或改变来进行检测的应用。通常来讲就是在微纳米马达上负载一类特殊探针分子，这类分子可以在目标物的影响下发生结构变化，从而导致紫外-可见或者红外光谱的偏移，微纳米马达在其中主要起到加速分子与目标物之间的相互接触，提高反应发生的效率，从而提高检测分析的能力。

以使用荧光淬灭机理的微纳米马达传感应用为例。如图 9-8 所示，研究人员开发了一种外层为氧化石墨烯，内层为铂纳米颗粒的管状微纳米马达。在外层氧化石墨烯上首先吸附带有荧光基团的适配体，由于氧化石墨烯对荧光基团的淬灭作用，此时荧光基团不会产生荧光，而荧光基团所连接的适配体可以与真菌毒素（目标分子）产生高强度的特异性结合，进而将荧光基团"拖离"氧化石墨烯的表面，使荧光基团恢复荧光，通过测试其荧光强度的大小就可以定量检测真菌毒素的含量。

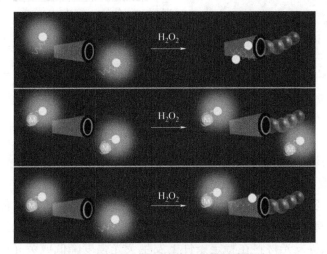

图 9-8　基于比色法的荧光传感纳米马达

除了通过化学分子结构的变化产生光谱的改变外，某些结构色材料同样具有颜色上的可分辨性，因而也可以与微纳米马达相结合并应用于比色法传感中。结构色是由于材料微观结构周期性排列所形成的，不仅可以通过光学显微镜直接观察，还可以通过光谱仪来进行精确的定量分析。如图 9-9 所示，研究人员通过微流控装置，利用氧化石墨烯和 SiO_2 纳米颗粒混合溶液的相分离制备了两侧分别为氧化石墨烯和 SiO_2 反蛋白石的 Janus 结构色微球。

由于氧化石墨烯预先与铂纳米颗粒和 Fe_3O_4 颗粒混合，此结构色微纳米马达能够在过氧化氢溶液中实现气泡驱动和磁场驱动两种运动模式。此外，结构色微纳米马达表面还包覆有带有适配体的水凝胶，可以与目标离子结合，从而导致结构色的变化，这种检测方法具有无标记的优点。此外，在这种检测方式中，结构色微纳米马达的光谱变化可以体现离子的存在与否，而离子的多少则可以通过光谱的偏移程度来定量描述。在此基础上，通过修改适体的种类就可以实现对不同离子的响应。进一步，如果在具有不同颜色的结构色微纳米马达上修饰不同离子的适体，则可以实现多种离子的并行无标记检测。综上所述，利用结构色微纳米马达可以通过简单的光谱测试来实现简单便捷、灵敏度高的多元

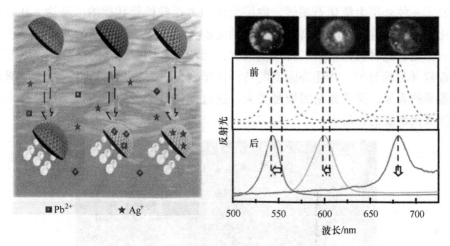

图 9-9 基于比色法的结构色传感纳米马达

检测，这在高通量测试中具有一定的应用前景。

2. 基于荧光淬灭效果的微纳米马达传感应用

荧光淬灭实际上仍属于比色法的范畴，在近些年微纳米马达传感应用研究中逐渐成了一种新趋势，因而将其单独列为一节进行介绍。荧光淬灭是指荧光分子或量子点等发光材料在特定条件下发生荧光强度降低或荧光寿命减少的一种现象，这一现象在传感检测中已有应用。例如，汞离子可以导致碳量子点发生荧光淬灭，因而有研究人员利用碳量子点作为探针，检测水环境中汞离子的含量。类似的，在微纳米马达上修饰特定荧光分子或量子点，这样微纳米马达就拥有了检测某种离子或分子的功能。

如图 9-10 所示，研究人员在 SiO_2/铂纳米马达的一侧修饰荧光素（一种具有绿色荧光的有机分子），该荧光素会对沙林、梭曼等神经毒素产生响应，在 10s 之内就会失去其荧光特性，通过这种荧光"亮-灭"设计就可以定性判断待测物分子的存在。通过这种方法可以实现对诸如农药、植物毒素（蛋白）、微生物代谢产物甚至是细菌的传感检测。

此外，对于以量子点为荧光材料的微纳米马达来说，量子点的荧光淬灭程度与其对应的淬灭物质的含量呈正比关系，因而这种微纳米马达不仅可以定性检测目标物质的存在，还能在一定范围内对目标物质进行定量分析。基于荧光淬灭法的微纳米马达智能传感技术已经成了传感检测领域的新方向之一，微纳米马达的运动特性可以使得荧光物质与目标物进行迅速有效的反应，极大地降低了这种传感方式的检测限，提高了检测灵敏度，并且在食品安全以及环境监测领域具有实际应用价值。

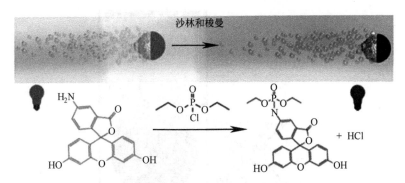

图 9-10　基于比色法的荧光淬灭传感纳米马达

3. 基于电化学发光的微纳米马达传感应用

电化学发光是指通过电化学的方式在电解质溶液中生成新的物质，而新的物质之间或者新生成的物质与原本存在的物质又可以进一步发生反应造成发光现象。电化学发光作为一种结合了电化学方法和化学方法的检测分析技术，具有选择性强、灵敏度高等优点，近些年来在免疫分析、核酸检测等领域发展迅速。随着研究人员对微纳米马达功能化研究的不断深入，电化学发光法也被集成到微纳米马达的传感应用中。

如图 9-11 所示，研究人员设计了一个由玻璃碳微珠和两端接有电极的垂直毛细管组成的葡萄糖检测装置，毛细管中含有用于电化学发光含钌的无机配合物和辅助反应物三正丙胺，在检测过程中，玻璃碳微珠会在电场的作用下发生不对称的化学反应，在微珠阴极的一端发生氢离子的还原生成氢气，从而产生驱动力，而在微珠阳极的一端则发生葡萄糖的氧化以及辅酶 NAD^+ 向还原型辅酶 Ⅰ（NADH）的转化，而 NADH 又会参与到含钌配合物的电化学发光过程中，从而完成发光以及辅酶的循环。在电化学发光测试中，发光强度与葡萄糖的初始浓度高度相关，因而可以完成葡萄糖含量的监测。

基于电化学发光的传感方法不仅具有传统比色法传感的高灵敏度、宽线性范围、设备简单等优点，还具有电化学方法重复性好、控制简便的优势，在下一代便携生物传感设备中具有很好的应用潜力。但是，由于电化学发光测试原理较为复杂，因此，这种方法在微纳米马达智能传感领域的应用还需要进行进一步的研究和发展。

4. 基于 SERS 光谱的微纳米马达传感应用

SERS 效应是指在某些特殊金属（如金、银、铜）等粗糙表面或者金属纳米颗粒之间的缝隙中具有提高拉曼散射信号的作用。SERS 光谱继承了拉曼光谱简

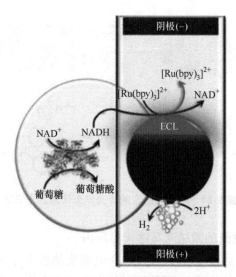

图 9-11　基于电化学发光的葡萄糖传感微纳米马达

单、快速、无损伤并且能够反应分子具体结构特征的优点，因而可以对低浓度目标分子进行超灵敏传感。SERS 光谱的出现极大地拓展了拉曼光谱在医学检测、环境监测以及材料分析等领域的应用。微纳米马达具有能够在外场下运动的特点，在微纳米马达的表面进行 SERS "热点" 探针的修饰，可以实现拉曼信号的动态富集以及靶向点微区检测。

　　研究人员构建了基于微纳米机器人的具有自主运动和精准控制的活性 SERS 探针。首先，以纳米银线为主体结构，利用 SiO$_2$ 壳层包覆纳米银线并形成 AgCl 动力驱动部分，构建 SERS 增强探针。巧妙地实现微纳米机器人驱动与检测一体化的设计，利用该微纳米机器人光趋特性，实现目标位置可控聚集，率先系统性地验证了该探针在肿瘤早期探测的可行性，如图 9-12a 所示。进一步，为了优化微纳米机器人控制精度，研究人员设计开发了磁性棒状微纳米机器人，通过银镜反应在棒状结构表面原位生长银纳米颗粒，作为主动智能 SERS 检测探针。在微纳米尺度下，具备了主动精准靶向能力，实现了高灵敏检测，达到了自清洁及靶向细胞内信号检测的目的，如图 9-12b 所示。通过原位快速生长 Au 纳米刺，构建 SERS 光谱基底，实现了对罗丹明 6G 和结晶紫的快速检测，如图 9-12c 所示。

　　在本节中主要介绍了一些基于光学检测方法的微纳米马达的传感应用。光学检测方法由于其简便、准确的特点在便携式的检测设备中已经获得了广泛的应用，将微纳米马达的运动特性与光学传感方法结合，极大地提高了光学检测方法的检测能力，此外，一些新颖的微纳米马达结构设计也使得光学检测方法的应用范围更加广泛。

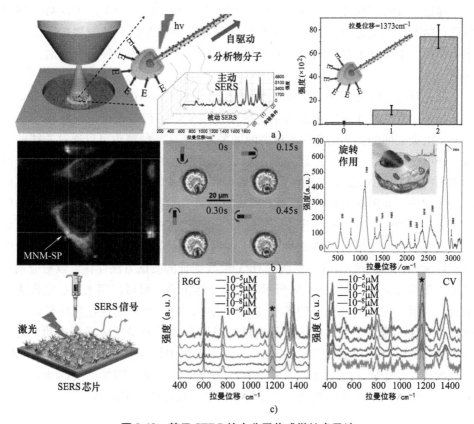

图 9-12　基于 SERS 的小分子传感微纳米马达

a）一维维光催化微纳米机器人体外拉曼传感检测　b）磁性棒状微纳米机器人用于
细胞内信号检测　c）Au 纳米刺检测示意图以及罗丹明 6G 和结晶紫的拉曼检测光谱

9.2.3　基于电化学分析方法的微纳米马达智能传感

电化学是一种依靠测量电极表面氧化还原反应过程中电子电荷转移的传感方法。在电解质溶液环境中，通过测量电极表面的微电流、阻抗以及光电转化等信号可以很容易地获得电极表面的变化情况。此外，由于电化学测试往往不需要复杂的测试设备，因此对环境具有较高的适应性，这使得基于电化学原理的传感方法在开发小型化便携传感设备上具有很大潜力。随着近年来微纳米马达的不断发展，在电化学传感领域也逐渐出现了利用微纳米马达的运动行为来增强电化学检测性能的传感方法。

基于电化学分析方法的微纳米马达传感是近些年新出现的测试方法，原理上相似，一般都是通过循环伏安法（Cyclic Voltammetry，CV）或者电化学阻抗谱（Electrochemical Impedance Spectroscopy，EIS）来进行电极表面反应的定性分析，通过差分伏安脉冲法（Differential Pulse Voltammetry，DPV）可以对待测物质进行精准的定量分析。而微纳米马达在测试中主要起到对待测物的富集和传递等作用。本节将主要根据微纳米马达在电化学测试中的发展历程来对其进行介绍。

首先对电化学测试中常用的三种测试原理进行简单的介绍。如图 9-13a 所示，循环伏安法是在一定范围内给电极施加一个恒定扫描速度的电压信号，同时测试电极表面电流与所施加电压之间的关系，在 CV 曲线中可以通过曲线的形状、峰电流以及峰电位等信息来判断电极表面发生的氧化还原反应的机理。而在传感测试中，CV 曲线一般用于获取氧化峰电位区间，为后续的差分伏安脉冲曲线作铺垫。如图 9-13b 所示，差分伏安脉冲法是给电极施加一个逐渐上升的脉冲电压，再测试电极电流与脉冲电压之间的关系。在 DPV 曲线中，氧化峰电流的大小会和反应物浓度呈现线性关系，从而可以计算出该物质的含量，由于电化学传感测试的灵敏度，CV 曲线和 DPV 曲线结合的测试方法往往可以被应用在微量物质的测试中。如图 9-13c 所示，电化学阻抗谱一般可以用来表征电极表面的材料性质。在微纳米马达的智能传感应用中，微纳米马达往往需要经过多步修饰来实现其传感特性，电化学阻抗谱可以用于判断各步反应是否成功，在微纳米马达的表征上多有应用。此外，电化学阻抗谱同样具有定量测试的潜力，一般来说，对于同一种分子，含量越高，所测出的电化学阻抗就会越大，这也使得电化学阻抗谱在微纳米马达智能传感中具有较好的应用潜力。

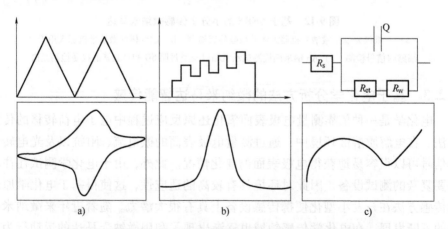

图 9-13　微纳米马达与不同电化学检测方法结合实现生化传感

a）循环伏安法　b）差分伏安脉冲法　c）电化学阻抗

自微纳米马达被发明以来，研究学者对其运动行为进行了广泛而深入的研究，其中，气泡推进的自驱动微纳米马达已经被证明可以提高流体的混合以及流体中物质的输送，从而提高常规化学反应的效率，这对电化学传感也具有很好的性能促进作用。以 Mg 基 Janus 微纳米马达为例，微纳米马达在水中会产生明显的微气泡，微气泡的存在会极大地促进溶液中的传质与局部对流，此时，在工作电极上修饰与待测物能发生相互作用的底物（例如在玻璃碳电极上修饰葡萄糖氧化酶，可以用于检测溶液中的葡萄糖），通过循环伏安曲线可以判断底物氧化峰的位置，接着再通过差分脉冲伏安曲线的峰值就可以定量分析待测物的浓度。由于微纳米马达产生了对流与传质的增强效应，所以将会有更多的葡萄糖分子与电极上的葡萄糖氧化酶接触，从而可以尽可能多地检测到葡萄糖，在此过程中，微纳米马达的参与可以提高电化学检测的灵敏度。

近些年来，研究人员对于微纳米马达的研究不仅仅停留在研究和提高其运动性能上，实现微纳米马达的功能化也是其重要发展方向之一。通过对微纳米马达进行表面修饰，可以使其完成更加复杂的任务。如图 9-14a 所示，在微纳米马达表面修饰某种抗原底物的抗体，当这种功能化的微纳米马达被加入底物溶液中时，其可以通过自身的运动行为对抗原进行主动捕获，这种主动捕获的效率远远高于依靠分子扩散的被动捕获。在此背景下，大量以磁性纳米颗粒为核心的微纳米马达被应用于电化学传感领域。研究人员制备了以磁场驱动的 SiO_2 包裹 Fe_3O_4 纳米马达，在 SiO_2 表面修饰 IgG 抗体，在磁场的驱动下，微纳米马达可以在溶液中捕获游离的抗原，随后在磁场的作用下微纳米马达又可以被收集在工作电极的表面，并进一步完成测试，通过循环伏安法与差分伏安脉冲法两步测试，可以获得抗原在溶液中的含量信息。这种主动捕获并定向输运至电极表面的微纳米马达相较于前面只是通过提高对流和传质的微纳米马达，在电化学测试中将具有更高灵敏度和检测精度。

尽管主动捕获式的微纳米马达在电化学传感上已经拥有良好的测试效果，科研人员仍致力于挖掘微纳米马达的其他特性，以期望进一步提高传感检测能力。如图 9-14b 所示，研究人员首先利用聚多巴胺包覆 Fe_3O_4 纳米颗粒，并在其表面修饰肝素（也就是在其表面引入氨基），由于聚多巴胺的多孔性，其内部可以吸附大量生物分子，研究人员在其中负载了一段镁离子响应的 DNA 水解酶，该酶可以在 Mg 离子的作用下在特定核酸位点进行断裂。随后，研究人员又在微米级的镁颗粒的一侧修饰氨基，在戊二醛的参与下 Mg 颗粒与前述 Fe_3O_4 颗粒被连接起来，由于 Mg 颗粒表面仅有一侧覆盖了 Fe_3O_4 颗粒（也就是形成了 Janus 结构），因此另一侧裸露的 Mg 会与水发生反应生成气泡并使微纳米马达产生运动。在利用该类微纳米马达进行特定核酸链检测时，目标核酸链会与 DNA 水解酶进行特异性结合，随后在 Mg 离子的作用下分裂为一条可以用于测试的标记

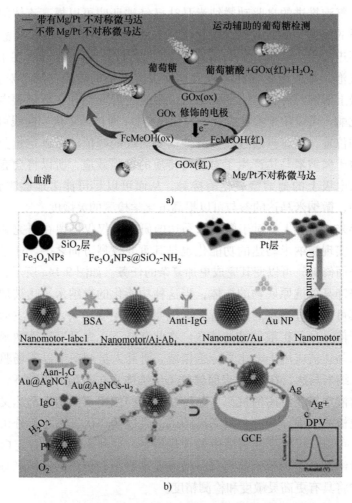

图 9-14 微纳米马达用于电化学传感过程中的信号增敏放大

a) 基于磁性马达构建结合-裂解循环，实现电化学信号增强

b) 微纳米马达对底物催化反应，提高电化学活性，增强电化学信号

链，一条无用的自由链和一条原核酸链（目标核酸链），随后被分裂出的原核酸链会进一步和下一个 DNA 水解酶发生结合，并再次发生裂解。通过多次结合-裂解循环，由一条待测目标核酸链可以产生多条标记链，随后标记链再与带有电化学活性物质的互补链结合以提高信号强度，上述核酸链反应过程均发生在 Fe_3O_4 表面的聚多巴胺介孔内。随着 Mg 颗粒不断反应被消耗，Fe_3O_4 颗粒被释放出来，随后就可以通过磁场将 Fe_3O_4 颗粒吸引至电极表面，并最终完成检测。在这项工作中，微纳米马达通过放大效应显著降低了特定核酸链的检测限，并

且拥有较高的灵敏度。类似的，某些微纳米马达还可以通过其对待测底物的催化作用，使其从低电化学活性物质转化为高电化学活性，从而提高传感的灵敏度。这些都体现出微纳米马达在电化学传感中发挥的重要作用和功能。

除上述微纳米马达的传感应用外，电化学传感方法在对微纳米马达自身驱动机理的研究中同样具有重要应用。例如，微纳米马达的运动会使溶液产生对流，从而对电极表面的扩散层产生扰动，利用电化学测试方法可以获取扰动信号，随后通过对扰动信号的分析可以判断溶液中微纳米马达的数量和速度等信息。受此启发，科研人员还研发了可以用于微生物检测的传感系统，如图 9-15 所示，研究人员设计了一种大肠杆菌的检测装置，其中，大肠杆菌的存在会影响羟基向电极表面的扩散，从而影响到电极检测信号的强度，根据这一指标可以判断大肠杆菌的浓度。

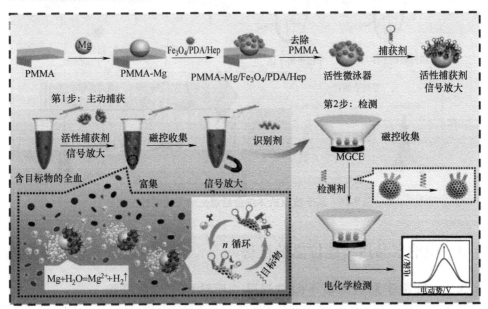

图 9-15　基于电化学检测方法传感的具有信号放大作用的微纳米马达

电化学传感方法相较于其他检测方法具有较高的灵敏度和可靠性，并且测试设备简单，测试成本也比较低，近些年来成了微纳米马达在传感领域应用的重要研究方向之一。然而，电化学测试方法在测试的选择性上普遍较差，这要求使用电化学传感检测的微纳米马达需要具有特殊的结构设计，这一点增加了其后续发展应用的难度，并且也使其难以在复杂液体环境中应用。

9.2.4　其他微纳米马达智能传感

除了上述基于微纳米马达运动行为、结合光学检测方法和电化学检测方法的微纳米马达传感应用外，还有一些其他检测方法同样被应用于微纳米马达智能传感中。

如图 9-16 所示，研究人员制备了一种磁驱动的纳米棒，该纳米棒可以在旋转磁场下实现转动，由于纳米棒具有各向异性，所以在旋转的过程中会发生表面等离子体的集体波动，从而产生周期性的消光信号，这种信号可以通过傅里叶变换输出为频率信号，在连接了用于捕获抗原的抗体以及最终捕获抗原后，由于表面结构的变化，测得的频率信号会降低，根据这一现象可以建立频率变化与抗原浓度之间的联系，由此可以制作智能传感设备。

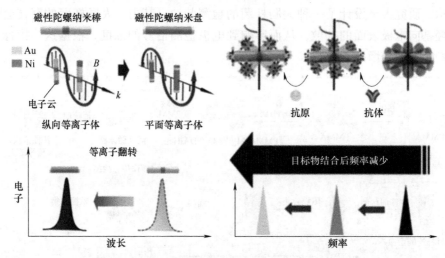

图 9-16　基于抗原抗体结合后消光信号周期性变化

9.3　微纳米马达智能传感的优势

9.3.1　低雷诺系数环境下微纳米马达运动增强物质交换

高效、均匀的流体混合对于复杂化学反应、小分子以及生化检测等各种涉及微流体相互作用的应用都是至关重要的。然而，在微/纳米尺度下的流体通常处于层流状态，其特征是低雷诺数 $Re = \dfrac{\rho UL}{\mu} \ll 1$，式中，$\rho$ 是流体密度，U 是流动速度，L 是特征长度，μ 是流体的动态黏度。因此，在没有外部影响的情况下，微纳米尺度下溶液的混合主要依靠被动扩散作用，该过程进展较缓慢，会导致检测效率低，进而无法实现快速即时检测。

为了减少溶液混合时间和提高混合效率，人们研究了许多增强物质混合的策略。它们一般可以分为两类，即被动方法和主动方法。每一种方法在效果、混合时间、控制和易操作方面都有自己的优势和局限性。由于被动混合器不需要任何外部设备或电源，所以它们操作非常简单，可以与不同的检测应用集成。然而，被动混合的混合效率较低并且混合所用的时间较长。另一类则是主动混合，即利用外界的超声、磁场、电场等驱动粒子，使混合更加高效均匀。

微纳米马达具备在低雷诺系数下运动的能力，基于微纳米马达的智能检测探针可以实现不同的可控运动模式，微纳米尺度下产生扰动，加快待测物分子与探针检测靶点的结合，快速到达动力学平衡状态，完成特异性免疫结合等过程。

9.3.2　微纳米尺寸下对待测物质的精准靶向及可控检测

目前检测探针主要依赖被动扩散到检测位置进行传感检测，导致其可控性及精准度差，无法满足未来对微小病灶位置精准靶向检测的要求。微探针的方式可以实现对特定目标位置的检测，但需要复杂的控制平台，同时具有组织破坏性。基于微纳米马达的智能检测探针可以实现可控靶向待测部位，并且具有能够实现动态检测，对待测组织破坏性小等优点，在未来发展智能检测探针方面具有重要的潜力。

9.3.3　通过控制检测探针实现自动化检测

目前市场上出现利用自动化设备代替人工操作，该方案使用的探针多为无源探针。无源探针免疫学检测需要复杂的机械控制设备和系统来实现自动清洗过程和溶液的转移，这会增加仪器的成本，不利于进一步开发即时检测（POCT）小型化设备。另一种策略是通过直接控制探针材料，简化外部操作复杂设备，降低成本。基于微纳米马达的智能检测探针可以直接被外磁场操作，完成不同的检测过程任务，因此，利用微纳米马达运动可操控的研究基础，可以实现直接在微纳米尺度下操作检测探针，实现自动化检测。

9.3.4　微纳米马达与智能手机结合

采用微纳米马达作为微纳米操作平台，并结合智能手机可组成数字智能诊疗系统。利用表面修饰抗体微纳米马达与塞卡病毒的免疫反应，可以实现对塞卡病毒的简便快速检测。Kristin Weidemaier 基于磁性纳米机器人，采用 SERS 检测探针对埃博拉病毒表面的抗原进行检测，实现了对埃博拉病毒引起发热病人的快速确诊。哈佛医学院利用气泡驱动微纳米马达与手机相结合，通过分析微纳米马达产生气泡的变化，实现对待测物的检测。未来可以进一步利用智能手机的显微拍照光学系统，并开发配套的检测软件，以实现对各种待测物的即使快速检测。

9.4 本章总结

微纳米马达具备微/纳米级的小尺寸特点，拥有高比表面积，能够实现高效率的吸附和特异性结合，是检测探针的理想载体。通过表面材料和生物功能化，微纳米马达可制备成动态的微型生物传感器，实现对生物分子（如核酸蛋白质等）实时快速和高灵敏检测。同时微纳米马达具有自主运动、可精准操控等优势，能够实现高效流体混合，加速待测物与检测探针的结合效率。在未来，微纳米马达可作为一种可操作的通用性微纳米平台，可以将其扩展到其他体外诊断（IVD）应用，或与电化学传感技术相结合，探究更加广泛的应用场景，为革新传统的生化传感方法提供替代策略。

参 考 文 献

[1] ZHOU C, GAO C, LIN Z, et al. Autonomous motion of bubble-powered carbonaceous nanoflask motors [J]. Langmuir, 2020, 36: 7039-7045.

[2] WANG W, CASTRO L A, HOYOS M, et al. Autonomous motion of metallic microrods propelled by ultrasound [J]. ACS Nano, 2012, 6: 6122-6132.

[3] GUO J, GALLEGOS J J, TOM A R, et al. Electric-field-guided precision manipulation of catalytic nanomotors for cargo delivery and powering nanoelectromechanical devices [J]. ACS Nano, 2018, 12: 1179-1187.

[4] TANG S Y, SIVAN V, KHOSHMANESH K, et al. Electrochemically induced actuation of liquid metal marbles [J]. Nanoscale, 2013, 5: 5949-5957.

[5] VILLA K, PUMERA M. Fuel-free light-driven micro/nanomachines: Artificial active matter mimicking nature [J]. Chemical Society Reviews, 2019, 48: 4966-4978.

[6] HU W, LUM G Z, MASTRANGELI M, et al. Small-scale soft-bodied robot with multimodal locomotion [J]. Nature, 2018, 554: 81-85.

[7] YAN M, LIU T, LI X, et al. Soft patch interface-oriented superassembly of complex hollow nanoarchitectures for smart dual-responsive nanospacecrafts [J]. Journal of the American Chemical Society, 2022, 144: 7778-7789.

[8] XU H, MEDINA-SÁNCHEZ M, MAGDANZ V, et al. Sperm-hybrid micromotor for targeted drug delivery [J]. ACS Nano, 2018, 12: 327-337.

[9] LI J, THAMPHIWATANA S, LIU W, et al. Enteric micromotor can selectively position and spontaneously propel in the gastrointestinal tract [J]. ACS Nano, 2016, 10: 9536-9542.

[10] HUANG H, LI J, YUAN M, et al. Large-scale self-assembly of mofs colloidosomes for bubble-propelled micromotors and stirring-free environmental remediation [J]. Angewandte Chemie International Edition, 2022, 61: e202211163.

[11] SCHWARZ L, KARNAUSHENKO D D, HEBENSTREIT F, et al. A rotating spiral micromotor for noninvasive zygote transfer [J]. Advanced Science, 2020, 7: 2000843.

[12] BREGER J C, YOON C, XIAO R, et al. Self-folding thermo-magnetically responsive soft microgrippers [J]. ACS Applied Materials & Interfaces, 2015, 7: 3398-3405.

[13] REISOVAL, HERMANOVA S, PUMERA M. Micro/Nanomachines: What is needed for them to become a real force in cancer therapy? [J]. Nanoscale, 2019, 11 (14): 6519-6532.

[14] XING Y, DU X, XU T, et al. Janus dendritic silica/carbon@ Pt Nanomotors with multiengines for H$_2$O$_2$, near-infrared light and lipase powered Propulsion [J]. Soft Matter, 2020, 16 (41): 9553-9558.

[15] GAO W, DONG R, THAMPHIWATANA S, et al. Artificial micromotors in the mouse's stomach: a step toward in *vivo* use of synthetic motors [J]. ACS Nano, 2015, 9 (1): 117-123.

[16] CHATZIPIRPIRDIS G, DE MARCO C, PELLICER E, et al. Template-assisted electroforming of fully semi-hard-magnetic helical microactuators [J]. Advanced Engineering Materials, 2018, 20 (9): 1800179.

[17] PAL M, SOMALWAR N, SINGH A, et al. Maneuverability of magnetic nanomotors inside living cells [J]. Advanced Materials, 2018, 30 (22): 1800429.

[18] YU J, WANG B, DU X, et al. Ultra-extensible ribbon-like magnetic microswarm [J]. Nature Communications, 2018, 9 (1): 3260.

[19] WANG B, CHAN KAI F, YUAN K, et al. Endoscopy-assisted magnetic navigation of biohybrid soft microrobots with rapid endoluminal delivery and imaging [J]. Science Robotics, 2021, 6 (52): eabd2813.

[20] KAGAN D, CALVO-MARZAL P, BALASUBRAMANIAN S, et al. Chemical sensing based on catalytic nanomotors: motion-based detection of trace silver [J]. Journal of the American Chemical Society, 2009, 131 (34), 12082-12083.

[21] SU Y, GE Y, LIU L, et al. Motion-based pH sensing based on the cartridge-case-like micromotor [J]. ACS Applied Materials & Interfaces, 2016, 8 (6), 4250-4257.

[22] LIU L, DONG Y, SUN Y, et al. Motion-based pH sensing using spindle-like micromotors [J]. Nano Research, 2016, 9 (5), 1310-1318.

[23] SINGH V V, KAUFMANN K, ESTEBAN-FERNANDEZ DE ÁVILA B, et al. Nanomotors responsive to nerve-agent vapor plumes [J]. Chemical Communications, 2016, 52, 3360-3363.

[24] OROZCO J, GARCIA-GRADILLA V, DE Agostino M, et al. Artificial enzyme-powered micro fish for water-quality testing [J]. ACS Nano, 2013, 7 (1), 818-824.

[25] FU S, ZHANG X, XIE Y, et al. An efficient enzyme-powered micromotor device fabricated by cyclic alternate hybridization assembly for DNA detection [J]. Nanoscale, 2017, 9, 9026-9033.

[26] MOLINERO-FERNANDEZ Á, MORENO-GUZMAN M, LOPEZ M, et al. Biosensing strategy for simultaneous and accurate quantitative analysis of mycotoxins in food samples using unmodified graphene micromotors [J]. Analytical Chemistry, 2017, 89 (20), 10850-10857.

[27] WANG H, CAI L, ZHANG D, et al. Responsive Janus structural color hydrogel micromotors for label-free multiplex assays [J]. Research, 2021, 1-9.

[28] SINGH V, KAUFMANN K, OROZCO J, et al. Micromotor-based on-off fluorescence detection of sarin and soman simulants [J]. Chemical Communications, 2015, 51, 11190-11193.

[29] SENTIC M, ARBAULT S, GOUDEAU B, et al. Electrochemiluminescent swimmers for dynamic enzymatic sensing [J]. Chemical Communications, 2014, 50, 10202-10205.

[30] FAN X, HAO Q, LI M, et al. Hotspots on the move: active molecular enrichment by hierarchically structured micromotors for ultrasensitive SERS sensing [J]. ACS Applied Materials & Interfaces, 2020, 12 (25), 28783-28791.

[31] KONG L, ROHAIZAD N, NASIR M, et al. Micromotor-assisted human serum glucose biosensing [J]. Analytical Chemistry, 91 (9), 5660-5666.

[32] MA E, WANG K, WANG H, et al. An immunoassay based on nanomotor-assisted electrochemical response for the detection of immunoglobulin [J]. Microchimica Acta, 2022, 189 (47), 1-9.

[33] WANG Q, TANG X, LV R, et al. Microswimmer-based electrochemical platform with active capturer/signal amplifier/funnel-type device for whole blood detection [J]. Chemical Engineering Journal, 2022, 430 (4), 132665.

[34] RAMANUJAM A, NEYHOUSE B, A. KEOGH R, et al. Rapid electrochemical detection of escherichia coli using nickel oxidation reaction on a rotating disk electrode [J]. Chemical Engineering Journal, 2021, 411 (1), 128453.

[35] JUNG I, IH S, YOO H, et al. Fourier transform surface plasmon resonance of nanodisks embedded in magnetic nanorods [J]. Nano Letters, 2018, 18 (3), 1984-1992.

[36] LIU X, YANG S, LYU X, et al. Instant preparation of ultraclean gold nanothorns under ambient conditions for SERS kit-enabled mobile diagnosis, Analytical Chemistry 2021, 93: 16628-16637.

[37] WANG Y, LIU Y, LI Y, et al. Magnetic nanomotor-based maneuverable SERS probe, Research [J]. 2020, 7962024.

[38] WANG Y, ZHOU C, WANG W, et al. Photocatalytically powered matchlike nanomotor for light-guided active SERS sensing, Angewandte Chemie International Edition 2018, 57: 13110-13113.

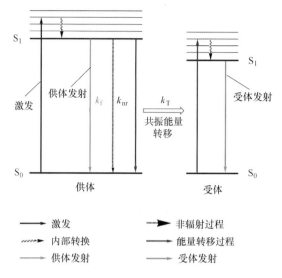

図 1-5 FRET 共振能量転移発生的基本原理

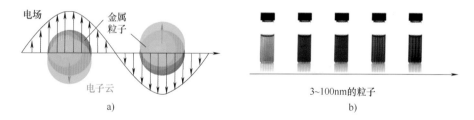

图 1-6 a）局部表面等离子体原理图 b）不同尺寸的 Au NP 对应的颜色变化

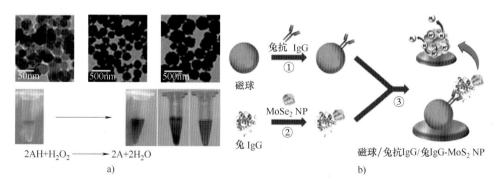

图 1-9 a）Fe_3O_4 纳米颗粒显示的过氧化物酶活性
b）具有析氢反应活性（HER）的 $MoSe_2$ 标记兔 IgG 构建磁免疫检测方法

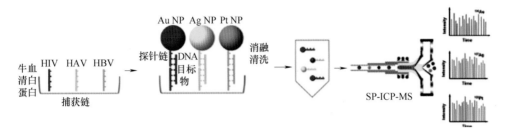

图 1-13 基于金属纳米探针的 SP-ICP-MS 多通路 DNA 检测

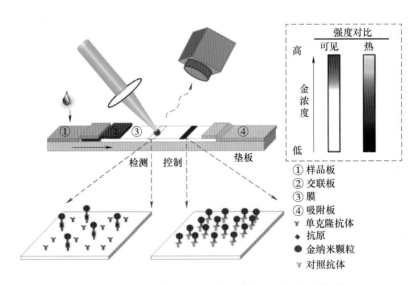

图 1-14 Au NP-抗体抗原复合物与黏附在试纸上的单克隆抗体结合，从而在
测试区域保留 Au NP，并导致测试带可见的颜色变化，
在低浓度抗原时，没有足够的结合 Au NP 用于视觉对比，
热信号被采集用于检测

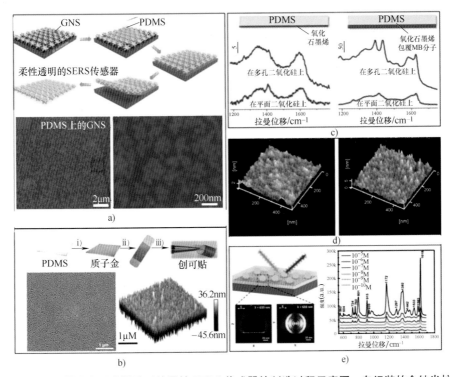

图 2-2 a）带有金纳米柱阵列的柔性 SERS 传感器的制造过程示意图，自组装的金纳米柱
阵列从硅基底转移到 PDMS，嵌入 PDMS 中的自组装金纳米柱阵列的 SEM 图像
b）等离子体金膜带状物的制备过程示意图 c）GO 涂层的 PDMS 薄膜和亚甲基蓝
@GO 涂层的 PDMS 薄膜分别附着在平坦的硅和纳米多孔硅表面时的拉曼光谱 d）纳米薄膜的
AFM 图片：Si 薄膜（左）和 Al 薄膜（右） e）POF SERS 基底及其在 XZ 平面和
XY 平面上计算出的电场轮廓（左），结晶紫检测的拉曼光谱（右）

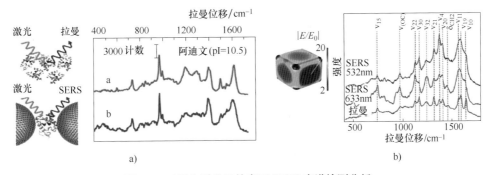

图 2-4 对蛋白质分子的表面 SERS 光谱检测分析
a）碘化物修饰银纳米粒子胶体中抗生物素蛋白的普通拉曼光谱（绿色）和拉曼
增强光谱（红色） b）纳米立方体（50nm）电场分布的有限元模拟，通过
使用 532nm 和 638nm 激发波长在银纳米立方体上获得的细胞色素 C 的 SERS 光谱；
细胞色素 C 的浓度为 0.1nmol/L，1mmol/L 细胞色素 C 溶液的拉曼信号作为对照（蓝色）

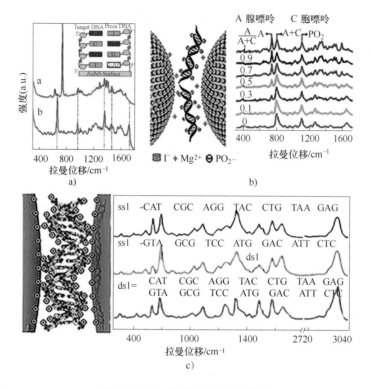

图 2-5　DNA 的 SERS 检测示意图

a）通过热退火法对 DNA 进行 SERS 检测　b）用于 DNA 检测的碘化物修饰 Ag NP

c）用于 DNA 检测的精胺包覆的 Ag NP

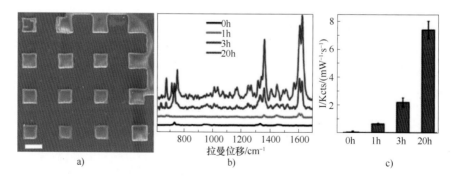

图 2-7　对于在微型二氧化硅阵列涂层的金纳米棒超晶衬底上生长的
铜绿假单胞菌所产生的绿脓素的原位拉曼检测和成像

a）衬底的扫描电镜图像　b）在细菌生长 0h、1h、3h 和 20h 后测量的代表性 SERS 光谱

c）在 0h、1h、3h 和 20h 后记录的相对 SERS 光谱特征峰强度（1600cm^{-1}）

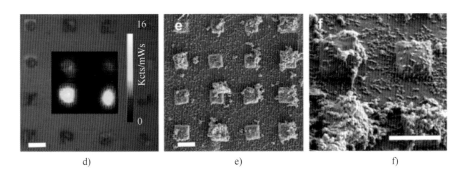

d)   e)   f)

图 2-7　对于在微型二氧化硅阵列涂层的金纳米棒超晶衬底上生长的
铜绿假单胞菌所产生的绿脓素的原位拉曼检测和成像（续）

d）生长 20h 的底物光学图像和绿脓素（1600cm^{-1}）的拉曼信号面扫描图片

e）、f）由铜绿假单胞菌（20h）在不同放大倍率下定殖的超晶体的扫描电镜图像（比例尺为 5μm）

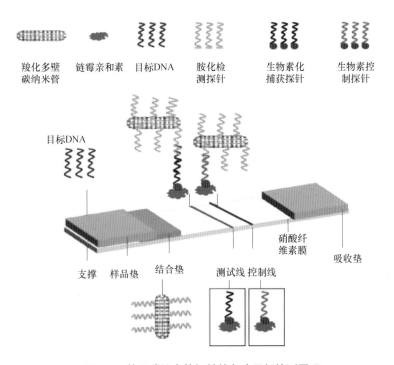

图 3-4　基于碳纳米管探针的免疫层析检测原理

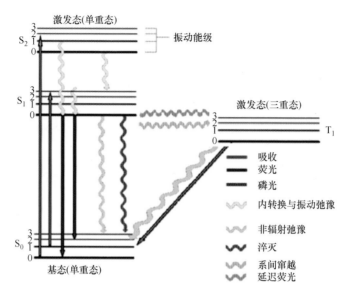

激发态(单重态)

振动能级

S₂

激发态(三重态)

S₁

T₁

吸收
荧光
磷光
内转换与振动弛豫
非辐射弛豫
淬灭
系间窜越
延迟荧光

S₀

基态(单重态)

图 4-1　荧光与磷光材料的发光机理示意图

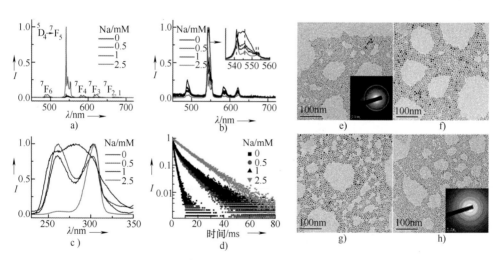

图 4-7　a）不同 Na⁺投入量的 CaF₂：Ce，Tb 纳米晶的发射光谱，按发光最强样品的
最强峰为 1 归一化　b）不同 Na⁺投入量的 CaF₂：Ce，Tb 纳米晶的发射光谱，
按各样品各自的最强峰为 1 归一化　c）不同 Na⁺投入量的 CaF₂：Ce，Tb 纳米晶的
吸收光谱　d）不同 Na⁺投入量的 CaF₂：Ce，Tb 纳米晶的荧光衰减　e）反应时投入
Na⁺浓度为 0 的 CaF₂：Ce，Tb 纳米晶的 TEM 图像　f）反应时投入 Na⁺浓度为 0.5 的
CaF₂：Ce，Tb 纳米晶的 TEM 图像　g）反应时投入 Na⁺浓度为 1 的 CaF₂：Ce，
Tb 纳米晶的 TEM 图像　h）反应时投入 Na⁺浓度为 2.5 的
CaF₂：Ce，Tb 纳米晶的 TEM 图像

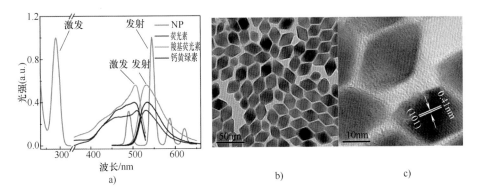

图 4-8 Wang 等人制得的 LiYF₄：Ce/Tb（5%/5%）时间

分辨荧光纳米探针的图像

a）激发与发射光谱（图中绿色线） b）TEM 图像 c）HRTEM 图像

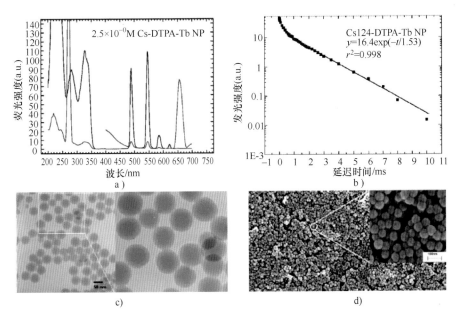

图 4-9 a）负载 Cs124-DTPA-Tb 的 SiO₂ 纳米球的实时荧光（红线）

和时间分辨荧光（黑线） b）负载 Cs124-DTPA-Tb 的 SiO₂ 纳米球的荧光衰减

c）负载 Cs124-DTPA-Tb 的 SiO₂ 纳米球的 TEM 图像

d）负载 Cs124-DTPA-Tb 的 SiO₂ 纳米球的 SEM 图像

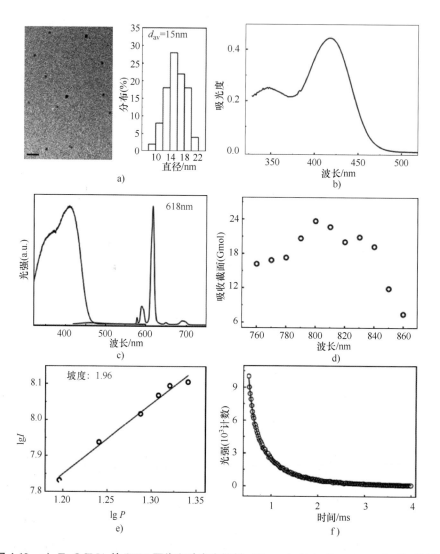

图 4-10　**a）Eu@SMA 的 TEM 图像和动态光散射（Dynamic Light Scattering，DLS）数据**
b）Eu@SMA 的紫外-可见光吸收谱　c）Eu@SMA 的荧光激发光谱（蓝线）与荧光发射
光谱（红线）　d）近红外光激发下，Eu（tta）3bpt 在 Eu@SMA 中的双光子激发吸收
截面与激发波长的关系　e）Eu@SMA 在 800nm 近红外激光激发下，615±12.5nm 处的
荧光与激发光强度的关系　f）410nm 激发光照射下，Eu@SMA 的荧光衰减

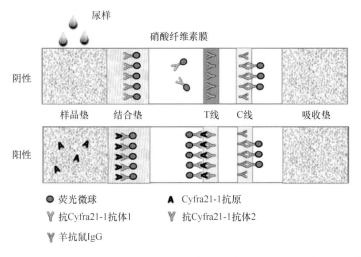

图 4-14 时间分辨荧光纳米探针及其试纸条用于检测 Cyfra21-1 的机制示意图

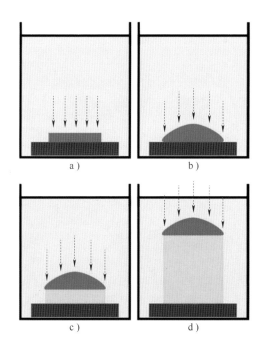

图 6-4 SLS 生长机制示意图，SLS 生长体系浸没在活性溶液（靛蓝色）中，金属颗粒（绿色）作为催化种子可与活性溶液中材料前驱体形成液态共晶合金（蓝色），当共晶合金中溶质饱和时则会在基底析出、生长形成一维纳米结构（黄色）

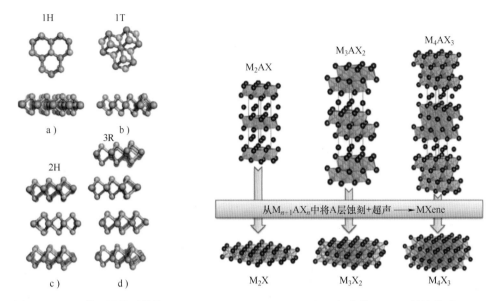

图 7-1　MoS₂ 的不同晶型结构

a) 1H　b) 1T　c) 2H　d) 3R

图 7-2　MAX 相及相应的 MXene 的结构图

从 $M_{n+1}AX_n$ 中将 A 层蚀刻+超声 ——→ MXene

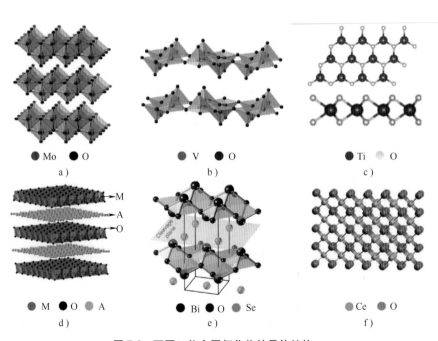

图 7-3　不同二位金属氧化物的晶体结构

a) MoO₃　b) V₂O₅　c) h-TiO₂　d) LDHs　e) BiO₂Se　f) CeO₂

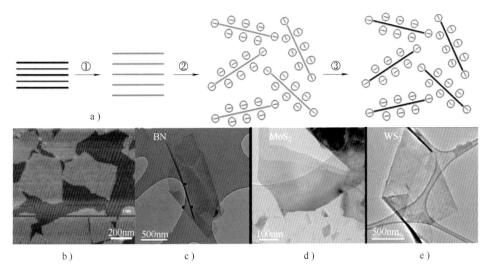

b)　　　　　　　　c)　　　　　　　　d)　　　　　　　　e)

图 7-4　a） 超声剥离膨润石墨制备石墨烯示意图：**①**增大氧化石墨的层间距；**②**通过超声剥离水中的氧化石墨以获得稳定的 **GO** 胶体；**③**通过肼还原使 **GO** 胶体变成石墨烯胶体
b） 所得石墨烯纳米片的 **AFM** 图像，蓝色曲线为其沿红线拍摄的高度剖面（比例尺 1nm）
c）BN 纳米片的 **TEM** 图　**d）MoS$_2$** 纳米片的 **TEM** 图　**e）WS$_2$** 纳米片的 **TEM** 图

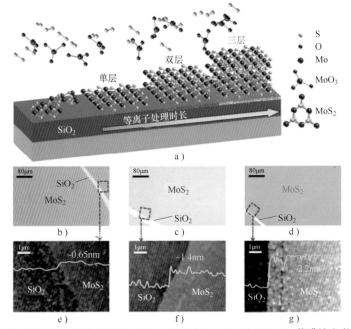

图 7-5　a） 大面积 **MoS$_2$** 薄膜的层控 **CVD** 生长示意图　**b）** 单层 **MoS$_2$** 薄膜的光学显微镜图像
c） 双层 **MoS$_2$** 薄膜的光学显微镜图像　**d）** 三层 **MoS$_2$** 薄膜的光学显微镜图像　**e）** 单层 **MoS$_2$**
薄膜的标记区域的相应原子力显微镜（**AFM**）图像　**f）** 双层 **MoS$_2$** 薄膜的标记区域的相应原子力
显微镜（**AFM**）图像　**g）** 三层 **MoS$_2$** 薄膜的标记区域的相应原子力显微镜（**AFM**）图像

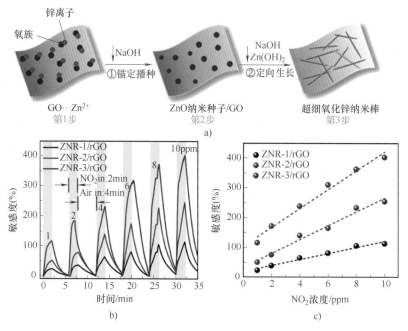

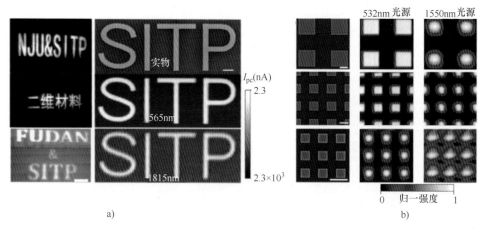

图7-11 **a)** 超薄氧化锌纳米棒/还原氧化石墨烯纳米复合材料的制备原理图
b) 基于三种 **ZnO** 纳米棒/**rGO** 纳米复合材料的传感器在室温下对 **1~10ppm NO₂** 的
动态响应曲线 **c)** 灵敏度曲线

图7-14 **a)** 基于 **p-g-n** 异质结构、**GaTe-Si p-n** 光电二极管和石墨烯热电单元素
探测器的光电流图像 **b)** 基于黑磷单元素探测器的高分辨率和高对比度图像